航空类专业职业教育系列"十三五"规划教材

Hangkong Dimian Shebei Gouzao Yü Weixiu
(Jiwu Lei)

航空地面设备构造与维修
（机务类）

主　编　徐红波　李家宇

副主编　雷曙光　赵　辉　符双学

西北工业大学出版社

【内容简介】 本书共分为 8 章,对飞机进行地面维修时所需的主要设备进行了全面介绍,内容包括航空地面设备概述、有杆式飞机牵引车、无杆式飞机牵引车、飞机气源车、飞机空调车、电源车、飞机充氧车以及飞机除冰车。

本书可作为民航类高职高专航空地面设备维修专业的核心教材,也可作为各机场、航空公司、航油公司等在职人员的自学用书和民航职业技能鉴定考证的参考用书。

图书在版编目（CIP）数据

航空地面设备构造与维修:机务类 / 徐红波,李家宇主编 . —西安:西北工业大学出版社,2016.10(2023.7 重印)

航空类专业职业教育系列"十三五"规划教材

ISBN 978 - 7 - 5612 - 5127 - 0

Ⅰ.①航… Ⅱ.①徐… ②李… Ⅲ.①航空设备—地面设备—构造—职业教育—教材 ②航空设备—地面设备—维修—职业教育—教材 Ⅳ.①V24

中国版本图书馆 CIP 数据核字(2016)第 254845 号

出版发行:西北工业大学出版社
通信地址:西安市友谊西路 127 号　　邮编:710072
电　　话:(029)88493844　88491757
网　　址:www.nwpup.com
印 刷 者:兴平市博闻印务有限公司
开　　本:787 mm×1 092 mm　1/16
印　　张:20.25
字　　数:491 千字
版　　次:2016 年 10 月第 1 版　2023 年 7 月第 2 次印刷
定　　价:52.00 元

前　言

随着我国航空运输行业持续快速的发展,机队规模的不断扩大,机场的新建和改、扩建,为保障飞机的飞行安全,急需大量高素质的从事航空地面设备维修的专业人才对航空地面设备进行维修,从而确保飞机地面勤务工作万无一失。本书根据民航运输对航空地面设备维修专业人才的要求而编写,主要作为民航高等职业教育航空地面设备维修专业的核心课程教材,也可供民航航空地面设备维修企业职业教育培训使用。本书的参考学时为60～80课时。

本书编写的指导思想是根据民航行业标准,一切从实际需要出发,围绕航空地面设备维修高级技术人员工作所需的基本知识和技能而选取、编写教材内容。本书共分8章,对飞机进行地面维修时所需的主要设备进行全面介绍。第1章航空地面设备概述,介绍机场的组成、等级;航空地面设备的分类,各等级机场航空地面设备的配备;飞机地面勤务时航空地面设备的配备。第2章有杆式飞机牵引车,介绍飞机牵引车的类型、特点、主要品牌和性能参数;有杆式飞机牵引车的构造与工作原理、操作使用、维护保养和故障诊断与排除。第3章无杆式飞机牵引车,介绍无杆式飞机牵引车的发展、特点和类型;无杆式飞机牵引车的构造与工作原理、操作使用和维修。第4章气源车,介绍飞机气源车的功用、技术参数;飞机气源车的组成及功用;气源车螺杆压缩机的检修;飞机气源车的操作、维护和故障排除。第5章飞机空调车,介绍飞机空调车的功用、类型和技术参数;空调的基础知识和空调系统的主要元件;飞机空调机组的组成、特性、操作、维护及主要部件的检修和故障排除。第6章电源车,介绍电源车的类型、技术参数、电源系统指标、地面电源的控制;电源车的组成及功用、电源系统;飞机电源系统的供电方式和主要参数;发电机的结构维修;电源车的操作、维护与故障排除。第7章飞机充氧车,介绍充氧车的功用、技术参数;充氧车的组成;充氧车增氧压缩机的检修;充氧车的操作、维护和故障排除。第8章飞机除冰车,介绍飞机结冰的危害及对飞行性能的影响;飞机除冰/防冰的方法;飞机除冰车的组成及功用;飞机除冰车除冰/防冰程序;飞机除冰车的检修、维护和故障排除。

本书由广州民航职业技术学院的徐红波、李家宇担任主编,雷曙光、赵辉和符双学担任副主编。具体编写分工如下:徐红波编写第5章和第6章,李家宇编写第2章和第3章,并负责全书编排与统稿,雷曙光编写第4章和第7章,赵辉编写第1章和第8章。另外,符双学参与了本书部分章节的编排、修改与审定。

本书由中国南方航空股份有限公司高级工程师林举庆主审，上海民航职业技术学院殷向东老师阅读了全书初稿。他们提出了许多宝贵意见，在此表示衷心感谢。

在本书编写过程中参考了大量的国内外技术资料，得到了许多同行的大力支持，在此谨向所有参考资料的作者及关心、支持本书编写的同志们表示感谢。

由于水平有限，不妥之处在所难免，敬请读者批评指正。

编 者

2016 年 7 月

目　　录

第1章 航空地面设备概述

为了使飞机能够正常运行,除了飞机本身的适航安全保障以外,还必须依赖于各类航空地面设备的支持,其中种类最多的,也是最主要的是航空地面特种车辆。一架飞机在空中飞行的时间与其地面停留的时间相比是有限的,而大多数时间是在地面做技术保障和维护。通常飞机在地面停留,进行各种技术保障和检查工作时,飞机可以使用自身的发动机或APU (Auxiliary Power Unit)来提供动力,实施上述工作,但考虑到机场的环保和降噪等要求,飞机在地面维护检查时通常采用外接地面电源的方式,即外接航空电源车来供电。通过外接飞机气源车来启动飞机发动机,外接飞机空调车调节飞机内的空气和给飞机通风等。除此以外,飞机在地面停留时,还需要如飞机牵引、加油、装卸货物、上下旅客、添加饮用水、处理飞机废物及污水以及提供食品等地面保障;飞机的防冰/除冰以及进行机身较高处的检修等也都需要专用的地面设备支持。

在航空运输中,航空地面设备无论在技术方面,还是在占有资金方面都是相当高的。在现代民航机场固定资产的投入比例上,除去机场的建筑和跑道外,航空地面设备所占的资产比例接近50%,而且,现代航空地面设备所使用的技术,包含了机械、液压、微电子、可编程、计算机等先进技术以及它们的综合应用。因此,从某种意义上说,航空地面设备的正常使用与否将直接影响到飞机的正常飞行和机场的正常运行。

1.1 民用机场简介

1.1.1 机场的基本组成

机场是指在陆地或水面上划定一块区域专供航空器起飞、降落、滑行、停放的场地以及与此相关联的建筑物、设施和设备的总称。它是航空器飞行的起点和终点。按照服务对象可分为军用机场、民用机场和军民合用机场。

机场作为一种商业运输的基地,通常由飞行区、客货运输服务区、机务维修区、辅助设施区4部分组成。根据其航空器起降种类的不同,对机场建设也提出了相应的要求。

1. 飞行区

飞行区是飞机运行的区域,主要用于飞机的起飞、着陆、滑行及起降。飞行区由跑道系统、滑行道系统、机场净空区、保障飞行设施等构成。

(1)跑道。

跑道是机场的主体工程,是指在陆地上划定的一个长方形区域,供航空器起飞和着陆时使用的专用场地。跑道的数目取决于航空运输量的大小,跑道的方位主要与当地的风向有关,跑道必须具有足够的长度、宽度、强度、粗糙度、平整度以及规定的坡度。

1)主跑道方向和跑道号。主跑道的方向一般和当地的主导风向一致;跑道号按跑道中心线的磁方向以10°为单位,四舍五入,用两位数表示。由此顺时针转动为正,如磁方向为267°的跑道,其跑道号为27,跑道号以大号字标在跑道的进近端,而这条跑道的另一端的方向是87°,跑道号为09。因此一条跑道的两个方向有两个编号,两者相差180°;跑道号相差18个。如果机场有两条跑道则用左(L)和右(R)表示。

2)跑道的长度。跑道的长度是机场的关键参数,是机场规模的重要标志。跑道长度的主要设计依据,通常根据该机场预计起降的飞机型号而定。此外,跑道长度还取决于下列4方面的因素:一是取决于飞机的起降质量和起降速度,飞机的起降质量越大,离地速度越大,滑行距离就越长;二是取决于机场所在的地势环境,如机场的标高、地形等;三是取决于当地气象条件,特别是地面风力、风向、气温等;四是取决于跑道条件,如道面状况、湿度、纵向坡度等。

一般来说,各类机型的跑道长度范围见表1-1。

表 1-1 各类机型跑道长度范围

机型	单活塞发动机飞机	双活塞发动机小型飞机	双活塞发动机飞机	2~3个喷气发动机飞机	4个喷气发动机飞机
跑道长度范围/m	600~750	750~900	900~1 500	1 500~2 100	>2 100

另据美国民航局规定,各类机场的跑道长度的近似值见表1-2。

表 1-2 各类机场跑道长度的近似值

机场类型	基本专业机场（Ⅰ~Ⅱ级）	一般专业机场（Ⅰ级）	一般专业机场（Ⅱ级）	运输机场（Ⅰ~Ⅱ级）	运输机场（Ⅲ~Ⅵ级）
跑道长度近似值/m	610~760	910	1 100	1 500	2 100~3 600

3)跑道的宽度。飞机在跑道上滑行、起飞、降落时有可能会偏离跑道的中心线,因此跑道应有足够的宽度,但又不宜过宽而浪费土地。通常情况下,跑道的宽度应根据航空器的翼展和主起落架外轮外侧间的距离来确定,详见跑道宽度表1-3。

表 1-3 跑道宽度表

飞行区等级第一要素代码	1	2	3	4
跑道宽度/m	18~23	23~30	30~45	45~60

4)跑道的道面结构。常见的跑道道面结构有水泥混凝土、沥青混凝土、碎石、草皮、土质等若干种。其中水泥混凝土跑道称为刚性道面,其余的则称为柔性道面;水泥混凝土道面和沥青混凝土道面为高级道面。

(2)停机坪。

停机坪是飞机停放和旅客登机的地方。停机坪包括站坪、维修机坪、隔离机坪、等候机位机坪、等待起飞机坪等。飞机在站坪进行卸装货物、加油,在停机坪过夜、维修和长时间停放。停机坪上设有供飞机停放而所划定的位置,简称机位。停机坪的平面布局受以下因素的影响。

1)机位数量。机位数量取决于高峰时每小时飞机的起降架次数、飞机占用机位的时间以及门位利用率。

2)机位尺寸。机位尺寸主要取决于飞机的几何尺寸(机长和翼展)、转动半径以及与建筑物之间的距离。

3)飞机的停靠方位及进出机位方式。飞机相对于门位的停靠方位有与机身平行、机头垂直(或斜角)向内、机头垂直(或斜角)向外等几种。飞机进出机位既可依靠自身动力,也可靠牵引车拖(推)动。

4)旅客登机方式。旅客的登机方式有 3 种:在站坪上步行、通过登机桥、用车辆(摆渡车)运送。

5)飞机地面勤务要求。飞机停放在机位上时需要地勤服务保障,地勤服务各种车辆和设备为飞机服务,或用专用的装置取代地面车辆为飞机服务时,可减少在站坪上活动的地勤服务车辆,这不仅可以减少机坪的面积,而且还有利于飞机运行的安全。

(3)地面活动引导和管制系统。

地面活动引导和管制系统是由助航设备、设施和程序组成的系统。该系统的主要作用是能够安全地解决飞机在机场运行中提出的地面活动要求,即防止飞机与飞机、飞机与车辆、飞机与障碍物、车辆与车辆、车辆与障碍物的碰撞等。对于能见度良好、交通量不大的小机场,该系统可以比较简单,可使用目视标记牌和一套机场交通规则。而对于低能见度和起降繁忙的大机场来说,则须使用复杂的Ⅰ类、Ⅱ类和Ⅲ类助航系统。

(4)跑道、滑行道标志。

跑道、滑行道标志包括跑道中线标志、滑行道中线标志和等待标志。标志线颜色采用白色及黄色。

1)跑道中线标志。为 15 cm 宽的连续白实线。

2)滑行道中线标志。为 15 cm 宽的连续实线,标志线颜色采用黄色。在直线段应沿中线设置,弯线处应设置在与道面两侧边缘相等距离的中间位置上。滑行道与跑道交会处,滑行道中线标志应以曲线形式转向跑道中线标志。

3)等待标志。滑行中等待位置的标志,设置在距跑道中线的距离上,飞行区等级要素代码为 3 和 4 的跑道为 75 m,精密进近跑道为 90 m。等待标志的颜色采用黄色。

(5)机位标志。

机位标志的颜色采用黄色。主要包括机位标识标志、引入线、转弯开始线、转弯线、对准线、停止线和引出线。

(6)机坪安全线。

机坪安全线的颜色必须鲜明并与机位标志的颜色有明显的反差,以便利用安全线标出地面设备停放区、工作道路、旅客通道等。

2. 客货运输服务区

客货运输服务区,也称航站区,是为旅客、货物、邮件运输服务的区域。区域内的设施包括机坪(站坪)、候机楼、站前停车设施等。其主体建筑为候机楼,也称航站楼。货运量较大的机场还设有专门的货运站或货运楼。

3. 机务维修区

机务维修区通常包括维修机坪、维修机库、维修工厂或维修车间、航空器材库等,为飞机、发动机、机上各种设备提供维修服务。

4.辅助设施区

机场辅助设施区主要包括三大部分：一是航空油料的储存、供应和飞机加油设施；二是机场消防和急救设施；三是供水、供电、供热、供冷、污水污物处理、通信、交通、保安等公用和市政设施。

1.1.2 机场的等级、分类与相关参数

1.机场的等级

为了合理地配置机场的工作人员和相应的设施设备，以确保飞机安全、有序、正点起降，必须给机场划分相应的等级。确定机场等级时，通常从以下四方面，按其相关要求进行划分。

(1)飞行区等级的划定。飞行区等级由第一要素(等级指标Ⅰ)和第二要素(等级指标Ⅱ)的基准代号进行划定，用于确定跑道长度、宽度和所需道面强度，从而较好地划定了该机场可以起降飞机的机型和种类，详见飞行区基准代号表1-4。

表1-4　飞行区基准代号

第一要素		第二要素		
代码	航空器基准飞行场地长度 L_R/m	代字	翼展 L/m	主起落架外轮外侧间距 h/m
1	$L_R<800$	A	$L<15$	$h<4.5$
2	$800{\leqslant}L_R<1\,200$	B	$15{\leqslant}L<24$	$4.5{\leqslant}h<6$
3	$1\,200{\leqslant}L_R<1\,800$	C	$24{\leqslant}L<36$	$6{\leqslant}h<9$
4	$L_R{\geqslant}1\,800$	D	$36{\leqslant}L<52$	$9{\leqslant}h<14$
		E	$52{\leqslant}L<65$	$9{\leqslant}h<14$
		F	$65{\leqslant}L<80$	$14{\leqslant}h<6$

注：4F飞行区配套设施必须保障空中A380飞机全重(560 t)起降。

飞行区基准代号表中的代码对应的是飞机的基准飞行场地长度。基准飞行场地长度指的是某型号飞机所规定的最大起飞质量，在标准条件下，即海平面、1个标准大气压、气温15 ℃、无风、跑道无坡度情况下起飞时所需的最小飞行场地长度。飞行区基准代号表中的代字应选择翼展和主起落架外轮外侧间距两者中要求较高者。各等级机场允许最大可起降飞机的种类见表1-5。

表1-5　飞行区基准代号

习行区等级	最大可起降飞机种类举例
4F	A380 等四发远程宽体超大客机
4E	B747、A340 等四发远程宽体客机
4D	B767、A300 等双发中程宽体客机
4C	A320、B737 等双发中程窄体客机
3C	B733、ERJ、ARJ、CRJ 等中短支线客机

(2)跑道导航设施等级。按照机场所配置的导航设施能够提供飞机以何种进近程序飞行划定。

1)非仪表跑道。供航空器用目视进近程序飞行的跑道，代字为 V。

2)仪表跑道。供航空器用仪表进近程序飞行的跑道。主要分为非精密进近跑道(代字为

0

NP)、1 类精密进近跑道(代字为 CAT I)、Ⅱ类精密进近跑道(代字为 CAT Ⅱ)、Ⅲ类精密进近跑道(代字为 CAT Ⅲ)。Ⅲ类精密进近跑道又可进一步分为Ⅲ类 A(代字为 CAT Ⅲ IA)、Ⅲ类 B(代字为 CAT Ⅲ IB)、Ⅲ类 C(代字为 CAT Ⅲ IC)。

(3)航站业务量规格等级。通常按照航站的年旅客吞吐量或货物(及邮件)运输吞吐量划定,详见航站业务量规格分级标准表 1-6。若年旅客吞吐量与年货邮吞吐量不属于同一等级时,可按较高者定级。

表 1-6　航站业务量规格分级标准

航站业务量规格等级	年旅客吞吐量 CP/(万人)	年货邮吞吐量 CC/(kt)
小型	CP<10	CC<2
中小型	10≤CP<50	2≤CC<12.5
中型	50≤CP<300	12.5≤CC<100
大型	300≤CP<1 000	100≤CC<500
特大型	CP≥1 000	CC≥500

(4)民航运输机场规划等级。通常根据机场的发展和当前的具体情况确定机场规划等级。详见民航运输机场规划等级表 1-7。

表 1-7　民航运输机场规划等级

机场规划等级	飞行区等级	跑道导航设施等级	年货邮吞吐量 CC/(kt)
四级	3B,2C 及以下	V,NP	小型
三级	3C,3D	NP,CAT I	中小型
二级	4D	CAT I	中型
一级	4D,4E	CAT Ⅰ,CATⅡ	大型
特级	4E 及以下	CATⅡ	特大型

2.机场的分类

(1)按航线性质划分:可将机场划分为国际航线机场和国内航线机场。

(2)按服务航线和规模划分:可将机场划分为枢纽机场、干线机场、支线机场。

(3)按旅客乘机目的地划分:可将机场划分为始发/终程机场、经停机场、中转机场。

(4)备降机场,是指为保证飞行安全,在飞行计划中事先规定的,当预定着陆机场由于某种原因而无法着陆时,将前往着陆的机场称为备降机场。起飞机场也可作为备降机场。在中国,哪个机场作为备降机场是由中国民用航空总局确定的。

1.2　航空地面设备的分类及配备要求

1.2.1　航空地面设备的分类

按照中华人民共和国民用航空行业标准,航空地面设备(车辆),特指在机场规定的区域内为航空器场道和运输提供服务所需的专用勤务保障设备(车辆)。

1.根据使用的目的范围分类

航空地面设备(车辆)根据其使用的目的范围不同,分为:

(1)机务保障类设备(车辆),包括电源车、气源车、空调车、飞机牵引车、飞机除冰车、充氧车、充氮车和高空作业平台(车);

(2)旅客服务类车辆,包括客梯车、航空食品车、清水车、污水车、飞机垃圾车、摆渡车和残疾人登机车;

货物运输类车辆,包括升降平台车、行李传送车和行李拖头车;

(3)飞机加油车,为飞机加注、抽放燃油。

2.根据结构组成分类

若按航空地面设备(车辆)的结构组成划分,可分为二类底盘类航空地面设备(车辆)和特殊底盘类航空地面设备(车辆)。

(1)二类底盘类航空地面设备(车辆)通常是在已经定型的货运车的二类汽车底盘基础上按照航空地面设备(车辆)的需要加装相应特殊装置所构成的航空地面设备(车辆),如客梯车、航空食品车、清水车、污水车、飞机垃圾车、残疾人登机车、电源车、气源车、空调车、飞机除冰车、充氧车、充氮车、飞机加油车和行李传送车等。

(2)特殊底盘类航空地面设备(车辆)则是根据航空地面设备(车辆)的特殊需要而专门设计的具有特种底盘结构的设备(车辆),如飞机牵引车、升降平台车、行李拖头车和摆渡车等。

无论哪种结构形式的航空地面设备(车辆),都有共同的技术要求,即安全可靠、运动平稳、对接准确和驾驶舒适等。

随着民航事业的快速发展,飞机数量的不断增加,为飞机进行保障和服务的航空地面设备(车辆)也在迅速增长,技术也在不断改进,性能也在不断提高和完善,将会有更多更好的新型航空地面设备(车辆)加入到为飞机保障服务的行列中来,如已逐步大量使用的包轮车(也称无杆式飞机牵引车)。

1.2.2　航空地面设备的配备

航空地面设备(车辆)按照机场的配备,主要分为机坪设备、航站楼设备、场道设备和应急救援设备。

1.配备原则

以机场飞行区等级为依据,分为4E,4D,4C(含以下)三个挡次,规定机场设备的最低配备品类;以年旅客吞吐量为依据,分为800万人次以上、800万(含)~300万人次、300万(含)~100万人次、100万(含)~50万人次、50万(含)~5万人次和5万(含以下)人次六个挡次,规定机场设备数量的最低限额。

2.配备标准

(1)机坪设备。

1)按飞行区等级应配备的设备品类见表1-8;

2)按旅客吞吐量应配备的设备数量最低限额见表1-9。

(2)航站楼设备。

1)按飞行区等级应配备的设备品类见表1-10;

2)按旅客吞吐量应配备的设备数量最低限额见表1-11。

(3)场道设备。

1)按飞行区等级应配备的设备品类见表1-12；

2)按旅客吞吐量应配备的设备数量最低限额见表1-13。

(4)应急救援设备。

1)按飞行区等级应配备的设备品类见表1-14；

2)按旅客吞吐量应配备的设备数量最低限额见表1-15。

表1-8　航站楼设备——按飞行区等级应配备的设备品类

设备名称	代　码	4E	4D	4C(含以下)
旅客电梯	08-5-1-00	*	*	视设计情况定
自动扶梯	08-5-2-00	*	*	视设计情况定
自动人行步道	08-5-3-00	*	*	视设计情况定
货梯	08-5-9-00	*	*	视设计情况定
旅客登机桥	09-7-1-00	*	*	视设计情况定
行李输送设备	09-7-2-00	*	*	视设计情况定
自动门	09-7-4-00	*	*	视设计情况定
空调设备	16-5-0-00	*	*	*
安检设备	46-3-4	*	*	*
电视监控系统	46-3-4-10	*		
航班动态显示系统	55-3-5-01	*	*	*
程控电话	69-5-1-99	*(供旅客用)	*(供旅客用)	*(供旅客用)
专用调度电话	69-5-3-04	*	*	
广播系统	70-9-0-00	*		*
电子秤	74-6-1-03	*		*
电子钟(母钟)	74-8-0-00	*		
旅客流程图		*		*
残疾人专用设备		*	*	*
标志系统		*	*	*
航线图		*	*	*
离港系统		*		
消防系统		*	*	*

注:1.“*”表示按飞行区等级应配备的设备品类；

　　2.代码和单位按MH/T5001-93的规定。

表 1-9 航站楼设备——按旅客吞吐量/(万人次)应配备的设备数量最低限额

设备名称	代 码	800以上	800(含)~300	300(含)~100	100(含)~50	50(含)~5	5(含)以下	备 注
旅客电梯	08-5-1-00							视情况而定
自动扶梯	08-5-2-00					1		
自动人行步道	08-5-3-00					2	1	
旅客登机桥	09-7-1-00					1	1	
行李输送设备	09-7-2-00							
自动门	09-7-4-00					1	1	
空调设备	16-5-0-00					1	1	
电视监控系统	46-3-4-10	1	1	1	1	视情况而定		
航班动态显示系统	55-3-5-01	1	1	1	1	1	1	
程控电话	69-5-1-99	10	6	4	2	2	1	供旅客用
专用调度电话	69-5-3-04	4	2	2	2	2	2	
广播系统	70-9-0-00	1	1	1	1	1	1	
电子秤	74-6-1-03							按值机柜台数
电子钟(母钟)	74-8-0-00	1	1					
旅客流程图		2	1	1	1	1	1	
残疾人专用设备								视设计而定
标志系统								视设计而定
航线图		2	1	1	1	1	1	
离港系统		1	1					
消防系统		1	1	1	1	1	1	

注:1.表中数字表示旅客吞吐量应配备的设备数量值最低限额;
　　2.代码和单位按 MH/T5001-93 规定。

表 1-10 机坪设备——按飞行区等级应配备的设备品类

设备名称	代 码	4E	4D	4C(含以下)
静变电源机组	55-2-4-08	*	*	
牵引车	55-4-1-01	*	*	

续表

设备名称	代　码	4E	4D	4C(含以下)
交流电源车	55 - 4 - 1 - 02	＊	＊	＊
直流电源车	55 - 4 - 1 - 03	＊	＊	＊
气源车	55 - 4 - 1 - 04	＊	＊	＊
空调车	55 - 4 - 1 - 05	＊	＊	
充氧车	55 - 4 - 1 - 07	＊	＊	＊
飞机除冰车	55 - 4 - 1 - 08	＊	＊	
高空作业车	55 - 4 - 1 - 09	＊	＊	
航空食品车	55 - 4 - 3 - 01	＊	视设计情况定	
清水车	55 - 4 - 3 - 02	＊	＊	＊
污水车	55 - 4 - 3 - 03	＊	＊	＊
垃圾车	55 - 4 - 3 - 04	＊	＊	
加高客梯车	55 - 4 - 3 - 05	视设计情况定	视设计情况定	
普通客梯车	55 - 4 - 3 - 06	视设计情况定	视设计情况定	视设计情况定
机场摆渡车	55 - 4 - 3 - 07	视设计情况定	视设计情况定	
残疾人登机车	55 - 4 - 3 - 08	＊		
升降平台车	55 - 4 - 3 - 09	＊	＊	
行李传送车	55 - 4 - 3 - 10	＊	＊	＊
行李拖头车	55 - 4 - 3 - 11/12	＊	＊	＊
行李拖头（板）	55 - 4 - 3 - 12/13	＊	＊	＊
引导车	55 - 4 - 5 - 01	＊	＊	
管线加油车	55 - 4 - 6 - 01	＊	＊	
罐式加油车	55 - 4 - 6 - 02	＊		
滑油车	55 - 4 - 6 - 03			
运油车	55 - 4 - 6 - 04			
充氮车		＊	＊	＊
叉车	55 - 4 - 7 - 03	＊	＊	

注:与表 1 - 8 注相同。

表 1-11 机坪设备——按旅客吞吐量/(万人次)应配备的设备数量最低限额

设备名称	代 码	800 以上	800(含) ~300	300(含) ~100	100(含) ~50	50(含) ~5	5(含) 以下	备 注
静变电源机组	55-2-4-08							视情况而定
牵引车	55-4-1-01	15	6	4	2	1		
交流电源车	55-4-1-02	15	10	4	4	2	1	静变电源 增加则减少
直流电源车	55-4-1-03	3	3	3	3	3	2	
气源车	55-4-1-04	10	6	2	2	1	1	
空调车	55-4-1-05	8	4	1	1			炎热地区增加
充氧车	55-4-1-07	6	3	2	1	1	1	
飞机除冰车	55-4-1-08	6	4	2	2	1	1	寒区
高空作业车	55-4-1-09	4	2	1	1			
航空食品车	55-4-3-01	10	8	6	6			
清水车	55-4-3-02	15	8	4	4	2	1	*
污水车	55-4-3-03	15	6	4	4	2	1	*
垃圾车	55-4-3-04	10	6	4	2	1	1	
加高客梯车	55-4-3-05	12	8	4	2	2		
普通客梯车	55-4-3-06	24	12	8	4	4		视登机桥及 停机位布局定
机场摆渡车	55-4-3-07	10	8	3	3			
残疾人登机车	55-4-3-08	2	2	1				
升降平台车	55-4-3-09	16	8	3	1			
行李传送车	55-4-3-10	25	18	8	4	2		*
行李拖头车	55-4-3-11/12	25	18	8	4	2	2	*
行李拖头(板)	55-4-3-12/13	400	200	100	50	10	6	含集装箱 (板)拖车
引导车	55-4-5-01	8	4	2	2			
管线加油车	55-4-6-01							按 MHJ 5008-94
罐式加油车	55-4-6-02	12	10	3	3	3	2	(暂定)
滑油车	55-4-6-03	*	*					视情况而定
运油车	55-4-6-04							视情况而定
充氮车		4	3	1	1	1	1	*
叉车	55-4-7-03	10	5	3	2	2	2	不含仓库 货场用

注:与表1-9注相同。

表 1-12　场道设备——按飞行区等级应配备的设备品类

设备名称	代　码	4E	4D	4C(含以下)
推土机	33-3-1-01/02	*	*	*
平地机	33-3-5-00	*	*	视设计情况定
拖拉机	34-1-0-00	*	*	*
压路机	34-4-1-01/027	*		*
割草机	34-6-8-01	*	*	*
搂草机	34-6-8-04	*	*	
洒水车	53-1-7-13	*	*	*
道路清扫车	53-1-7-14	*	*	
扫雪车	55-4-2-01	*(寒区)	*(寒区)	*(寒区)
跑道清扫车	55-4-2-02	*	*	*
摩擦因数测试车	55-4-2-03	*	*	
巡道车	55-4-2-04	*	*	
画线车	55-4-2-05	*	*	*
环境噪声监视仪	74-4-7-04	*	*	
切缝机	33-7-4-05	*	*	*
驱鸟设备		*(视设计情况而定)		

注：与表1-8注相同。

表 1-13　场道设备——按旅客吞吐量/(万人次)应配备的设备数量最低限额

设备名称	代　码	800以上	800(含)~300	300(含)~100	100(含)~50	50(含)~5	5(含)以下	备　注
推土机	33-3-1-01/02	2	2	2	1	1	1	
平地机	33-3-5-00	1	1	1	1	1		
拖拉机	34-1-0-00	4	2	2	2	2	1	
压路机	34-4-1-01/027	2	2	2	2	2	2	
割草机	34-6-8-01	6	4	4	2	2	1	视设计情况而定
搂草机	34-6-8-04	1	1	1	1	1		视设计情况而定

续表

设备名称	代码	800以上	800(含)~300	300(含)~100	100(含)~50	50(含)~5	5(含)以下	备注
洒水车	53-1-7-13	1	1	1	1	1		
道路清扫车	53-1-7-14	2	2	2	1	1		
扫雪车	55-4-2-01	12	8	6	4	2	2	寒区
跑道清扫车	55-4-2-02	3	2	2	1	1	1	
摩擦因数测试车	55-4-2-03	1	1	1				
巡道车	55-4-2-04	2	2	1	1	1	1	
画线车	55-4-2-05	2	2	1	1	1		
环境噪声监视仪	74-4-7-04	1	1	1				
切缝机	33-7-4-05	3	2	1	1	1	1	
驱鸟设备								视设计情况而定

注:与表1-9注相同。

表1-14 应急救援设备——按飞行区等级应配备的设备品类

设备名称	代码	4E	4D	4C(含以下)
消防车	53-1-7-09	按 MH7002-94		
救护车	53-1-7-12	*	*	*
灯光照明车	55-4-7-01	按 MH7002-94		
指挥车	55-4-7-03	按 MH7002-94		
飞机顶升气囊(垫)		*		
空气压缩机	14-2-0-00	*		
移动式作业路面		*		
破拆工具	46-3-1-05	按 MH7002-94		
车载发电机组	60-1-3-00	*	*	
重型吊车	8/4/09	*		
大平板车		*		
抢险工程车	53-1-7-06			视设计情况而定

注:与表1-8注相同。

表 1 - 15　应急救援设备——按旅客吞吐量(万人次)应配备的设备数量最低限额

设备名称	代　码	800 以上	800(含) ～300	300(含) ～100	100(含) ～50	50(含) ～5	5(含) 以下	备　注
消防车	53－1－7－09							按 MH7002－94
救护车	53－1－7－12	5	4	3	2	1	1	
灯光照明车	55－4－7－01							按 MH7002－94
指挥车	55－4－7－03							按 MH7002－94
飞机顶升气囊(垫)		10	10					
空气压缩机	14－2－0－00	2	2					
移动式作业路面		100	100					
破拆工具	46－3－1－05	1	1					按 MH7002－94
车载发电机组	60－1－3－00	1	1	1	1			
重型吊车	8/4/09	1	1	2	1			
大平板车		1	1	1				
抢险工程车	53－1－7－06	1	1	1	1			

注:与表1-9注相同。

1.3　航空器与航空地面设备(车辆)保障关系

航空器在准备升空飞行之前,需要地面各类设备设施提供保障。在飞行的过程中,需要水、电、油、气、氧等各种燃料提供动力保障;为了使航空器能顺利地起飞、飞行、降落、滑行、停放,保证空乘人员和旅客的空中旅行安全,航空器与航空地面设备(车辆)之间构成了供与求的关系。各航空器接受服务的接口点和航空地面设备(车辆)的具体位置,详见飞机接受服务的接口点与保障车辆实施保障的配置要图,如图 1-1 所示。

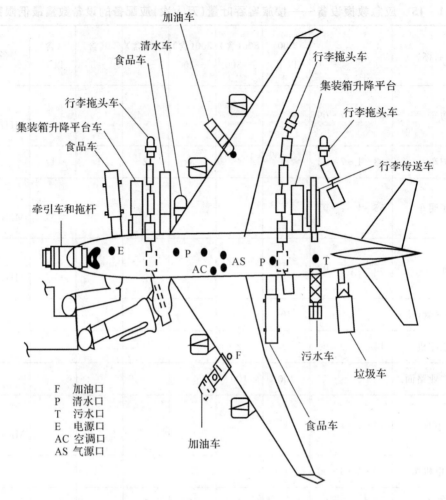

图 1-1 飞机接受服务的接口点与保障车辆实施保障配置要图

F   加油口
P   清水口
T   污水口
E   电源口
AC 空调口
AS 气源口

复习思考题

1. 机场由哪些主要部分构成？各部分的功用是什么？
2. 简述机场的等级、分类及相关参数要求。
3. 简述不同等级机场地面设备的配备要求。
4. 简述航空地面的设备的分类及用途。
5. 简述航空地面设备勤务时与飞机的对接情况。

第2章　有杆式飞机牵引车

2.1　概　　述

飞机牵引车(Aircraft Tractor)是一种在机场地面牵引飞机的保障设备。它具有车身低矮、车辆自重较大、牵引力大等特点。由于飞机的发动机只能为飞机提供向前滑行的动力,当飞机退出登机桥、机库或离开机位需要向后移动时,就需要使用飞机牵引车来推/拖飞机。此外,如果飞机因为故障及机场环保的要求,或者为了减少运行成本而关闭其发动机,也要使用飞机牵引车来移动飞机。在特殊情况下,飞机牵引车也是救援牵引的重要设备。

随着航空运输业的不断发展,飞机数量、体积、质量的不断增加,对飞机牵引车的要求也越来越高。新技术和新的设计思想被不断应用到飞机牵引车中,如无杆式牵引(抱轮)技术、电力驱动及传动技术、混合动力技术等,从而带来飞机牵引车结构和动力系统的不断发展和变革。

2.1.1　飞机牵引车的类型及特点

1. 类型

(1)按牵引方式分。

按牵引车与飞机对接方式的不同,飞机牵引车可分为有杆式飞机牵引车(Towbar Aircraft Tractor)和无杆式飞机牵引车(Towbarless Aircraft Tractor)两大类。

有杆式飞机牵引车是一种使用和飞机机型相匹配的专用牵引杆,也称为拖把(Towbar),与飞机相连,实施对飞机牵引作业的特种车辆,如图2-1所示。

图2-1　有杆式牵引车

无杆式飞机牵引车,也称为抱轮车,无须牵引杆连接飞机和车辆,是一种直接抱夹飞机前轮,并托起飞机前起落架,实施对飞机牵引作业的特种车辆,如图2-2所示。

(2)按牵引力大小分。

飞机牵引车按牵引力的大小划分,可分为小型、中型和大型三种。小型牵引车的牵引力一般小于150 kN,中型牵引车的牵引力在150～250 kN之间,大型牵引车的牵引力在250 kN以上。

图2-2 无杆式飞机牵引车

2.特点

(1)有杆式飞机牵引车的特点。

1)必须配备与飞机机型相匹配的牵引杆。

2)牵引作业转弯半径大,作业场地较大。由于牵引车与飞机之间有两个铰接点,增加了一个自由度,与正常车辆操作习惯相反,操作的难度较高。

3)作业时,必须有专人与牵引车驾驶员配合,安装和拆卸牵引杆。

4)受拖/推飞机对牵引力和制动力的要求,牵引车自身质量较大,车辆的轮胎磨损较快,油耗较高,使用维护的成本较高。

有杆式飞机牵引车,由于受有杆牵引飞机方式所限,相对无杆式牵引车作业存在着一些不可避免的缺陷:

1)灵活机动性差。飞机-牵引杆-牵引车组成一个较长的机组,使得飞机转弯调度空间增大,再则此种牵引方式为两个铰接点连接,增加了一个自由度,与正常操作习惯相反,这些都在很大程度上加大了操作难度,直接影响了调动飞机的灵活、机动、快速性能。

2)安全性差。由于牵引杆不可能非常精确地把飞机与牵引车连接在一条直线上,在作业过程中,如果牵引车和飞机速度突然变化,极易造成牵引车侧翻,引起牵引车与飞机相撞。这种情况在高速度作业时更为危险(实际应用中发生过此类事故)。

3)通用性差。每种型号的飞机需用特定的牵引杆与之配套,且互不通用,这将在很大程度上影响快速牵引飞机的能力。

4)车身较重。由于牵引附着力和制动力的限制,牵引车必须有足够的质量来保证牵引力和安全所需的制动力。

有杆牵引方式,是目前仍大量使用的牵引方式。

（2）无杆式飞机牵引车的特点。

1）运行成本低。因为它牵引时是将飞机的前轮托起,借助了飞机的部分质量来增加牵引车车轮与地面的附着力,达到了牵引飞机的牵引力和制动力要求,使其自身质量低。由于其自身质量较轻,在空驶时油耗较低,轮胎的使用寿命也增加了,从而降低了车辆运行成本。

2）减少了牵引杆等附属设备。在牵引作业过程中,不需要专用的牵引杆,简化了作业程序,提高了操作的安全性和工作效率。

3）由于在牵引作业过程中,飞机与牵引车之间形成整体,提高了车辆的操纵性。

2.1.2　飞机牵引车的牵引力

1. 有杆式飞机牵引车的牵引力

飞机牵引车牵引力产生的原理与普通汽车牵引力产生的原理相同。为增大牵引力,有杆式飞机牵引车一般采用四轮驱动,发动机的扭矩经传动系传至牵引车的驱动轮上,作用在驱动轮上的扭矩 M_t 对地面产生一个圆周的切向分力 F_0,同时,地面对驱动轮产生一个反作用力 F_t,这个 F_t 就是驱动牵引车的外力,也就是牵引车的驱动力,F_t 与 F_0 大小相等,方向相反。为了增大牵引力,有杆式飞机牵引车一般采用四轮驱动,前后车轮都是驱动轮,都能够产生牵引力,如图 2-3 所示。

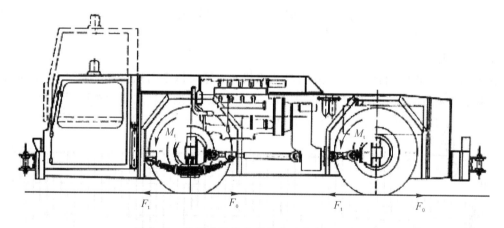

图 2-3　有杆式飞机牵引车牵引力产生示意图

有杆式飞机牵引车的传动系一般是由液力变速器、分动器(或轴间差速器)、前后桥主减速器和轮边减速器等装置组成的。由于液力变矩器具有变矩特性,其变矩系数一般为 $i_j=2\sim3$。设:

M_e ——发动机的输出扭矩;

i_g ——变速器的传动比;

i_d ——分动器的传动比;

i_a ——主减速器的传动比;

i_e ——轮边减速器的传动比;

η_t ——传动系的机械效率;

R ——车轮半径。

则有

$$M_t = i_j M_e i_g i_d i_a i_e \eta_t \quad (\text{N} \cdot \text{m}) \tag{2-1}$$

因而驱动力为

$$F_t = M_t/R \quad (\text{N}) \tag{2-2}$$

由于每部牵引车技术手册都会给出其发动机功率、扭矩、转速和变矩器的功率、扭矩、转速以及传动系传动比等参数，所以，由上述公式就可以计算出该牵引车驱动轮上的扭矩及驱动力。但是这个驱动力只有在驱动轮与路面不发生滑转时才有效。如果驱动轮在路面滑转，驱动力再大也只会使驱动轮加速滑转，地面的切向反作用力并不会因此而改变，反而会因为驱动轮滑转量的增加而减少。决定轮胎是否滑转，取决于地面对轮胎的切向反作用力和驱动力的大小，除与车辆的质量和发动机功率有关外，还与牵引车轮胎与地面附着系数有直接的关系。湿滑的路面其附着系数较小，使得牵引力下降，反之干燥的路面其附着系数较大，牵引力增大。在硬路面上附着力 F_Ψ 与驱动轮法向反作用力 Z（或牵引车的总质量）成正比，即

$$F_\Psi = \Psi Z = \Psi G_t \tag{2-3}$$

式中，Ψ——附着系数；

$\quad G_t$——牵引车总质量。

有杆式飞机牵引车在牵引飞机的过程中，需要克服飞机的加速阻力、空气阻力、机场坡度阻力和飞机发动机的反喷阻力等。综合上述的各种因素，在实际中，一般飞机所需的牵引力是飞机质量的 $7\% \sim 12\%$，即：

$$F = G_t \Psi = (0.07 \sim 0.12) G_a \tag{2-4}$$

式中，G_t——飞机牵引车质量；

$\quad G_a$——飞机质量。

由此可见，在正常的路面情况下，有杆式飞机牵引车可以牵引比它自重大约 10 倍的飞机。

根据各型有杆式牵引车的自重和飞机最大起飞质量，各型有杆式牵引车适用机型的选择如图 2-4 所示。如 QY45/50 指牵引车自重为 45～50 t，可以牵引飞机的最大起飞质量约为 500 t。

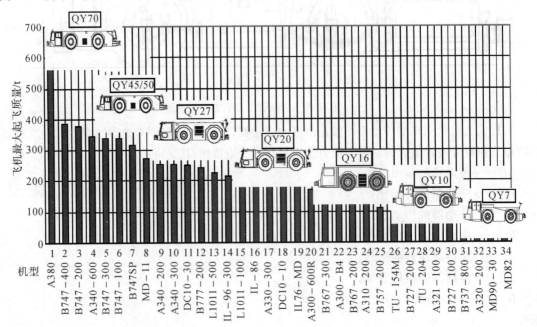

图 2-4　有杆式牵引车适用机型选择

2.无杆式飞机牵引车的牵引力

无杆式飞机牵引车牵引力产生的原理与有杆式飞机牵引车相同,但无杆式飞机牵引车的驱动方式不同。无杆式飞机牵引车常常采用液压传动的驱动方式。

液压传动(或静压传动)的主要组成部件为发动机、液压泵、控制阀和液压马达等。发动机输出轴与液压泵连接,使液压油增压,通过液压控制阀和液压管路将增压后的液压油输入液压马达,由液压马达驱动牵引车车轮转动,产生驱动力而行驶。

无杆式飞机牵引车的驱动力由液压马达的输出扭矩决定,同有杆式飞机牵引车一样,也需要克服飞机的加速阻力和空气阻力、机场坡度阻力、飞机发动机的反喷阻力等。但由于无杆式牵引车在牵引飞机时的质量,不仅仅是牵引车自身的车重,还加上了飞机前起落架等飞机前部的质量,因此,飞机所需的牵引力为

$$F = G_t \Psi = (G_{tw} + G_{NLG}) \Psi \qquad (2-5)$$

式中,G_{tw}——无杆式牵引车自重;

G_{NLG}——飞机前起落架等部分质量。

因而,在保证足够牵引力的条件下,无杆式飞机牵引车的自重可以比有杆式牵引车的自重轻很多,通常它仅是要被牵引飞机机型质量的1/20。当不进行牵引飞机作业时,无杆式飞机牵引车行驶的功耗及轮胎磨损均较少,使用维护成本低,这是它的一个非常重要的特性。

2.1.3 牵引车的主要品牌

1.国产飞机牵引车主要品牌

随着国内科研技术和制造水平的提高,一些企业加入到航空地面设备的研发和制造。国内在飞机牵引车的研发、制造方面较著名的企业有威海广泰空港设备有限公司、北京金轮坤天特种机械有限公司、深圳市达航工业有限公司和上海航福机场设备有限公司等。

威海广泰空港设备有限公司有杆式系列飞机牵引车主要参数见表2-1,主要配置见表2-2。

表 2-1 威海广泰各型牵引车的主要参数

车型	15	18	20/22	27	45/50	70
整车质量/t	15	18~20	22	27	45~50	70
最大牵引力/kN	120	160	174	210	353~396	490
最大牵引质量/t	150	180~200	220	270	450~500	700
转向方式	前轮 四轮 蟹行	前轮 四轮 蟹行	前轮 四轮 蟹行	前轮 四轮 蟹行	前轮 四轮 蟹行	前轮 四轮 蟹行
挡位	前四 后三	前四 后三	前三 后三	前六 后三	前四 后四	前八 后三
最高行驶 速度/(km·h⁻¹)	27	30	30	30	30	28
电气系统	24	24	24	24	24	24

表 2-2　威海广泰各型牵引车的主要配置

车　型	15	18	20/22	27	45/50	70
发动机	CUMMINS QSB4.5-110 或 DEUTZ TCD2012 L04 2Vm	COMMINS QSB5.9-140	COMMINS QSB6.7-220	COMMINS QSB6.7-220	DEUTZ BF6M1015C	美国底特律
变速箱	DANA T12465	WG180	美国 DANA 13.7HR32362	美国 FUNK 2263E14NB	美国 DANA 16.7MHR36442	美国 DANA
车桥	美国 DANA	德国 KESSLER	德国 KESSLER LT71PL378	德国 KESSLER LT71PL378	德国 KESSLER LT91PL119	德国 KESSLER
转向器	全液压动力转向	全液压动力转向	美国 EATON 全液压转向器	美国 EATON 全液压转向器	美国 EATON 全液压转向器	美国 EATON 全液压转向器
润滑系统		手动或自动集中润滑	德国 LINCON	德国 LINCON	德国 BAKE	德国 BAKE

　　北京金轮坤天特种机械有限公司有杆式飞机牵引车的主要产品为 QFY200 型有杆式飞机牵引车,QFY200 可牵引 A300、A330、A340、B757、B767、B777、DC10、MD11、伊尔-76、伊尔-86 等 300 t 以下的飞机。其技术参数见表 2-3。

表 2-3　QFY200 型有杆式飞机牵引车技术参数

外形尺寸		技术参数	
整备质量	27 000 kg	可牵引飞机最大质量	300 000 kg
总长(不包括牵引栓)	6 300 mm	最大牵引力	200 kN
总宽	2 600 mm	最高行驶速度(空载)	30 km/h
总高(降/升)	1 650/2 150 mm	额定牵引速度	10 km/h
离地间隙	200 mm	最低稳定速度	1 km/h
最小转弯直径	15 000 mm		

　　2.进口飞机牵引车主要品牌

　　目前国内各机场使用的进口飞机牵引车主要有德国 SCHOPF 和 GOLDHOFER,法国 TLD,美国 TUG(S-S)和 JBT(FMC),英国 DOUGLAS 等品牌。

　　德国 SCHOPF 生产的 F206 型有杆式飞机牵引车,其主要技术参数见表 2-4。

表 2－4 有杆式牵引车主要技术参数

车辆型号	F206 型
外形尺寸(长×宽×高)	6 100 mm×2 400 mm×2 030 mm
车辆质量	20 000 kg
最大牵引力	180 kN
外轮最小转弯半径(四轮转向)	4 880 mm
内轮最小转弯半径(四轮转向)	2 000 mm
离地间隙	250 mm
发动机型号	DEUTZF8L413F
发动机排量	12.763 L
发动机输出功率	154 kW/2 500 rpm
最大输出扭矩	817 N·m/1 500 r/min
变速箱型号	5WG180
液压系统压力	150 bar①
燃油箱容积	250 L
燃油箱容积	250 L
电压	24 V,负极搭铁
行车速度	前进一挡 6.5 km/h
	前进二挡 9.5 km/h
	前进三挡 14.5 km/h
	前进四挡 20.5 km/h
	前进五挡 32 km/h
	倒退一挡 9.5 km/h
	倒退二挡 20.5 km/h
轮胎规格	12.00R24,20 层

德国 GOLDHOFER AST 系列无杆式飞机牵引车的主要技术参数,见表 2－5。

---

① 1 bar＝100 kPa。

表 2-5　无杆式飞机牵引车主要技术参数

型　号	AST-1X 680	AST-2F/L400	AST-3F200
长	9 500 mm	8 000 mm	6 900 mm
宽	4 800 mm	3 250 mm	3 000 mm
高	1 650~2 200 mm	1 650~2 200 mm	1 650 mm
牵引车自重	34 000 kg	16 500 kg	10 300 kg
转弯半径	10 500 mm	8 800 mm	7 500 mm
驱动方式	液压 4 轮驱动	液压 2/4 轮驱动	液压 2/4 轮驱动
发动机型号	DEUTZ BF8M2015C	DEUTZ BF6M1015C	DEUTZ BF6M1013
发动机输出功率	500 kW	300 kW	140 kW
最大驱动速度	32 km/h	32 km/h	16/32 km/h
最大前起落架载荷	600 kN	360 kN	230 kN
最大飞机质量	600 000 kg	300 000 kg	210 000 kg
可抱夹机型	A380/A300/A310/A330/A340 B767/B777/B747 DC-10/MD-11	A300/A310/A319/A320/ A321/A330/A340/ B727/B737 300-900/ B757/B767/B777-200/300 DC-9/10/MD-80/11/L-101 F100(可选)	A300/A310/A319/ A320/A321 B737 200-900/B727/ B757/B767 DC-9/ MD-80/BAe 146 F100(可选)

2.1.4　牵引车的主要性能参数

1.有杆式飞机牵引车主要技术参数

操作维护人员一般要掌握以下飞机牵引车的主要技术参数:车辆型号、外形尺寸、车辆质量、最大牵引力、转弯半径、离地间隙、发动机型号及其参数、变速箱型号、液压系统压力、燃油箱容积、电压、行车速度、轮胎规格、轮胎气压等,见表 2-4。

2.无杆式飞机牵引车主要技术参数

无杆式飞机牵引车主要技术参数:外形尺寸、牵引车自重、转弯半径、驱动方式、发动机型号、发动机输出功率、最大驱动速度、最大前起落架载荷、最大飞机质量和可抱夹机型等,见表 2-5。

2.2　有杆式飞机牵引车的构造与工作原理

有杆式飞机牵引车的构造框图如图 2-5 所示。其主要有车架总成、动力装置、传动系统、液压系统、电器系统、润滑系统、驾驶室总成及附件等。有杆式飞机牵引车的主要组成零部件如图 2-6 所示。

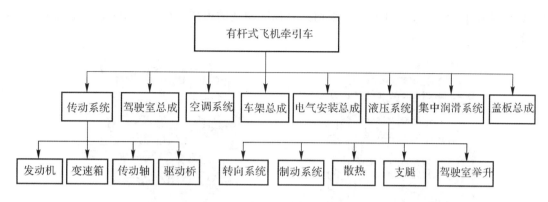

图 2-5　有杆式飞机牵引车的组成示意图

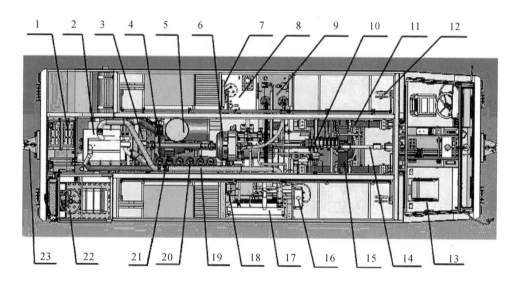

图 2-6　飞机牵引车的主要零部件

1-电瓶箱;2-柴油机;3-升轴箱;4-传动轴;5-空气滤清器;6-变速箱;7-油脂泵;8-柴油箱及加油口;
9-液压油箱;10-液压阀组;11-板簧;12-起吊钩;13-前驾驶室;14-拉杆;
15-前桥及转向油缸;16-副水箱及加水口;17-散热器组成;18-制动阀组;19-空气冷却管;
20-蓄能器;21-后桥及转向油缸;22-后驾驶室;23-牵引钩

2.2.1　车架总成

有杆式飞机牵引车主车架均为单独设计制作的牵引车底盘,是牵引车的基础结构件,也是牵引车各零部件装配的支撑装备。有杆式牵引车的自重要求较大,一般都采用加强的钢板焊接成承载式车身,车桥与车身的连接有的是刚性的,部分后桥为刚性,前桥则采用弹性悬架,也有全部采用悬架式连接的。车架还留有压载物舱,可根据用户需求配备不同质量的压载物。

2.2.2　发动机

发动机是牵引车的动力装置,其功用是将燃料燃烧产生的热能转换为机械能,为牵引车提供动力。国内外有杆式牵引车一般采用柴油发动机,选用的发动机品牌一般是道依茨、底特律、康明斯和卡特等。如 WGQY50 采用的是德国制造的道依茨(DEUTZ)发动机,如图 2-7 所示,其主要参数见表 2-6。

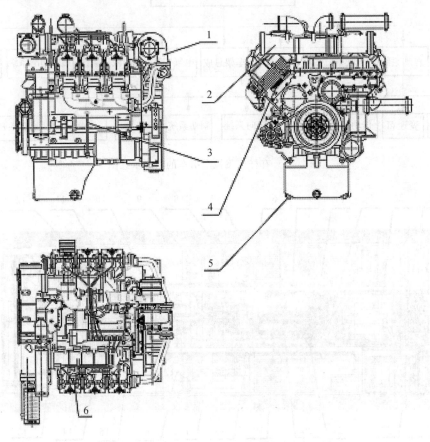

图 2-7　道依茨(DEUTZ)BF6M1015C 发动机

1-增压涡轮;2-进气管;3-机油尺;4-柴油机铭牌;5-放油嘴;6-机油加油口

表 2-6　道依茨(DEUTZ)BF6M1015C 发动机主要参数

制造商	德国道依茨	额定功率	286 kW/ 2 100 r/min
类型	柴油机	最大扭矩	1 909 N·m/1 200 r/min
型号	BF6M1015C	缸径/行程	132/145 mm
形式	V 形电控中冷增压	压缩比	17
汽缸数	6 缸	排放标准	Tier 2
冷却方式	循环水冷	质量	830 kg

道依茨 BF6M1015C 发动机柴油供给回路和冷却回路如图 2-8 所示。

发动机是通过安装在侧面的组合式散热器,中冷器部分实现对冷却、增压后的进气进行冷却的,冷却散热器是对柴油机的冷却液散热的,其外形如图 2-9 所示。

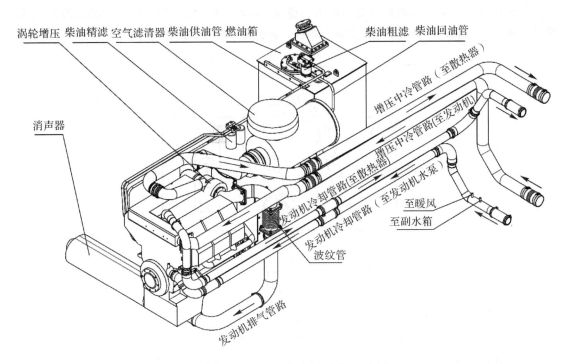

涡轮增压　柴油精滤　空气滤清器　柴油供油管　燃油箱　　　柴油粗滤　柴油回油管

消声器

增压中冷管路（至散热器）

增压中冷管路(至发动机)

发动机冷却管路(至散热器)

增压中冷管路(至发动机)

发动机冷却管路（至发动机水泵）

至暖风

至副水箱

波纹管

发动机排气管路

图 2-8　发动机燃油供给系、冷却系示意图

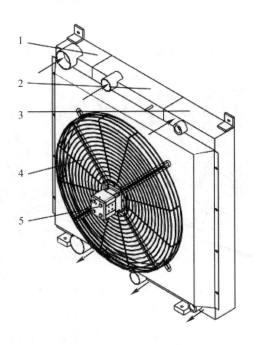

图 2-9　组合式散热器

1-气散热器(中冷器);2-发动机冷却液散热器;
3-变速箱变矩器液力传动油散热器;4-风扇;5-液压马达

发动机冷却液散热器通过软管与副水箱连接,发动机冷却液的注入口位于副水箱上,冷却液必须加到副水箱的 2/3 高度,加注量约 67 L,副水箱结构外形如图 2-10 所示。

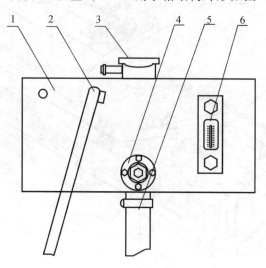

图 2-10 副水箱

1-副水箱壳体(铝);2-蒸汽胶管;3-冷却液加注口;4-液位传感器;5-橡胶软管;6-液位计

发动机的详细说明见道依茨(DEUTZ)柴油机操作和保养手册。

2.2.3 传动系统

传动系统主要由液力变速箱、传动轴、驱动桥和车轮等组成,如图 2-11 所示。

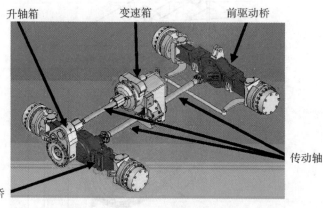

图 2-11 飞机牵引车的传动系统

传动系统的作用是把发动机产生的动力传递到车轮,驱动牵引车前进或后退。发动机通过升轴箱、传动轴,将动力提供给液力变矩器,变矩器可随外部的载荷变化而自动调整输出扭矩和转速,变矩器把动力再传递到变速箱。驾驶员根据实际需要的牵引力或车速控制变速箱挡位;经过二次改变扭矩后的动力通过传动轴分别传递到前后驱动桥,动力经过驱动桥的主减速器增大扭矩后,再通过半轴传递给轮边减速器,扭矩再一次增大,带动车轮旋转,并通过车体产生需要的牵引力,动力在传动系统的传递变化过程如图 2-12 所示。

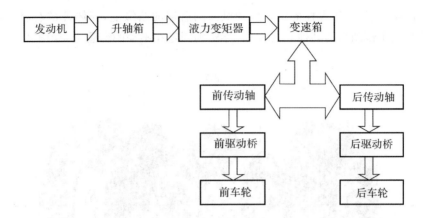

图 2 - 12 WGQY50 传动系统动力传递

1.升轴箱

升轴箱是定制生产的一款全功率取力装置,主要功用是保证发动机和变速箱之间连接空间布置上的需要,使整车传动链紧凑合理、运行平稳。

发动机飞轮壳同升轴箱壳体刚性连接,发动机飞轮通过联轴器直接与升轴箱输入轴连接,升轴箱内由三个模数、齿数相同的斜齿轮组成,主要作用是使发动机输出轴同升轴箱输出轴转速一致,如图 2 - 13 所示。

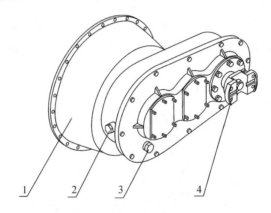

图 2 - 13 升轴箱
1-壳体;2-放油螺塞;3-加油螺塞;4-输出轴

升轴箱主要特点是结构紧凑、性能稳定。齿轮均采用磨齿工艺,箱体采用加工中心加工,低噪声,工作可靠性高。此升轴箱润滑介质为 6 号液力传动油。

传动油加注:初次注油,发动机不启动,从加油螺塞处加油至油位塞孔有油流出。

传动油必须从升轴箱下部规定的加油螺塞处添加,传动油油位严禁超过加油螺塞孔,传动油加注量约为 2.5 L。

2.液力变速箱

液力变速箱由液力变矩器和齿轮变速箱两部分组成。液力变矩器是以液体为工作介质的一种非刚性扭矩变换器,是液力传动的形式之一。它有一个密闭工作腔,液体在腔内循环流动,由泵轮、涡轮和导轮构成,这是一种最基本的结构,通常称为三元件液力变矩器。泵轮通常与变矩器壳体连成一体，用螺栓固定在发动机曲轴后端的凸缘上，壳体外部有启动齿圈；涡轮通过从动轴与汽车传动系的其他总成相连；导轮则固定在不动的套管上，如图 2-14 所示。

图 2-14 液力变扭器

液力变矩器的工作原理如图 2-15 所示，发动机带动输入轴旋转时，液体从离心式泵轮流出，顺次经过涡轮、导轮再返回泵轮，周而复始地循环流动。泵轮将输入轴的机械能传递给液体。高速液体推动涡轮旋转，将能量传给输出轴。液力变矩器靠液体与叶片相互作用产生动量矩的变化来传递扭矩。

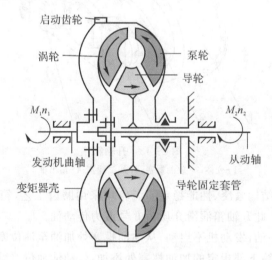

图 2-15 液力变矩器工作原理

液力变矩器不同于液力耦合器的主要特征是它具有固定的导轮。导轮对液体的导流作用使液力变矩器的输出扭矩可高于或低于输入扭矩，因而称为变矩器。输出扭矩与输入扭矩的比值称变矩系数，变矩系数随输出转速的上升而下降。

液力变扭器虽然具备无级变速功能，但是由于其变矩的倍数不够大，汽车上常用的液力变速箱的变矩器的变矩系数为 2～3，还不能满足飞机牵引车在各种工况下的行驶要求，因此还需要与齿轮式变速器组成液力机械式变速器,使其兼备无级和有级传动的特点。图 2-16 所示是液力机械式变速器的工作原理图。液力变矩器的泵轮和液压油泵由发动机直接带动,发动机的扭矩经液力变矩器变矩后,传入机械变速箱的输入轴,液压控制阀根据挡位控制器的切换要求,将控制压力油分配给相应的液压油缸,液压油缸动作使离合器摩擦片锁止,并使对应的齿轮传递扭矩,从而使变速器产生相应的传动比,表 2-7 已列出某种变速箱与挡位对应的摩擦片工作情况。

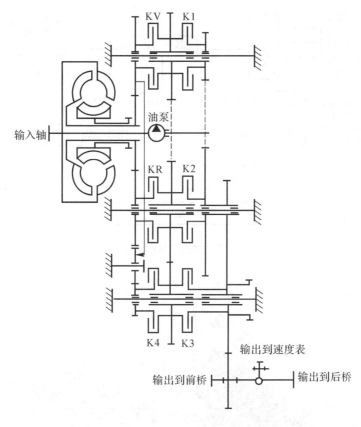

图 2-16　液力变速箱工作原理

表 2-7　变速箱各挡位离合及相应速度范围

挡　位		离　合	速度范围
前进挡	1	K4-K1	0～5 km/h
	2	KV-K2	0～9 km/h
	3	K4-K2	0～16 km/h
	4	KV-K3	0～22 km/h
	5	K4-K3	0～32 km/h
倒挡	1	KR-K2	0～9 km/h
	2	KR-K3	0～22 km/h

变速箱一般都采取动力换挡,有的还采用内含微机芯片的 EGS 电子换挡控制系统。

WGQY50 采用的是美国德纳(DANA)16.7MHR36442 型电控液力机械传动变速箱,该液力变速箱为前后输出、直立式、电控液力机械传动变速箱,其挡位为前 4 后 4,并采用电控动力换挡。此变速箱工作与润滑介质为 6 号液力传动油,液力传动油由组合式散热器进行冷却。变速箱自带补油泵,提供动力换挡需要的液力传动油和实现液力变矩器的液力传动油循环,如图 2-17 所示,实物油路如图 2-18 所示。

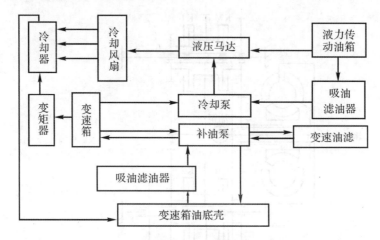

图 2-17　变速箱内液压油循环示意图

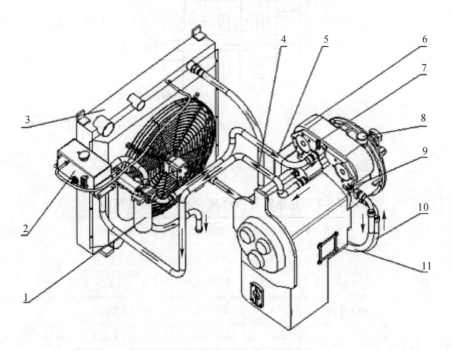

图 2-18　DANA 16.7MHR36442 变速箱液压油循环

1-液力油滤清器;2-副水箱;3-组合式散热器;4-液力油管(至滤清器);5-液力油管(至变速箱);

6-DANA 变速箱;7-换挡压力传感器;8-加油口;9-油温传感器;10-液力油管(至变速箱);

11-液力油管(至散热器)

警告：

传动油必须从变速箱上部规定的加油口注入！

传动油油位严禁超过测油尺上刻度线！

传动油加注量约为 50 L。

传动油加注：初次注油，发动机不启动，注油至测油尺的上刻度止；然后启动发动机，在 750～800 r/min 的转速下运转 2 min，使油充满变矩器、冷却器及管路，在油温为 70～95 ℃ 时，继续注油，至油位达到测油尺的上刻度止，最后盖上加油盖。

3.驱动桥

有杆式飞机牵引车的前后桥均为刚性带差速器和行星齿轮减速装置的驱动桥，前桥为转向驱动桥，而四轮转向的牵引车的后桥也是转向驱动桥。驱动桥的桥壳用于容纳减速齿轮、差速器和半轴等元件，桥壳两端均装有轮毂制动器。桥壳也是主要的结构基础件。转向驱动桥还装有转向装置，如图 2－19 所示。

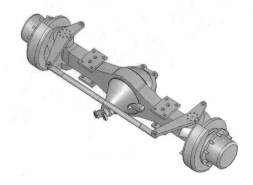

图 2－19　转向驱动桥

WGQY50 的前后车桥使用的是德国 KESSLER LT91PL119 型转向驱动桥，其速比为 25.37，主要由桥壳、主减速器、差速器、轮边减速器、盘式制动器等组成，如图 2－20 所示。

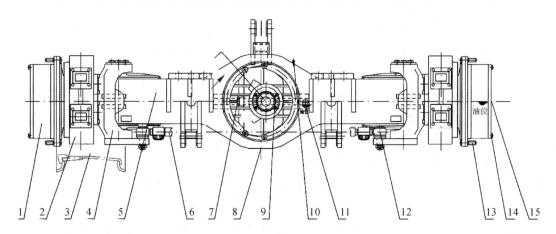

图 2－20　德国 KESSLER LT91PL119 型转向驱动桥

1-轮边减速器；2-盘式制动器；3-轮辋；4-转向轴节；5-桥壳；6-转向横向拉杆；7-差速器；
8-主减速器放油口；9-主减速器；10-透气孔；11-主减速器油位及加油口；12-转向拉杆接头；
13-轮辋螺栓 M22×1.5；14-轮边减速器放油口；15-轮边减速器油位及加油口

主减速器加齿轮油量为 32 L,轮边减速器加齿轮油 2×3.8 L(两边)。

2.2.4 液压系统

飞机牵引车的转向系统、制动系统、支腿收放系统、驾驶室升降系统、回正及自动纠偏系统、散热器冷却系统等是由液压系统控制的。

液压系统由柱塞泵、冷却泵、手动补液泵、蓄能器、全液压动力转向器、充液阀、溢流阀、电磁组合阀、脚制动阀、手制动阀、液压油箱、转向油缸、支腿油缸、驾驶室升降油缸、停车制动缸、液压油散热器等组成,如图 2-21 所示。

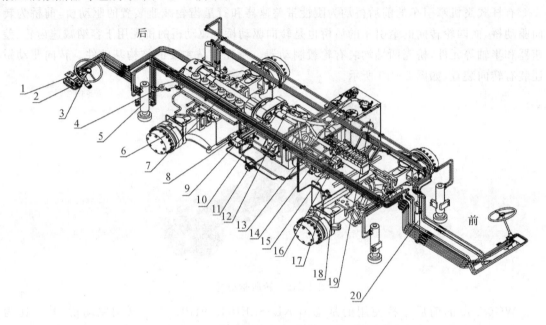

图 2-21 液压系统

1-全液压转向器;2-制动阀组;3-方向盘;4-转向液压缸;5-支腿油缸;6-转向驱动桥;7-蓄能器组件;
8-冷却用齿轮泵;9-制动阀组;10-充液阀组;11-散热器冷却马达;12-柱塞主泵;13-手动补油泵;
14-电泵组件;15-比例阀组;16-转向阀组;17-分制动阀组;18-行车制动管路;19-液压油箱;
20-驾驶室举升油缸

发动机通过装于变速箱接口上的柱塞泵为液压系统提供动力。柱塞泵动力提供给转向系统、支腿收放系统、驾驶室升降系统、回正及自动纠偏系统。冷却泵动力提供给制动系统、散热器冷却系统。各个系统的工作压力由溢流阀来调定,各系统的协调动作都由电磁阀组来控制的。

液压油箱储油量约为 370 L,液压油牌号为 L-HM32 液压油,在寒冷地区加注 L-V32 液压油。液压系统压力为 16 MPa,液压系统蓄能器充氮压力为 10 MPa。

1. 转向系统

飞机牵引车的转向系统一般配置三种常用的转向模式,即前轮转向、四轮转向和蟹行转向,如图 2-22 所示,有时还设置了后轮转向。

四轮转向是使牵引车在行走时保持前/后轮的转向角度一致,但方向相反,使其转向半径变小,增强牵引车的机动灵活性,如图 2-22(b)所示。

蟹行转向是使牵引车四个轮胎保持一定的转向角度斜向运动。控制后轮和前轮的轴线保持平行状态,使牵引车在蟹行时受到较少的横向阻力,减小轮胎横向摩擦力及发动机功率输出,如图 2-22(c)所示。

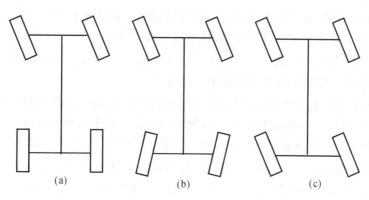

图 2-22 转向模式

(a)前轮转向;(b)四轮转向;(c)蟹行转向

飞机牵引车大多采用节能型全液压闭心式动力转向,由伊顿(EATON)等全液压转向器控制,并由电力驱动液压泵提供应急转向。如图 2-23 所示,当车辆需要转向时,转动方向盘,液压油箱的液压油经转向泵、转向阀组、全液压动力转向器、转向油缸等作用在前后桥转向节臂上,带动车轮实现车辆转向。

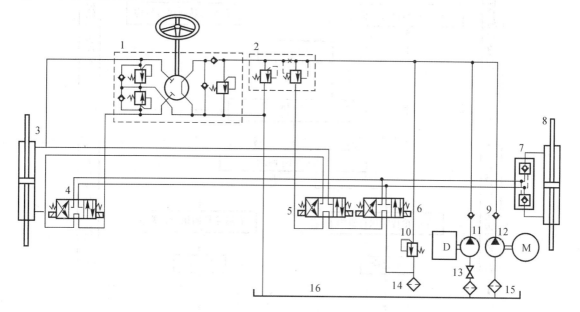

图 2-23 液压转向系统原理

1-液压转向器;2-单稳分流阀;3-前桥转向油缸;4-转向模式切换电磁阀;5-前桥回中电磁阀;
6-后桥回中电磁阀;7-后桥转向油缸双手液压锁;8-后桥转向油缸;9-单向阀;
10-转向系统安全阀;11-转向泵;12-电动应急泵;13-截止阀;14-精滤器;
15-粗滤器;16-液压油箱

在选择转向模式时,回中电磁阀、前后桥电磁阀,由电气控制,分别负责4种转向模式的动作。模式切换电磁阀4位于中立位置时为前桥二轮转向,左位为前/后桥四轮转向,右位为前/后桥四轮蟹行转向。

当车轮自动回中时,液压油经电磁阀、液控单向阀后,回流至油箱。当熄灭发动机或改变转向形式时,四轮立刻回到中立直向位置,也就是通常所说四轮回中。若触发回中按键,PLC根据前/后转向桥转角传感器输入信号,自动辨别电磁阀5和电磁阀6的上电方向,并输出控制指令控制转向油缸,强制转向机构回到中立位置。

应急转向泵是由蓄电池驱动的,当发动机出现故障时,启动应急转向泵可为转向系统提供动力,从而保证车辆在任何情况都可转向,以便应急时由其他车辆拖离现场。

现代飞机牵引车也广泛采用电控动力转向系统,如图2-24所示。在方向盘发出转向指令后经过电位传感器向控制器输入电压信号,控制器经过计算、分析,向电液比例换向阀组施加电信号,电信号经过放大控制比例阀的开口,同时由转向泵经溢流阀向系统提供恒压液压油,通过电液比例换向阀组来控制流入转向液压缸的流量与阀的开口成正比,从而控制转向液压油缸活塞杆的伸长量,间接达到控制各个转向轮的偏转角度,实现车轮转向。

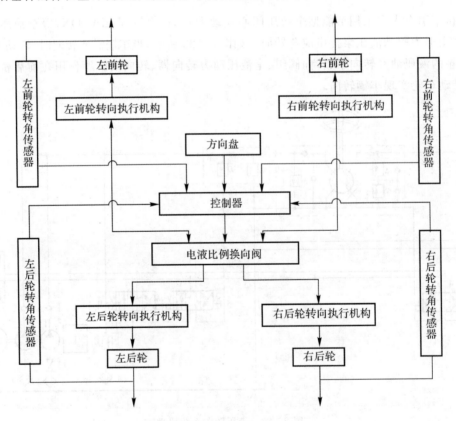

图 2-24　电控动力转向系统方案

前/后轮转角传感器应能精确识别前/后桥的中立位置和实时偏转方向,且要求传感器掉电后再上电仍能反映当前车轮相对中位时转角。

2.制动系统

制动系统分为行车制动和停车制动,行车制动为全液压双管路动力制动系统,采用液压控制,通过钳盘式制动器,四轮同时制动,如图 2-25 所示;停车制动采用中央制动,即在变速箱的输出端安装有盘式制动器,由弹簧制动,液压释放,如图 2-26 所示。手刹制动与挂挡行走互锁。

图 2-25　钳盘式制动器

图 2-26　中央制动

为了保证牵引车具有足够的制动力,一般都采用双管路液压或气压制动系统。由于受空气中的水分和杂质的影响,气动制动系统的稳定性和可靠性均不如液压制动系统,所以目前大多数牵引车都采用液压制动系统。飞机牵引车制动系统与通用汽车的液压制动系统是不同的。因通用汽车的液压制动系统是靠人力和助力装置为制动系统提供动力的,而飞机牵引车的液压制动系统则是由液压泵为制动系统提供动力的,人工脚踩制动踏板只是控制制动力的大小。

图 2-27 所示是飞机牵引车典型的液压制动系统,前后轮和驻车制动都采用单独的回路,各回路都配备单独的液压储能器,确保车辆在动力或管路发生意外时,还能够继续进行多次有效的制动。弹簧释放式驻车制动器,在制动管路出现渗漏或管路破裂失压时,驻车制动器的弹簧将立即伸出实施制动。

行车制动时,踩制动踏板通过脚制动阀控制制动液到驱动桥的制动钳,夹紧制动盘实施制动。停车制动时,拉起手制动阀手柄,手制动油缸中的制动液流回油箱,制动弹簧的弹簧力推动制动钳夹紧制动盘实施制动。

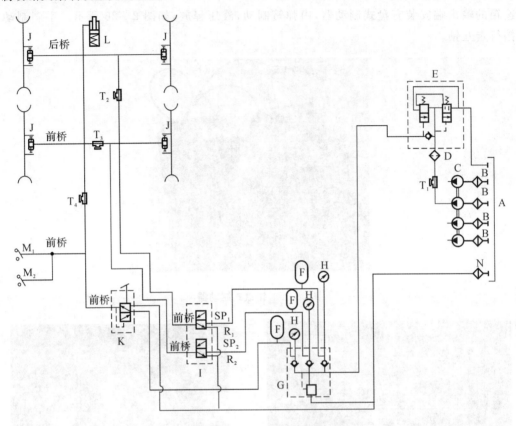

图 2-27　液压制动系统原理

A-液压油箱;B-吸入滤清器;C-四段液压泵;D-高压滤清器;E-压力控制阀;F-液压储能器;

G-分配保护阀;H-压力表;I-行车制动阀;J-车轮制动油缸;K-驻车制动阀;L-驻车制动油缸;

M_1,M_2-压力开关;N-回油滤清器;$T_1 \sim T_4$-测试点

3. 驾驶室升降系统

为了在牵引飞机或倒车时更容易观察周围的情况,飞机牵引车驾驶室的高度一般都可以通过液压油缸来调节。图 2-28 是典型的飞机牵引车驾驶室升降液压系统原理图。液压油泵提供动力,电磁阀受控于驾驶室的电气按钮,来改变液压油的流向,使升降驾驶室的液压油缸工作,达到调节驾驶室高度的目的。

支腿收放只需控制液压油分别到支腿油缸即可。散热器冷却风扇马达运转也由液压系统提供动力。液压系统蓄能器充氮压力为 10 MPa。当发动机不能运转时,来回扳动手动补液泵,可为制动系统提供制动能量。液压系统主要元件工作原理分别如图 2-29 和图 2-30所示。

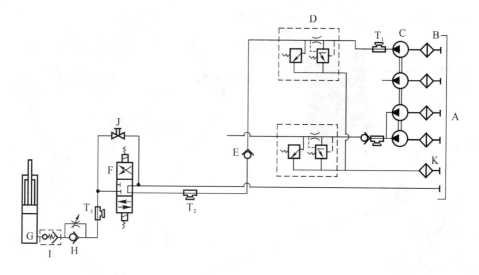

图 2-28 飞机牵引车驾驶室升降液压系统原理图

A-液压油箱;B-吸入滤清器;C-四段液压油泵;D-溢流阀;E-单向阀;F-电磁阀;G-升降液压油缸;

H-限流阀;I-安全阀;J-球阀;K-回油滤清器;$T_1 \sim T_3$-测试点

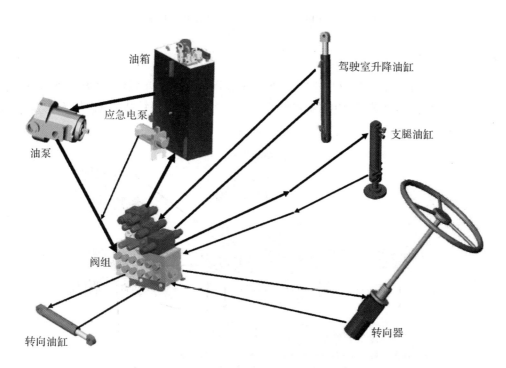

图 2-29 液压系统工作原理(转向和驾驶室、支腿升降部分)

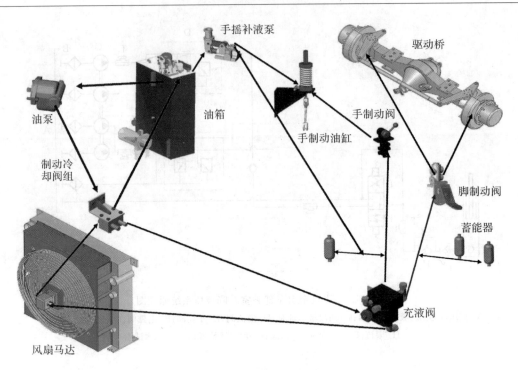

图 2－30　液压系统工作原理（制动及其散热部分）

2.2.5　电气系统

电气系统是飞机牵引车操作和控制的主要组成部分，一般采用单线制，负极接地，系统电压为24 V直流电，由2个12 V蓄电池串联提供电源。飞机牵引车电气系统结构框图如图2－31所示。

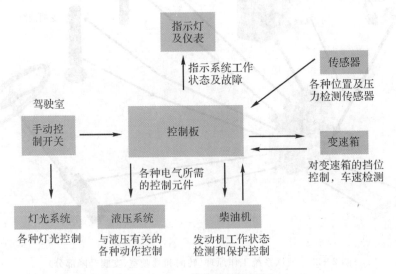

图 2－31　电气系统结构框图

现代牵引车微电脑 PLC 控制，液晶显示工作状态，电控油门，电控换挡，倒车电子监视。52针输入输出 PLC 控制器，驱动两个比例电磁阀，取代多数继电器，增强逻辑控制，减少电气连接的接头，CANBUS 总线，数字故障诊断和报警以及运行状态数据，如图2－32所示。

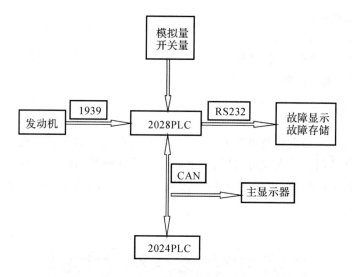

图 2 - 32　电气控制系统示意图

为使前后轮胎同步转动,消除由于转向液压缸内泄造成的行驶跑偏现象,通过电气系统对车轮进行纠偏控制,其原理如图 2 - 33 所示。

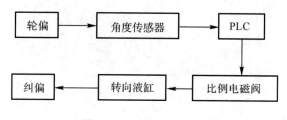

图 2 - 33　纠偏控制原理

电气逻辑控制条件有:

(1)发动机启动条件。

1)发动机油压低;

2)前驾驶空挡位;

3)应急开关处于空位;

4)前后驾驶切换开关必须位于前驾驶位。

(2)前后驾驶切换。

1)前后驾驶处于空挡位;

2)切换开关置相应位置。

(3)转向模式切换。

1)前后驾驶处于空挡位;

2)转向模式切换开关置于相应位置。

(4)挂挡行车条件。

1)前(后)挂挡,后(前)必须在空挡位;

2)蓄能器压力够;

3)前后应急行走开关处于空位;

4)手油门必须断开;

5)手制动必须断开;

6)刹车压力开关(两个串联)必须闭合。

(5)应急行走必须松手刹。

2.2.6 驾驶室总成

飞机牵引车驾驶室是供驾驶员驾驶、操作牵引车的基础结构件。飞机牵引车驾驶室结构为平头、全封闭、两开门。其内设可前后、上下调节的驾驶座椅、仪表盘、风挡、内视镜、转向机构、制动机构、电控油门机构、冷暖空调等,后视镜、电动雨刷、电动洗涤喷液器和暖风除霜设备等,如图 2-34 所示。

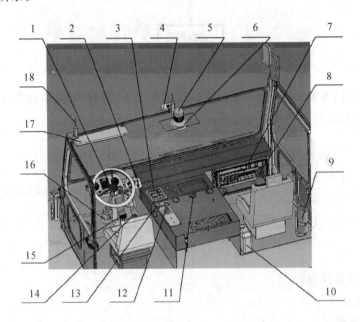

图 2-34 飞机牵引车驾驶室布局

1-仪表及指示灯;2-功能开关;3-翘板开关组合;4-前照钩灯;5-警灯;6-室内灯;7-电气控制盒;
8-液压千斤顶升降开关;9-灭火器;10-风挡洗涤器;11-空调出风口;12-电控换挡手柄;13-空调控制面板;
14-电子油门踏板;15-脚制动踏板;16-转向器;17-遮阳板;18-防碰触须(开关)

前驾驶室内还设有倒车监视器,其摄像头安装在后驾驶室外靠牵引钩一侧。前驾驶室为可升降式,升降高度为 550 mm,后驾驶室为固定式。

2.2.7 照明及信号灯

1.车辆前侧灯

(1)前大灯(近光/远光灯)。左右各一,夜间照明使用,由翘板开关组合上的大灯开关控制。

(2)转向灯/示廓灯。左右各一,转向用时,由位于方向盘下的转向手柄控制,夜间可用来示意车体宽度。

(3)倒车灯。左右各一,倒车时闪烁,并伴有蜂鸣声,起警示作用。

(4)刹车灯/夜灯。左右各一,踩刹车时亮和夜间使用时亮。

(5)前照钩灯。位于牵引钩上方,夜间用来指示驾驶员观察牵引钩与飞机拖把的对接情况,由翘板开关组合上的前照灯开关控制。

车辆前侧灯光如图 2-35 所示。

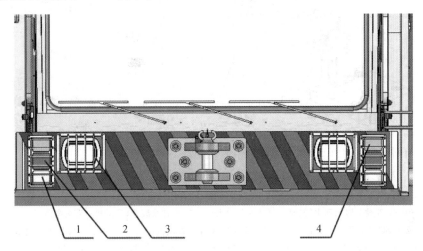

图 2-35　前侧灯
1-倒车灯;2-刹车灯/夜灯;3-前大灯;4-转向灯/示廓灯

2.车辆后侧灯光

车辆后侧灯光与车辆前侧灯光基本一致。

(1)转向灯:左右各一。

(2)倒车灯:左右各一。

(3)刹车灯/夜灯:左右各一。

(4)后照钩灯:位于后牵引钩上方,夜间用来指示驾驶员观察牵引钩与飞机拖把的对接情况。

(5)后大灯(近光/远光灯):左右各一,夜间照明使用,由翘板开关组合上的大灯开关控制。

3.车辆其他灯光

(1)警灯。位于驾驶室外顶部中央位置,作业时起警示作用,由翘板开关组合上的警灯开关控制。

(2)顶棚灯。位于驾驶室内顶部中央位置,夜间驾驶室内照明。

(3)驾驶室外左右侧灯。在液压千斤顶升降及驾驶室升降时闪烁,并与蜂鸣器配合,进行声光报警。

2.2.8　空调系统

空调系统包括两部分,一部分为前后驾驶室的制冷系统,一部分为前后驾驶室的采暖系统,如图 2-36 所示。

制冷系统包括压缩机、冷凝器、储液干燥罐、蒸发器、管路;采暖系统是以发动机工作时的冷却液为热源,把发动机的冷却液(80~95 ℃)通过一个热交换器和离心风机组成的暖风机,空气流经暖风机时就被加热,使驾驶室内的温度上升,前后驾驶室都备有暖风。

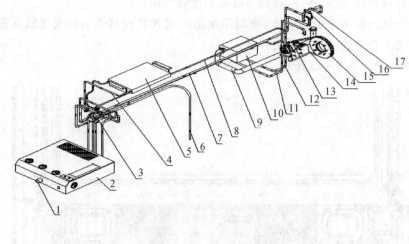

图 2-36 空调系统

1-接前驾驶室暖风管;2-蒸发器;3-储液干燥罐;4-高压管路(压缩机→冷凝器);5-冷凝器;
6-前驾驶室暖风回水管(至散热器底部出水口);7-冷却水胶管(发动机→蒸发器暖风);
8-高压管路(冷凝器→干燥罐);9-后驾驶室暖风管;10-暖风机;11-冷却水胶管(暖风机→发动机);
12-冷却水胶管(发动机→暖风机);13-压缩机;14-皮带;15-皮带轮(与柴油机曲轴连接);16-暖风水阀;
17-冷却水胶管(发动机→水阀)

2.2.9　集中润滑系统

装备自动集中润滑系统是现代飞机牵引车的一大特点,它可对车辆上的大部分需油脂润滑部位,实现自动定时定量的润滑。常用的集中润滑系统有德国林肯(LINCOLN)和德国贝克(BEKA)集中润滑系统。集中润滑系统的核心元件油脂泵如图 2-37 所示,操作前,应在油脂泵里添加润滑脂,储脂箱容量约为 2 kg。润滑脂在油脂泵的驱动下,经分配器、润滑脂油管输送到需要润滑的零部件处,如图 2-38 所示。

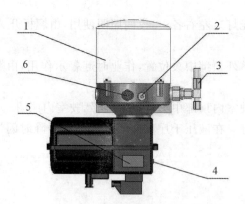

图 2-37　油脂泵

1-储脂箱;2-脂润滑点;3-泵单元;4-强制工作开关;5-润滑时间调整孔盖;6-加脂口

集中润滑系统可对车辆上多处润滑点实行自动润滑,润滑时间间隔与持续工作时间可根据需要自行调整,具体方法参见随车使用说明书。一般出厂时,油脂泵供油时间调整为每 4 h

油脂泵工作 6 min。

通电状态下,拧下泵体上的润滑时间调整孔盖,按动强制润滑按钮,每按一次可进行强制泵油 6 min。

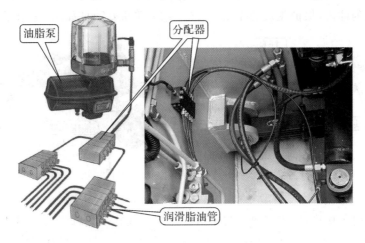

图 2-38 集中润滑系统示意图

集中润滑润滑点的分布如图 2-39 所示。飞机牵引车上另有旋转件,如传动轴、车桥等,不便于集中润滑,保养时不可遗漏。

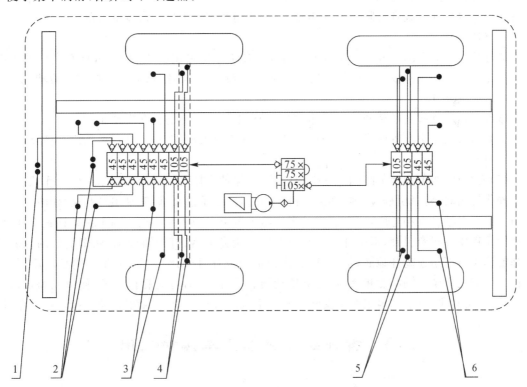

图 2-39 集中润滑润滑点分布图

1-举升缸球关节润滑(2 点);2-平行拉杆球关节(6 点);3-前转向油缸球关节(4 点);

4-前转向驱动桥上下主销(4 点);5-后转向驱动桥上下主销(4 点);6-后转向油缸球关节

2.2.10 牵引杆

飞机牵引杆是特制的中间带有缓冲装置和扭力剪切装置的专用杆。它具有传递动力、减缓牵引车对飞机的冲击,保护飞机的作用。A320 系列飞机牵引杆如图 2-40 所示。

图 2-40 A320 系列飞机牵引杆

1. 拖头部件

该部件与牵引车相连,便于牵引车与牵引杆连接。在拖头内部设计有减振橡胶垫,当"剪切销"突然断裂或路面不平而出现抖动时,牵引杆与牵引车、飞机之间有缓冲过渡区,从而避免由此产生的不安全事故。

2. 液压部件

液压部件由手摇泵、油管、液压缸组成;通过人工操作(摇动手摇泵),使液压缸的下腔进油,活塞杆伸出,通过改变升降支架的相对位置,从而实现牵引杆的高度的升降。

3. 移动部件

该部件由一只万向轮和两只固定轮组成,所有轮子均采用超级聚氨酯,具有高度的耐磨性。前方万向轮便于本设备拖(推)动时的转向;固定轮用于支撑杆体,使杆体绕其旋转。

4. 牵引头部件

该部件用于连接起落架和牵引杆体,在牵引头上固定有剪切销和安全销等。

(1)剪切销:牵引车轴向推/拉飞机,因牵引杆的力过大或受力不均时,剪切削被剪断,从而确保飞机安全。

(2)安全销:当剪切销剪断到停止牵引的瞬间,保护拖杆与飞机处于被牵引的工作状态。

操作使用时,将牵引杆拉(推)动到飞机正前方,摇动手摇泵,调整牵引杆高度,使牵引杆高度与飞机牵引轴高度相适应,使牵引头的沟槽与飞机牵引销相互连接。向上拉动锁紧手杆,使滑动锁块锁住飞机牵引销,牵引杆与起落架的轴连接完成后,打开回油阀,使牵引杆的橡胶轮在弹簧作用力下迅速离开地面;将飞机推/拖到指定位置,摇动手摇泵,调整牵引杆高度,使牵引杆高度与飞机牵引轴高度相适应,向上拉动锁紧手杆,反向转动旋转手杆,使滑动锁块向左移动,牵引头与飞机脱开,再把牵引头从起落架上取下,由牵引车将牵引杆拉到指定存放位置。

2.3 有杆式飞机牵引车操作使用

2.3.1 操作控制器和指示器

1. 翘板开关组合

前驾驶室的翘板开关组合可以对牵引车的各个设备进行操作,如图 2-41 所示。

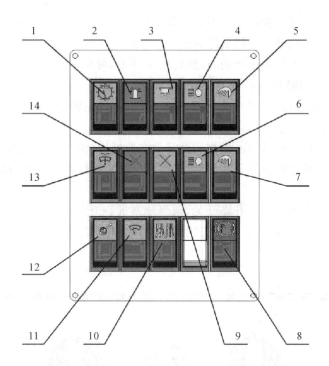

图 2 - 41　翘板开关组合

1-夜灯开关；2-警灯开关；3-顶棚灯开关；4-前大灯开关；5-前照钩灯开关；6-后大灯开关；
7-后照钩灯开关；8-停车制动开关；9-柴油机故障诊断开关(绿色)；10-集中润滑开关；11-风挡雨刷开关；
12-空挡中速开关；13-风挡喷水洗涤开关；14-报警复位开关(红色)

(1)警灯开关：按下此开关，外部警灯亮；反向按此开关，警灯熄灭。

(2)停车制动开关：按下此开关，驻车制动器起作用，车辆处于驻车制动状态，驻车(停车)制动灯亮，红色；反向按此开关，驻车制动状态解除，驻车(停车)制动灯灭。

(3)柴油机故障诊断开关：按下此开关，可进行柴油发动机故障诊断。

(4)集中润滑开关：按下此开关，可启动集中润滑系统，强制进行一次集中润滑过程。

(5)电动雨刷开关：二挡翘板式开关。按下此开关，其上指示灯亮，电动雨刷装置开始工作，一挡为低速，二挡为高速。反向按下此开关，其上指示灯熄灭，电动雨刷停止工作。挡风玻璃干燥时，不得开动电动雨刷；如雨刷上积雪或结冰时，也不得开动，否则会损伤雨刷机构。

(6)空挡中速开关：按下此开关，可将发动机转速固定在 1 200～1 500 r/min；以方便在长时间等待作业的情况下，使用空调；反向按此开关，转速固定解除；当变速箱挡位起作用时，此开关亦不起作用。

(7)报警复位开关：按下此开关，可解除故障报警声。在正常情况下，不要按下此开关，以免影响对故障报警的及时性。

其他翘板开关用法与上述类似，不再一一赘述。

2.功能开关

前驾驶室的功能开关如图 2 - 42 所示。

(1)点火(启动)开关：扭转此开关，整车电气系统通电；再扭转一下开关，启动马达工作，启动发动机。反向扭转，柴油机关闭。

(2)应急进退开关:用于换挡手柄不能正常工作时。当转到应急进时,车辆处于一挡行进状态;转到应急退时,车辆处于一挡后退状态。

(3)电泵开关:当发动机停止转动时,旋转电泵开关,可实现应急转向,每次工作时间不得超过 1 min,两次转向间隔时间不小于 2 min。

(4)转向模式:旋转转向方式开关,可实现两轮转向,四轮转向及蟹行转向且互锁。切换转向方式必须在停车状态下进行(前后挡位必须在空挡)。

(5)驾驶室前后操作模式切换:操作切换开关在前操作,前后驾驶室挡位在空挡上,则前驾驶室行车模式有效。操作切换开关在后操作,前后驾驶室挡位在空挡上,则后驾驶室行车模式有效。

(6)驾驶室升降:扳动驾驶室升降开关,则驾驶室进行升降动作。驾驶室升降开关通过控制驾驶室后方的液压举升缸伸缩,从而控制驾驶室起升与下降。在上升过程中,若碰动驾驶室顶部的防碰开关,则驾驶室下降。

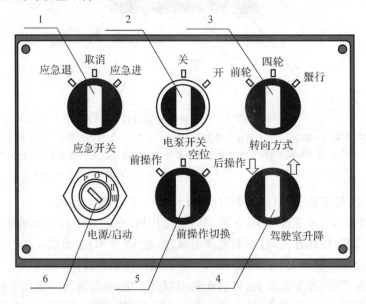

图 2 - 42　功能开关

1-应急进退开关;2-电泵开关;3-转向模式开关;4-驾驶室升降;5-前后操作切换开关;6-点火开关

3.仪表板与指示灯

(1)前仪表板与指示灯。

1)仪表。

前仪表板如图 2 - 43 所示,其上主要有车速表、发动机转速表和发动机机油压力表等。

①电压表:当充电发电机正常运转时,指示发电机充电电压;当柴油机停止时,指示电瓶电压。

②发动机机油压力表:当接通启动开关时,机油压力表就会指示发动机内的机油压力。其正常油压范围为 0.1(怠速)～0.45(额定转速)MPa。切勿在油压不正常的状态下继续行车!

③车速表:用以指示车速。严禁长时间过速(高于牵引车允许最高行驶速度)行驶!

④燃油表:用以指示柴油箱燃油量。

⑤水温表:用以指示柴油箱冷却水温度。

⑥发动机转速表:用以指示柴油机在工作时的转速。

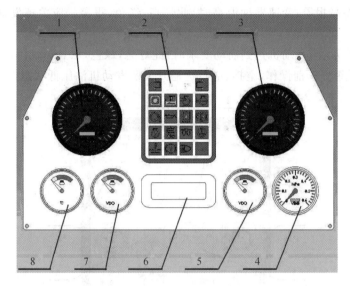

图 2-43　仪表

1-车速表;2-指示灯;3-发动机转速表;4-发动机机油压力表;5-电压表;
6-液晶显示窗;7-燃油油量表;8-水温表

2)指示灯。

前指示灯如图 2-44 所示,主要有转向指示灯及各种报警指示灯。

①转向指示灯:左,右转向信号由方向盘下转向灯手柄控制。转向指示灯同时闪亮(示宽)表示车辆正处于拖动或紧急状态。

②前后操作切换:当切换到后驾驶室操作时,此灯亮,红色。

③空气滤清器堵报警:空气滤清器堵塞时,此灯亮,红色,报警。

④水箱液位低报警:水箱液位低时,此灯亮,红色,报警。

⑤驻车(停车)制动指示:驻车(停车)制动开关按下,此灯亮,红色,指示车辆处于制动状态。

⑥液压滤芯堵塞报警:液压油箱的滤芯堵塞时,此灯亮,红色,报警。

⑦变速箱油压低报警:变速箱油压低时,此灯亮,红色,报警。

⑧液压千斤顶(支腿)下落报警:液压千斤顶(支腿)下落时,此灯亮,红色,报警。

⑨预热指示:当发动机处于预热状态时,此灯亮,黄色,示意状态。

⑩远光指示:当前大灯处于远光状态时,此灯亮,蓝色,示意状态。

⑪制动压力低报警:当制动压力(蓄能器压力)低时,此灯亮,红色,报警。

⑫集中润滑工作指示:集中润滑系统工作时,此灯亮,黄色,指示工作状态。

⑬发动机水温高报警:此灯亮(红色),说明发动机冷却水箱内水温度过高,应关掉发动机,待水温降低后再重新启动。

⑭发动机故障指示灯:此灯亮(黄色)时,液晶显示屏显示发动机有故障,报警。按下"柴油

机故障诊断翘板开关"1～3 s,松开,发动机故障指示灯闪烁,通过点亮时间长度及闪烁频次,示意故障代码。

⑮发动机机油压力低报警:发动机机油压力低时,此灯亮,红色,报警。

⑯变速器油温高报警:变速器油温高时,此灯亮,红色,报警。应关掉发动机,待其温度降低后再重新启动。

⑰启动状态指示:当发动机达到启动要求时,此灯亮,绿色,示意车辆可启动。如果此灯不亮,应检查车辆是否处于前操作、空挡、应急进退开关及发动机油压低状态。

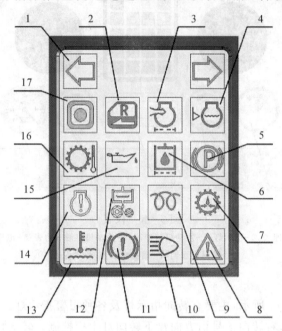

图 2-44　指示灯

1-转向指示灯;2-前后操作切换;3-空气滤清器堵报警;4-集中润滑堵报;5-驻车(停车)制动指示;
6-液压滤芯堵塞报警;7-变速箱油压低报警;8-液压斤顶(支腿)下落报警;9-预热指示;10-远光指示;
11-制动压力低报警;12-集中润滑工作指示;13-发动机水温高报警;14-发动机故障指示灯;
15-发动机机油压力低报警;16-变速器油温高报警;17-启动状态指示

2)后仪表板与指示灯

后仪表板与指示灯如图2-45所示。

①状态指示灯:此灯亮时,指示车辆处于预热、集中润滑工作及停车制动起作用的情形下,同时,液晶显示屏显示文字说明。

②故障报警指示:此灯亮时,指示车辆发生故障,液晶显示屏显示故障部位,报警。

③停机按钮:按下此按钮,可关闭发动机。

④后驾驶室操作指示:当切换到后驾驶室操作时,此灯亮,绿色。

⑤暖风机开关:按下此开关,可打开位于后座椅下的暖风机,取暖。

⑥其他开关及指示灯与前仪表板及指示灯相似,不再一一赘述。

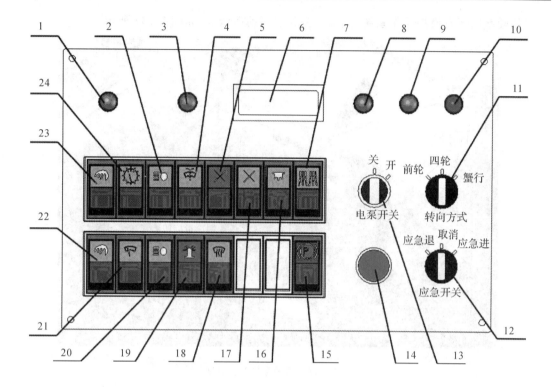

图 2-45　后仪表板与指示灯

1-左转向指示灯；2-后大灯开关；3-状态指示灯；4-风挡喷水洗涤开关；5-报警复位开关；6-液晶显示窗；

7-集中润滑开关；8-后驾驶室操作指示灯；9-故障报警；10-右转向指示灯；11-转向模式开关；

12-应急进退开关；13-电泵开关；14-停机按钮；15-停车制动开关；16-顶棚灯开关；

17-柴油机故障诊断开关；18-暖风机开关；19-警灯开关；20-前大灯开关；21-风挡雨刷开关；

22-前照钩灯开关；23-后照钩灯开关；24-夜灯开关

4.驾驶室内其他开关

控制车辆行驶的制动踏板和油门踏板处于驾驶室的下部，方便用脚操作，如图 2-46 所示。

图 2-46　制动踏板和油门踏板

驾驶室内还有换挡操作系统、空调开关和手制动手柄等,如图 2-47 所示。

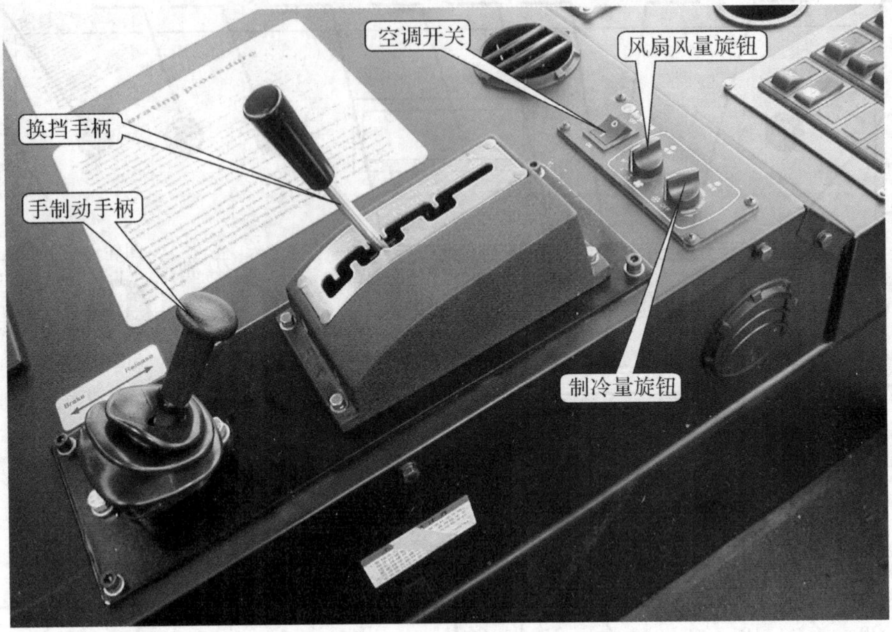

图 2-47　驾驶室内其他开关

前后驾驶室都设置有挂挡系统,即通过换挡操作手柄切换到不同的挡位。进行挡位切换时,在前驾驶室挂挡时,后驾驶室挡位须在空挡;在后驾驶室挂挡时,前驾驶室挡位须在空挡。另外须满足下述条件:蓄能器压力为高、前后应急进退开关在空位、手油门开关断开、停车制动开关断开、刹车压力开关闭合。

空调开关共分高、中、低三挡,可设定温度并具有自动调节功能。冬季,使用空调暖风时,应将位于发动机皮带轮侧的采暖球阀打开,以便使发动机冷却水能够在驾驶室的空调蒸发器内循环。当不需采暖时,应将此阀关闭,如图 2-48 所示。

手制动手柄用来操作驻车制动的实施和释放。

图 2-48　采暖球阀

2.3.2　有杆式飞机牵引车操作使用

1.安全操作规程和注意事项

(1)牵引车使用工况。

牵引车只能牵引或顶推飞机和其他负载;只能用于允许使用专用拖杆的特定型号飞机。不得牵引和顶推超过车辆承载能力的飞机和负载。

(2)牵引车操作规程。

1)飞机牵引车只能由经过专门训练的司机驾驶操作。

2)启动发动机前检查。

①前次作业后是否对牵引车进行了维护;

②冷却水位、发动机机油油位、液压油箱油量、蓄电池电解液液位以及液力变矩器液位等是否满足要求;

③电子换挡手柄置于空挡位置;

④各功能开关和翘板开关是否在正确位置;

⑤手制动翘板开关是否按下,停车制动指示灯是否点亮,整车处于制动状态;

⑥空调系统压缩机断电,采暖阀关闭。

警告:严禁通过拖拉牵引车来启动发动机!

3)启动发动机后检查

①发动机机油压力表等指示是否正常;

②牵引车转向是否灵活可靠;

③有无其他响声和气味等异常情况。

4)牵引车起步前检查

①制动压力低指示灯是否亮;

②手制动翘板开关按起,手刹制动是否解除;

③牵引车行车制动是否可靠;

④牵引车报警指示灯、转向指示灯等是否正常;

⑤4 个支腿是否完全收起。

5)禁止启动和驾驶安全措施出现故障或安全设施已被拆除的车辆。

6)必须保证司机在行驶方向上视野开阔,能够清楚地看到其他的工作人员和地面人员。

7)如有遗失、破损、撕裂的零件存在,不得驾驶和操作牵引车。

8)确保轮胎的胎压正常。

9)避开任何运动的部件(如:风扇),以防碰伤。

10)严禁使用未被推荐的柴油、机油、润滑脂和其他保养用材料。

11)小心避开温度高的零部件(特别是排气系统、热交换器等),以防烫伤。

12)发动机运转时,禁止做清扫、润滑等工作。

13)严禁进行未被专业人员许可的拆卸、调整和维修工作。

14)蓄电池未经过静电屏蔽,严禁进行电焊、锡焊和任何别的机械工作。

15)当作压力检查和调整液压系统时,请带护目镜。

16)请仔细清洗皮肤上被液压油或其他有害液体接触过的地方,以防皮肤感染。

17)当检修电气系统时,请切断总电源开关,或将电瓶上的电缆卸下。

18)当拆卸电瓶或更换电解液时,必须穿戴防护用品,以防电解液溅出伤害眼睛和皮肤。当电瓶的电解液接触到皮肤和眼睛时,请立即用大量清水清洗,并请医生处理。

19)从牵引车上卸下蓄电池后再充电。蓄电池充电时或充电后,严禁接触明火和火星,以防爆炸(因为蓄电池在充电时会产生氢气)

20)牵引车、待牵引的负载、拖杆等之间严禁站人。

21)严禁两名或两名以上人员同时操纵牵引车。

22)严禁在驾驶室外操纵牵引车。

23)未经允许,非操作人员严禁进入驾驶室。

24)牵引车上严禁站人或放置杂物。

25)制动失灵时严禁驾驶牵引车。

26)每次紧急刹车以后,请检查刹车系统制动蹄片等的磨损情况。

27)非紧急状态时,禁止用驻车系统在行驶过程中刹车。

28)加油时,严禁启动发动机(液力传动油除外)。

29)加油时,严禁吸烟。

30)请擦净溅出的油料,用过的抹布请扔进垃圾箱内。

31)当牵引车发动机不能运转、牵引车被拖动时,请将牵引车挡位手柄置于空挡位置,并打开示宽指示灯,拖动里程小于 1 km,拖动车速小于 5 km/h;如果不能满足上述条件,则必须将传动轴拆开,然后再进行拖动。

32)离开驾驶室以前,请把挡位手柄置于空挡状态;拉起手刹,关掉发动机。

(3)注意事项。

1)发动机启动前,变速手柄必须拔至空挡。

2)应在摘挡、车辆停止时实施支腿收放和驾驶室升降作业。

3)严禁发动机高速旋转时突然停机;当发动机温度很高时,必须急速运行 3 min 后再停机。

4)在制动压力低于 10 MPa 的情况下,牵引车无法挂挡行走,此时制动压力低指示灯亮。停车制动指示灯及制动压力低指示灯烧坏时,应及时更换。

5)应急电动泵允许在车辆被拖动时作为转向动力源用。需要转向时打开应急电动泵开关,转向完毕后立即关闭。每次连续工作时间不得超过 1 min。

6)当发动机失灵或液压泵出故障时,可以扳动手摇泵,为制动系统蓄能器提供动力,保证手制动和脚制动正常工作。

7)驾驶室升起后,必须用安全销锁住。否则,严禁人员在驾驶室下面操作。

8)冬季使用空调时,应将发动机上的采暖阀打开,夏季则应关闭。

9)变速箱传动油,车桥用齿轮油,发动机用机油,液压油应使用规定牌号和等级的。传动油必须从变速箱上部规定的加油口注入。

10)应急措施包括应急转向、应急行走、应急制动及驾驶室顶部触须防碰功能,每周应例行检查 1 次;操作应急行走开关只能实现一挡进退,该开关只在电子换挡失效时使用,一般情况下严禁扳动。

11)在维修液压制动系统之前,要把应用蓄能器的压力完全释放。

12)挡风玻璃干燥时,不得开动电动雨刷。如雨刷上积雪或结冰时,也不得开动,否则会损伤雨刷机构。

13)严禁在高速大负荷后马上熄火停车!

14)高速行驶时建议采用两轮转向!

15)高速行驶时严禁急转弯!

16)切勿在油压不正常的状态下继续行车!

17)严禁长时间过速(高于牵引车允许最高行驶速度)行驶!

2.新车走合

新车走合共 48 h,在走合期间,每走合 8 h,请参照下列规定,进行检查,以保持安全可靠地行驶。

(1)新车走合检查。

1)车辆外部检查。

①检查轮胎的充气压力是否正常,有无损伤。检查轮胎磨损量。

②检查各部螺栓、螺母紧固情况。特别是排气管螺栓、前后桥固定螺栓、轮辋螺母、传动轴连接螺栓等。

③检查底盘弹簧钢板是否有损伤,与底盘连接是否松动。

④检查各种车灯能否正常工作。

⑤检查蓄电池电解液密度和储量,蓄电池接线头是否松动。

⑥检查各液压部件和液压管路有无漏油、内泄等现象。

⑦检查机油、冷却水、燃油、制动液有无泄露现象。

⑧检查各润滑部位的润滑情况。

⑨检查粗、精机油滤清器及燃油滤清器是否堵塞和损坏。

2)驾驶室内部检查。

①检查各操纵拉杆、油门杆等操作机构的连接紧固情况。

②检查方向盘的游隙是否正常,是否松动。

③检查喇叭、挡风玻璃雨刷和转向信号灯能否正常工作。

④检查各仪表、开关、指示灯能否正常工作。

⑤检查燃油表所指示的燃油箱内的油位是否正常。

⑥检查电动洗涤器储液箱内的清洗液位是否正常。

⑦检查车门锁紧机构是否正常工作。

⑧检查手刹和脚刹的紧固情况。

⑨检查电路导线的连接是否松动。

3)发动机和变速箱检查。

①检查发动机的机油油面高度是否正常,新发动机在走合期间机油消耗量较大。

②检查风扇皮带松紧度是否合适。

③检查发动机冷却水的水位和温度是否正常。

4)启动发动机以后检查。

①检查发动机冷却水的温度是否正常。

②检查制动踏板的空行程和高度是否正常,能否正常工作。

③检查手刹和脚刹的制动是否正常。

④检查油门踏板的空行程和高度是否正常,能否正常工作。

⑤检查发动机有无异常噪声,排气颜色是否正常。

(2)新车走合注意事项。

1)前进六挡、后退三挡,各挡位均匀走合。

2)在走合期间牵引和推顶负荷不得超过额定负荷的80%。注意车辆的润滑情况,按时向油脂泵的储脂箱添加润滑油脂。

3)按规定清洗和更换燃油滤清器、机油滤清器、空气滤清器。

4)发动机的磨合请参考所装发动机使用维修手册。

警告:严禁乱拆发动机、变速箱、前后桥等主要部件!严禁带故障和缺陷走合!

(3)新车走合后进行工作。

1)清洗变速箱油滤网,更换新液力传动油。

2)清洗发动机燃油滤清器滤网。

3)清洗发动机机油滤清器,更换发动机机油。

4)清洗液压系统滤网,更换新液压油

3.车辆使用

(1)使用注意事项。

1)加添的柴油必须洁净并经过至少72 h的沉淀,柴油牌号应符合规定的要求。油箱应定期进行清洗,排除杂质和污物。

2)变速箱所使用的液力传动油,液压系统所使用的油料必须清洁,牌号符合规定的要求。

3)必须定期进行保养和润滑。

4)发动机启动后,进行中低速空运转,待水温达到55 ℃以及制动压力达到10 MPa后再起步行驶。

5)前进与后退切换时,要待车停稳后进行。

6)发动机冷却水箱出水温度达到70 ℃,机油温度达到45 ℃才允许进行全负荷运转。作业时发动机水温、机油温度均不得超过100 ℃,变速箱油温不得超过120 ℃。

7)由于重载作业使油温超过允许值,请停车冷却到规定值后,再重新启动。

8)如果在行车中听到不正常的声音或嗅到不正常的气味时,应立即停车并找出故障原因。

(2)出车前后检查。

1)车辆外部检查。

①检查轮胎的充气压力是否正常,有无损伤。严重磨损或损坏的轮胎要及时换掉。

②检查轮辋螺栓、传动轴连接螺栓以及各销轴的固定是否松动等。

③检查各车灯能否正常工作。

④检查蓄电池接线头是否松动。

⑤检查各液压部件和液压管路有无漏油、内泄等现象。

⑥检查机油、冷却水、燃油、制动液有无泄露现象。

⑦检查各润滑系的润滑情况。

⑧检查变速箱、变矩器、前后桥车轮毂以及制动鼓的温度。

2)驾驶室内部检查。

①检查各操纵拉杆、油门杆等操作机构的连接紧固情况。

②检查方向盘的游隙是否正常,是否松动。

③检查喇叭、挡风玻璃雨刷和转向信号灯能否正常工作。

④检查各仪表、开关、指示灯能否正常工作。

⑤检查燃油表所指示的燃油箱内的油位是否正常。

⑥检查手刹和脚刹的紧固情况。

3)发动机和变速箱检查。

①检查发动机冷却水的水位和温度是否正常。

②检查发动机有无异常响声,排气颜色是否正常。

(3)启动发动机操作。

1)将变速操纵手柄置于空挡;

2)拉起手刹手柄;

3)按下翘板开关组合上的电源总开关,接通电源;

4)停车制动指示灯亮;

5)油门踏板在怠速位置;

6)扭转功能开关板上的钥匙开关,先接通电源,再继续扭转,启动发动机。

警告:

①启动电机的连续工作时间不应超过 15 s!

②如 1 次不能启动发动机,待经过 2 min 后进行第 2 次启动。如连续 4 次启动失败,则应检查原因,排除故障后再启动。

③当环境温度在 0 ℃以下启动发动机时,发动机会自行预热,此时,仪表盘上的预热灯亮,待灯熄灭后方可启动。

(4)牵引车起步操作。

牵引车起步按下列顺序进行:

1)启动发动机;

2)待水温达到 55 ℃以上,制动压力低指示灯熄灭;

3)踩下行车制动器,松开驻车制动器(手刹);

4)选择变速杆挡位和行驶方向;

5)缓慢松开行车制动器;

6)缓慢踩下油门开关,逐步提高车辆行驶速度。

注意:挂挡行走与手刹互锁,即手刹制动解除才能挂挡行走。

(5)牵引车挡位操作。

挡位应与对应行车速度一致。挡位选择时,空载选择较高挡,重载选择较低挡;起步采用低挡位,随着车速的增加,选择较高的挡位;在牵引飞机时请不要换挡;后退时请选择车速较低的挡位。

警告:严禁连续跳级换挡!

注意:当牵引车停车时,请使变速箱处于空挡状态。

(6)牵引车制动操作。

1)行车制动。

踩下驾驶员右侧前方的制动踏板(脚刹)实施行车制动。

警告:牵引飞机时严禁急刹车!

当制动压力不足时,车辆挡位手柄将失去作用,车辆将不能行走;只有当制动压力达到规定时,挡位手柄才可继续起作用。

保持足够的制动距离,特别是在接近或牵引飞机时。

接近飞机时要慢速行车,以防刹车不及撞坏飞机。

2)驻车(停车)制动。

手刹操纵手柄向上拉起向后扳动,切断手刹制动缸的供油,制动弹簧复位,制动缸活塞杆收回,变速箱输出轴的制动器制动。此时仪表板上手刹制动指示灯亮。

挂挡行走与手制动互锁,即松手刹才能挂挡行走。

注意:手刹操纵杆(驻车制动)仅仅在下列情况下使用:

①牵引车已停止运动。

②变速手柄置于空挡位置。

③行车制动失效的紧急情形时。

(7)牵引车作业操作。

1)牵引或顶推飞机。

①将牵引车的牵引销拔出;

②低挡小油门行车,将牵引钩对准飞机拖把;

③将牵引销插入牵引钩和拖把的轴孔内;

④牵引销完全插好后,锁好安全装置;

⑤操纵牵引车牵引或顶推飞机。

2)注意事项。

①起步前和停车时,请保持动作缓和。

②下坡前或转弯时,要减速行驶,并且要注意检查制动系统是否正常。

注意:牵引或顶推飞机的详细资料,请查阅飞机制造公司有关牵引和顶推飞机的培训资料。

(8)停机。

1)操纵变速操纵手柄,将变速箱置于空挡状态;

2)用脚制动停下牵引车;

3)使发动机在怠速工况下,运转速度3~5 min(以便各部分均匀冷却);

4)拉起手刹操纵杆,驻(停)车;

5)扭转停机开关,关闭发动机;

6)关闭钥匙开关,供电系统会在30 s后自动切断总电源;

7)离开驾驶室,锁好车门。

警告:严禁发动机在高速大负荷工作后立即停机!

(9)拖动牵引车。

1)选择适当的拖动车辆(自重、发动机功率、其他性能相匹配);

2)用拖把将牵引车和拖车连接起来;

3)变速手柄置于空挡位置,打开示宽指示灯;

4)松开驻车制动;

5)慢速拖动牵引车到指定地点；

6)牵引车在行进中可操纵方向盘转向；

7)拖动牵引车里程小于 1 km,拖动车速小于 5 km/h;如果不能满足上述条件,则必须将传动轴拆开并固定好后,然后再进行拖动。

警告:正常情况下,拖车在行进过程中禁止急刹车!

(10)严寒季节车辆使用注意事项。

1)冬季停车后应及时拧开发动机所有放水阀,放完冷却系统中的所有积水,防止机件冻裂。如水中已加进防冻液,可不必放水,但要了解防冻液结冰的温度范围。

2)冬季发动机冷却水箱若使用防冻剂,请根据气温选定不同混合比例的冷冻剂。

3)在使用乙二醇尝试冷却水之前,最好冲洗包括散热器在内的冷却系统内部。

4)根据气温请选用相应牌号的柴油、机油、润滑脂等。

5)应及时更换损坏的橡胶软管,因为使用防冻液时,即使橡胶软管有细小的裂纹,发动机冷却水也会向外泄露。

6)当气温在－30 ℃以下,应将蓄电池取下,搬入暖室,以免冻裂。

7)在冰上或雪上行车时,建议使用防滑链条或雪地用轮胎。

8)冬季牵引车使用完毕后,应避免湿性清扫;清除轮胎面和牵引车踏板等上的积雪,把车停在坚实、干燥的地面上。

9)应避免高速行车、急剧加速、紧急制动和急转弯。

2.3.3　有杆式飞机牵引车应急装置和应急操作

飞机牵引车如果出现故障无法正常工作,应通过飞机牵引车自备的应急装置来实施应急操作,或者用其他车辆牵引等方式进行应急撤离。飞机牵引车应急操作通常是应急行走、应急转向、应急制动、应急解除制动和紧急停机等。

1.应急行走

当换挡手柄开关失效时,可以进行应急行走。旋转应急开关,变速箱可相应挂前进/后退一挡,牵引车行走。此开关一旦打开,换挡开关将失去工作能力。

2.应急转向

牵引车因故障发动机熄火后,主转向油路将不起作用,此时撤离牵引车需要通过应急转向系统提供应急转向。牵引车装备了应急电动泵,直接由蓄电池供电,提供液压油进入转向油路,产生转向系统所需的动力,通过驾驶室内方向盘实现车辆的转向。转向动作完成后,应及时关闭应急电动泵。应急电动泵每次工作时间不要超过 1 min,两次转向间隔时间不小于2 min。(此泵只能短期工作,以避免电气系统的过度发热使电动泵损坏。)

3.应急制动

当制动泵无法正常工作,而蓄能器的压力不足需要充压补充制动液时,行车制动器无法有效制动。此时可以扳动手摇泵,为制动系统蓄能器充液,以保证行车制动、停车制动能应急工作,如图 2 - 49 所示。

制动系统的蓄能器达到额定工作压力 14 MPa 后,在没有充液情况下可以提供制动系统有效制动 9 次以上。

图 2-49 应急制动手摇泵

4. 应急解除制动

当液压系统故障无法松开手刹制动器时,按以下步骤解除制动:

(1)拆下变速箱输出轴端上钳盘制动器的端盖;

(2)松开制动器内部的调节螺栓,使制动器不起作用。

5. 紧急停机

在紧急状态下,按下紧急停车开关即可关闭发动机。

注意:紧急停机开关按下后,注意恢复原来状态,否则不能正常启动。

6. 应急撤离

若飞机牵引车需应急撤离,其程序如下:

(1)当电子换挡失效且其余系统正常时,旋转应急行走开关,进行一挡进/退行走,可继续作业或撤离现场。

(2)当车辆发生故障需被拖走时,处理步骤如下:

1)松手刹,解除手制动。若行车制动力低指示灯亮,扳动手摇泵补制动液至该指示灯熄灭为止,确保脚制动起作用。

2)如果步骤1)不起作用,则可以拆下变速箱输出端的钳盘制动器端盖,松开制动器内部的调节螺栓,使制动器不起作用。

3)完成步骤1),2)后车辆方可被拖走。需要转向时,打开电泵开关,同时旋转方向盘,转向完毕后立即关闭。但电泵连续工作时间不得超过 1 min。

2.4 有杆式飞机牵引车的维护保养

2.4.1 有杆式飞机牵引车日常维护内容和检查标准

1. 保养前准备

(1)加注油或油脂时,注油及周围部位应使用刷子或棉丝清洁。

(2)所有加注的油料、油脂、冷却水、冷却液应保持洁净,其型号和规格应正确无误。

（3）注油、排油或检查油量时，应将车辆置于水平位置。

（4）放油应在整机工作 10 min 后立即进行。

2. 日常维护内容

（1）检查冷却水位是否正常（风冷柴油机不用检查此项）。

（2）检查燃油存储量。

（3）检查发动机油位是否正常，是否变质。

（4）检查液压油位是否正常。

（5）检查液力传动油位是否正常。

（6）检查油管、水管、排气管及各附件有无渗漏现象。

（7）检查轮毂螺栓紧固程度及轮胎气压是否正常。

（8）检查转向及制动系统的灵活性与可靠性。

（9）检查驾驶室升降及支腿收放系统的灵活性与可靠性。

（10）检查各操纵机构是否工作正常。

（11）检查车轮是否回正，有无前后轮偏差不同步。

（12）检查润滑油。

（13）检查电瓶、电气线路及各仪表工作是否正常。

（14）检查牵引栓是否正常。

（15）外表面除尘除污。

3. 有杆式飞机牵引车保养位置

（1）整车检查保养点。

整车检查保养点位置如图 2-50 所示。

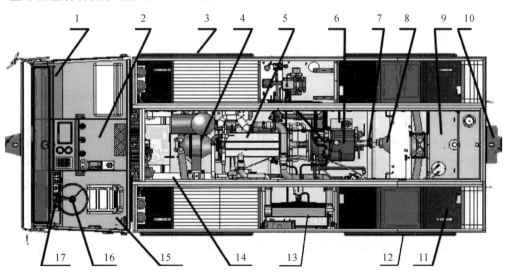

图 2-50　整车检查保养点位置示意图

1-电气系统；2-空调系统；3-前轮；4-前桥总成；5-发动机总成；6-变速箱总成；7-传动轴总成；
8-后桥总成；9-柴油箱；10-牵引钩；11-盖板总成；12-后轮；13-散热器总成；14-前板簧；15-驾驶室；
16-转向系统操纵；17-仪表板

(2)发动机检查保养点。

发动机检查保养点位置示意图如图 2-51 所示。

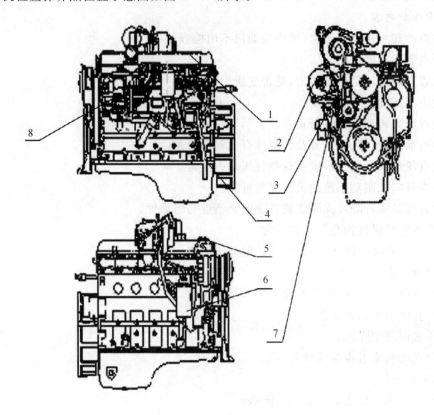

图 2-51　发动机检查保养点

1-汽缸顶盖；2-充电发电机；3-发动机皮带；4-油标尺；5-发动机加油口(机油)；

6-发动机机油滤清器；7-启动马达；8-柴油泵

(3)变速箱检查保养点。

变速箱检查保养点位置示意图如图 2-52 所示。

4.检查标准

(1)车身无外刮碰痕迹,反光镜、灭火器、车牌齐全,车上无异物,车的外观整洁规范。

(2)车桥无断裂,无渗漏缺油。轮胎螺丝无松动,轮胎无损伤,胎面无严重磨损,气压正常。

(3)电瓶不缺水,极柱无氧化物,表面清洁,气孔通畅。各类导线排布合理,连接固定可靠,无磨损。

(4)各种开关、手柄操作顺畅,所控制的功能齐全有效,防尘罩、防雨胶套齐全完好。

(5)发动机油量显示在规定的范围内,总成无渗漏,传动皮带无破损,附件安装牢靠,运转平稳、无异响。

(6)油门踏板连接安装应可靠牢固,工作时不犯卡。

(7)冷却系统散热器安装牢靠,冷却系统功能正常、无渗漏。

(8)各种灯光齐全、有效,仪表指示齐全、有效、准确。

(9)转向系统转动轻松、动作准确,固定螺栓紧固良好,无滴漏,转向油缸、转向节、转向拉杆无松动,固定螺栓紧固良好。

(10)刹车踩下柔和、有效、准确、可靠,脚刹踏板轴、制动泵的各部分连接可靠,系统无滴漏。时速 15 km 时,踩死刹车踏板,最大制动距离小于 3.7 m,且点刹不跑偏。手制动可操作,有功效。

(11)变速箱无滴漏,挂挡排挡装置可顺利挂入正常挡位,可在任意挡位行驶,加油时车不犯闯。行驶不跑偏、不把劲。

(12)车辆怠速状态时,前进挡和倒挡能使车辆走动。

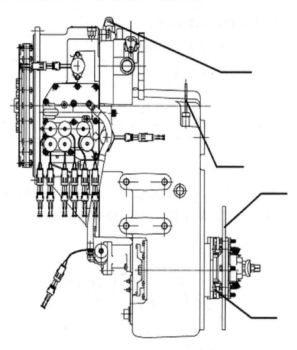

图 2-52　发动机检查保养点
1-通气孔;2-量油计;3-刹车盘;4-半月板

2.4.2　有杆式飞机牵引车的定期检查

有杆式飞机牵引车定期检查的主要内容和频度见表 2-8。

表 2-8　有杆式飞机牵引车定期检查计划表

序　号	工作内容	每　日	每　周	每　月
1	检查发动机机油油面高度	√		
2	检查空气滤清器工作情况	√		
3	检查系统是否漏气、漏水、漏油	√		
4	检查驾驶室内控制仪表、开关、指示灯的功能	√		
5	检查照明及信号灯工作情况	√		
6	检查转向和制动情况	√		

续表

序　号	工作内容	每　日	每　周	每　月
7	检查轮胎气压		√	
8	检查蓄电池内电解液液面高度及电缆连接情况		√	
9	检查变速箱及变矩器内液力油油面高度		√	
10	检查发电机皮带松紧程度		√	
11	检查桥轮边内齿轮油面高度			√
12	检查主减速器及差速器内齿轮油油面高度			√
13	检查各润滑点润滑情况			√
14	检查前、后桥紧固螺栓的紧固情况			√
15	检查轮辋螺栓、传动轴连接螺栓等的紧固情况			√

1.检查发动机机油油面高度

打开测油管的盖子，抽出测油杆，用棉布或棉纱擦净，重新插入测油管内（一直插入底部为止），然后再拔出测油杆，测油杆被油覆盖的高度即为发动机内油面的高度。如图2-53所示，机油高度应在测油杆上"L"与"H"之间。

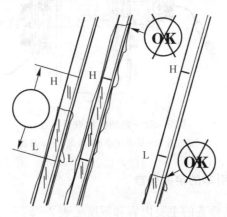

图2-53　发动机机油测油杆

L-油面最低标志；H-油面最高标志

注意：关闭发动机至少等待15 min后再检查润滑油油面高度，这使润滑油有时间回流至底壳。当检查润滑油时，应使发动机、轮边减速器处于水平的位置以确定测量的结果是正确的。

警告：切勿在机油油面低于"L"或高于"H"标志的情形下运行发动机。

2.检查空气滤清器工作情况

发动机空气滤清器，位于发动机前右侧。日常检查时，须先掀开上盖板，拧开空气滤清器外盖，取出滤芯，检查滤芯是否堵塞，如图2-54所示。

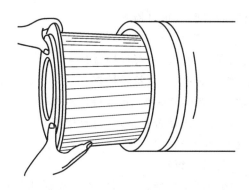

图2-54 空气滤清器滤芯检查

如使用被堵塞的空气滤清器滤芯,不仅会降低发动机的输出功率,并会增多燃油消耗量和黑色排烟。因此,空气滤清器应及时进行保养。

3.检查系统是否漏气、漏水、漏油

日常应随时检查牵引车各个系统是否漏气、漏水、漏油。系统是否漏气,通过检查制动系统气压表的变化情况可知;各系统是否漏水和漏油,可观察牵引车下面地面是否有湿点,假如发现了湿点,通过追寻其来源,即可找到泄漏的原因。否则,至少应检查这些部件的油面高度变化情况。

另外,每周应至少检查一次如下系统的连接情况,发现松动应及时紧固:

(1)转向系统:紧固螺栓、接头、液压软管、液压硬管、阀门、液压油箱、齿轮油泵、液压缸。

(2)变速箱:紧固螺栓、冷却器进油管、冷却器出油管。

(3)发动机燃油系统:紧固螺栓、接头、燃油箱、软管、硬管。

(4)发动机冷却系统:紧固螺栓、进排水管、冷却水箱。

(5)制动系统:液压油泵、液压油箱、管、接头、阀门。

4.检查驾驶室内控制仪表、开关、指示灯的功能

在启动发动机前,应首先检查驾驶室内所有的操作仪表、开关、指示灯,以确保它们处于正常状态。

5.检查照明及信号灯工作情况

在启动发动机前,请首先确认所有照明和信号灯处于正常状态。

6.检查转向和制动情况(驾驶时测试)

(1)转向系统:

1)检查转向是否平稳、灵活。(每日检查)

2)检查方向盘固定螺栓是否松动。(每日检查)

3)检查转向指示灯和转向灯工作是否正常。(每日检查)

4)检查方向盘的游隙,标准游隙为10~30 mm。(每周检查)

注意:应把方向盘向左右方向拧转到轮胎转动,在车轮正向前方的状态下沿着方向盘的外周测量其游隙。

警告:如果发现转向机构零部件游隙过大、松动及其他异常现象,应立即与厂家联系,检修转向机构。

5)检查最大转向角是否符合要求。(每月检查)

6)检查转向液压油箱油面高度。(每月检查)

(2)制动系统:

1)检查脚制动是否平稳、灵活、有效。(每日检查)

2)检查驻车制动(手制动)是否有效。(每日检查)

3)检查脚制动和手制动连接螺栓是否松动。(每日检查)

4)检查刹车指示灯和刹车灯工作是否正常。(每日检查)

5)检查制动盘磨损情况。(每月检查)

6)检查最大制动距离。(每月检查)

警告:如发现制动失灵(例如液压系统、液压泵、制动盘损坏等),应立即与厂家联系,检修制动机构。

7.检查轮胎气压

按照轮胎详细资料检查轮胎的气压,并由此判断轮胎是否损坏。

8.检查蓄电池内电解液液面高度及电缆连接情况

(1)蓄电池电解液液位。

打开蓄电池堵盖,用一根木棍插入蓄电池底部,根据木棍被浸湿的高度,即可判断其内电解液液面高度。正常应在 100 mm 以上,如图 2-55 所示。若发现液位过低,应补注蒸馏水。

警告:加注蒸馏水时,请用塑料盆,严禁使用金属器皿。

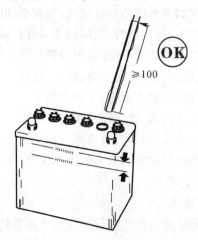

图 2-55 测量蓄电池电解液液位

(2)蓄电池电解液密度。

在 20 ℃时,如果电解液密度计的读数为 1.26,则可以认为蓄电池处于完全充电的状态。如果电解液密度计的读数低于 1.23,则蓄电池需要重新充电,如图 2-56 所示。

(3)蓄电池的清洗。

如发现蓄电池的外部零件脏污,则要用温水加以清洗。为防止腐蚀,应在蓄电池接线柱表面涂抹薄薄一层凡士林或润滑脂。

(4)蓄电池连接线。

每次启动发动机前,应仔细检查蓄电池的连接,并确认各接线柱无腐蚀,各连接无松动。严防因电缆接触不良而出现电打火。

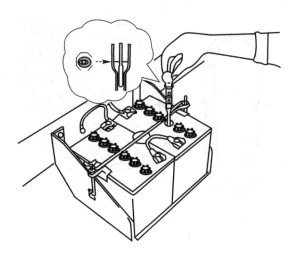

图 2-56　测量蓄电池电解液密度

9.检查变速箱内液力油油面高度

由于变矩器与变速箱为一体,它们相互共享液力油进行传动和冷却,其油面高度相同。

应在发动机处于怠速,变速箱置于空挡的情况下检查变速箱的机油油面高度。此时,变速箱仍处于工作温度,转换器、机油冷却器和管道里的机油全部被腾空进入已停止工作的变速箱内。

打开变速箱注油口盖,拔出测油杆,用棉纱擦净,重新插入变速箱,然后再拔出来,根据浸润标志判断油面高度(标准油面高度应在 2/5~4/5 总高度之间),如图 2-57 所示。假如需要时,可通过此孔向变速箱内注油。

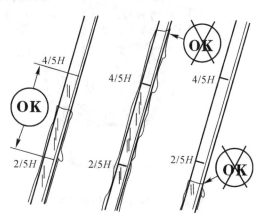

图 2-57　检查变速箱内液力油油面高度

10.检查发电机皮带

(1)外观检查。

用目测检查皮带有否交叉裂缝。横向(皮带宽度方向)裂缝是可以接受的。纵向(皮带长度方向)裂缝与横向裂缝交叉是不可以接受的,如图 2-58 所示。如果皮带磨损或有小片脱落,需更换皮带。

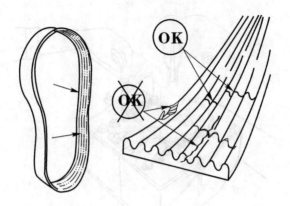

图 2-58　皮带外观检查

(2)检查皮带松紧程度。

抓住皮带中部用力向下按,测量原平面与皮带之间的距离,如图 2-59 所示。若此距离小于 15 mm,则说明皮带情况正常,若此距离大于 15 mm,说明皮带已变松弛,需更换皮带。更换方法具体参见《发动机使用维修手册》。

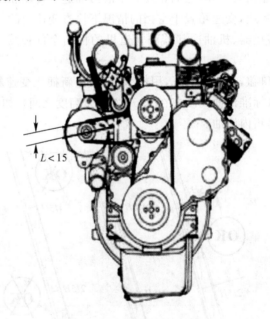

图 2-59　检查皮带松紧程度

11.检查轮边减速器齿轮油油面高度

打开前后桥轮边减速器加油口的盖子,拿一根铁棍,用棉布或棉纱擦净,插入加油口内(一直插入底部为止),然后再拔出铁棍,则铁棍被油覆盖的高度即为轮边减速器内油面的高度。

假如油面高度达到或低于轮边减速器所允许的最低高度,应立即通过加油口向轮边减速器内注油。

12.检查主减速箱及差速器内齿轮油油面高度

差速器位于主减速箱内,二者共享齿轮油进行润滑,其油面高度相同。

拿一根铁棍,用棉布或棉纱擦净,插入加油口内(一直插入底部为止),然后再拔出铁棍,则铁棍被油覆盖的高度即为主减速箱及差速器内齿轮油油面高度。假如油面高度达到或低于主减速箱所允许的最低高度,应立即通过加油口向主减速箱内注油。

13.检查各润滑点润滑情况

所有的润滑点每月至少润滑一次。假如牵引车长期超载或所处的工作环境湿度较大,应缩短润滑周期。每周集中检查润滑系统工作情况。如果观察到各润滑点有润滑脂溢出,说明系统工作正常。如果安全阀有润滑脂溢出,请重新让车辆运行,再次检查安全阀。仍有油脂溢出,说明系统有堵塞,请及时检查润滑系统各润滑点,直到安全阀无油脂溢出。某型有杆式飞机牵引车的润滑点如图 2-60 所示。

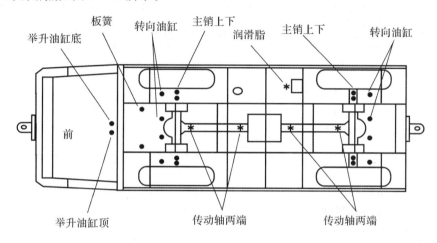

图 2-60　牵引车润滑点分布图
•-自动润滑点;*-手动润滑点

手动润滑点润滑时间间隔为工作 50 h,自动润滑点时间间隔为 4 h,润滑时间为 4 min。在工作 100 h 以后,可以根据实际情况进行润滑工作时间的调整(增加或减少),但不得改变润滑间隔时间。使用油脂必须是加注干净的 NLG12 号锂基脂。

牵引车上另有高速旋转件,如传动轴等,不能使用集中润滑,保养时不可遗漏。

14.检查传动轴和轴头之间连接螺栓的紧固情况

仔细检查传动轴和连接轴头之间连接螺栓的紧固情况,检查前、后桥,变速箱,发动机,前、后悬架等与底盘连接螺栓的紧固情况。如发现松动,请按照螺栓允许扭紧力矩的标准进行紧固,螺栓的允许扭紧力矩见表 2-9。

表 2-9　螺栓允许扭紧力矩　　　　　　　　　　　　　　　单位:N·m

尺寸 \ 强度	4.6	5.6	6.6	8.8	10.9
M6	4～5	5～7	6～8	9～12	13～14
M8	10～12	12～15	14～18	22～29	29～35
M10	20～25	25～31	29～39	44～58	64～76
M12	35～44	44～54	49～64	76～102	108～127

续表

尺寸 \ 强度	4.6	5.6	6.6	8.8	10.9
M14	54~69	69~88	83~98	121~162	176~206
M16	88~108	108~137	127~157	189~252	274~323
M18	118~147	147~186	176~216	260~347	372~441
M20	167~206	206~265	245~314	369~492	529~637
M22	225~284	284~343	343~431	502~669	725~862
M24	294~370	370~441	441~539	638~850	921~1 098
M27	441~519	539~686	637~784	933~1 244	1 372~1 617
M30	529~666	666~833	784~980	1 267~1 689	1 666~1 960
M36	882~1 078	1 098~1 372	1 323~1 677	2 214~2 952	2 744~3 283

15.检查轮辋螺栓的紧固情况

每月检查一次轮辋螺栓的紧固情况。其标准拧紧力矩要达到要求值。如发现松动,请及时紧固,如图 2－61 所示。

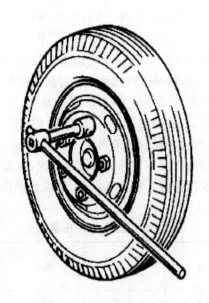

图 2－61 轮辋螺栓的紧固

2.4.3 有杆式飞机牵引车的定期保养

1.保养周期表

有杆式飞机牵引车各总成定期保养周期表见表 2－10。

表 2－10 飞机牵引车保养周期表

序　号	保养部位	保养内容	A	B	C	D	E	F
		发动机总成						
1	发动机	外观	O					
		排气	O					
		噪声	O					
		与底盘连接螺栓			U	U	U	U
		转速（空转、承载）			O	O	O	O
2	润滑系统	机油压力	O					
		机油油面高度	O					
		油质			O	OR	OR	OR
		泄漏	O					
		机油滤清器				O	RT	R
3	燃油系统	燃油油面高度	O					
		泄漏	O					
		燃油箱		O	O	O	O	T
		燃油箱进油过滤器			O	O	O	T
		燃油过滤器				RT	RT	RT
		燃油-水分离器		T	T	T	T	T
		系统放气				Q	Q	Q
4	冷却系统	冷却风扇			O	O	O	O
		风扇轴头						O
		冷却液	O					
		副水箱	O					
		冷却水箱						T
5	进排气系统	进气系统	O					
		排气系统			O	O	O	O
		气门间隙						O
		空气滤清器	O			RT		
6	皮带	外观	O					
		松紧程度		O	O	O	O	O
		张紧				Q	Q	Q
		更换						R
		皮带张紧轮轴承						O

续表

序 号	保养部位	保养内容	A	B	C	D	E	F
7	减震器	橡胶变形、老化				O		
变速箱总成								
8	变速箱	外观	O					
		噪声	O					
		与底盘连接螺栓			U	U	U	U
9	润滑系统	液力油压力	O					
		液力油油面高度		O	O	O	O	O
		油质			O	R	R	R
		泄漏	O					
		液力油滤清器				R	R	R
10	冷却系统	泄漏	O					
		油质				O	R	R	R
		机油冷却器						T
11	变矩器	泄漏	O					
		与飞轮连接螺栓拧紧					U	U
		螺栓拧紧情况			U	U	U	U
悬架总成								
12	悬架	螺栓拧紧情况			U	U	U	U
		钢板弹簧			O	O	O	O
		销轴润滑		O	O	O	O	O
		销轴						O
传动轴总成								
13	传动轴	螺栓拧紧情况			U	U	U	U
		万向节花键连接游隙						O
		万向节轴承游隙						O
转向系统总成								
14	方向盘	连接螺栓	OU					
		转向游隙	O		Q	Q	Q	Q
		转向功能	P					
15	液压油箱	泄漏	O					
		液压油油面高度	O					
		油质			O	O	OR	OR

续表

序　号	保养部位	保养内容	A	B	C	D	E	F
16	万向节	连接螺栓			U	U	U	U
		转向轴承游隙						O
17	液压缸、油管	泄漏	O					
18	齿轮油泵	泄漏	O					
		噪声、前、后桥	O					
19	前转向桥	连接螺栓			U	U	U	U
20	后驱动桥	连接螺栓			U	U	U	U
		轮边减速器油面高度			O	O	O	R
		主减速箱及差速器油面高度			O	O	O	R
		制动系统总成						
21	行车制动	制动踏板行程			OQ	OQ	OQ	OQ
		连接螺栓	OU					
		制动效果	P					
22	驻车制动	手柄行程			OQ	OQ	OQ	OQ
		连接螺栓	OU					
		棘轮磨损和损坏情况			O	O	O	O
		制动效果	P					
23	钳盘式制动器	摩擦片和制动盘之间的间隙			OQ	OQ	OQ	OQ
		蹄片滑动部位磨损情况						O
		垫片磨损情况						O
24	油管	漏油	O					
		操纵机构						
25	油门操作总成	连接螺栓	OU					
		油门踏板行程			OQ	OQ	OQ	OQ
26	变速箱操纵机构	连接螺栓	OU					
		连杆和手柄			O	O	O	O
		工作情况	P					
		电器系统						
27	蓄电池	电解液液面高度和浓度		O	O	O	O	O
		电缆线		O	O	O	O	O
		清洗					T	T

续表

序 号	保养部位	保养内容	A	B	C	D	E	F
28	电线束和接线柱	电线束	O	O	O	O	O	O
		接线柱	O	O	O	O	O	O
29	起动机	工作情况	P					
30	交流发电机	工作情况	P					
31	保险管	更换	P					
轮胎总成								
32	轮胎	轮胎胎压		O	O	O	O	O
		轮胎外观	O					
		轮胎凹槽		O	O	O	O	
33	轮辋	轮辋螺母		U	U	U	U	
		挡圈		O				
底盘总成和驾驶室								
34	底盘总成	外观形状		O	O	O	O	O
		螺栓连接		U	U	U	U	
		外部座椅连接螺栓		U	U	U	U	
		盖板铰链		O	O	O	O	
35	驾驶室	司机座椅连接螺栓		U	U	U	U	
		车门铰链		O	O	O	O	
		暖风除霜装置	P					
		电动刮水器	P					
空调系统								
36	空调	工作情况	P					

保养周期表 2-10 中缩写字母意义:

(1)保养周期。

1)A:每天日常检查。

2)B:车辆每使用一个周(50 h)。

3)C:车辆每使用一个月(200 h)。

4)D:车辆每使用三个月(600 h)。

5)E:车辆每使用半年(1 200 h)。

6)F:车辆每使用一年(2 400 h)。

(2)保养内容。

1)O:测试和检查。

2)P:工作状态检查。

3)Q:调整。

4)R:更换。

5)T:清洗。

6)U:紧固。

2.保养程序详解

(1)发动机总成。

1)发动机。

①外观,每天检查。检查整机是否有明显碰伤、裂纹和其他损坏。

②排气,每天检查。将变速箱操纵杆置于空挡,启动发动机后,用肉眼观察排烟颜色。无色或浅色:完全燃烧,正常。发黑:不完全燃烧,异常。发白:油燃烧时油面忽上忽下,异常。

③噪声,每天检查。将变速箱操纵杆置于空挡,启动发动机后,观察其噪声。震动均匀,无异音:正常。震动频率不均匀,有爆炸、摩擦等异常响声:异常。

④与底盘连接螺栓,每月检查。检查发动机于底盘连接螺栓的紧固情况,拧紧松动的螺栓。

⑤转速(空转、承载),每月测试,用转速表测量发动机空转和承载时的实际转速,与正常情况下的对应标准转速相比,看是否有较大偏差。正常情况下:空转转速为 750 r/min,额定转速为 2 500 r/min。

注意:如偏差较大,请勿擅自维修,需立即与厂家联系处理。

2)润滑系统。

①机油压力,每天检查。最小允许机油压力 69 kPa(怠速),448 kPa(额定转速)。注意:当发动机内机油压力低于上述数据时,应立即停车补加机油。

②机油油面高度,每天检查。

③油质,每月检查。如机油太脏或使用时间太长,需更换。通常更换周期为 3 个月。更换时,运行发动机直至水温 60 ℃,关闭发动机,卸下机油释放塞放油。

注意:只有在机油是热的和杂质处于悬浮状态时才能泄放机油。

注意:使用至少能盛 26 L 机油的容器。

警告:高温机油会烫伤皮肤。

排尽发动机曲轴箱和滤油器内的机油后,应重新拧紧机油释放塞。加油时,应通过机油滤清器安装孔向发动机曲轴箱加注规定等级的新发动机机油。

注意:加注发动机机油时,为了使注入的发动机油顺利向里流进,应预先拔出测油尺。

当向发动机曲轴箱加注的机油油位达到测油尺的上限标志时,使发动机启动并以怠速运转数分钟。停止发动机,重新检查油位,如有必要时加以补注。

④泄漏,每天检查。检查润滑系统各部件和管路等的密封情况。若发现漏油,请立即处理。

⑤机油滤清器,每年更换。更换时请选用厂家推荐的机油滤清器。更换方法见《发动机使用保养手册》。

3)燃油系统。

①燃油油面高度,每天检查。燃油箱内安装有燃油传感器,可通过仪表盘上的油位表观察

燃油箱内油面高度。

注意:请及时加油。

②泄漏,每天检查。检查燃油系统各部件和管路等的密封情况。发现漏油,请立即处理。

③燃油箱,每周检查。燃油箱安装在发动机总成的右侧。

④燃油箱进油过滤器,每月检查。拧下油箱加油盖,向上拔出进油过滤器,用洁净的汽油清洗后,反向顺序装好。

注意:请通过进油过滤器加油。

⑤燃油过滤器,每年更换。更换时请选用厂家推荐的机油滤清器。更换方法见《发动机使用保养手册》。

⑥燃油-水分离器,每周泄放。从分离器泄放水和沉淀物。泄放方法见《发动机使用保养手册》。

⑦气门间隙,首次半年后调整,以后每一年调整一次。调整方法见《发动机使用保养手册》。

⑧系统放气,需要时进行。

注意:如果发生下列情形需要放气:

a.安装前,燃油滤清器未注油。

b.更换燃油喷射泵。

c.高压供油管接头松动或更换供油管。

d.初次发动机启动或发动机长期停止作业后启动。

e.车辆油箱已用完。

4)冷却系统。

①冷却风扇,每天检查。每天需要对冷却风扇进行目测检验。检查有无裂缝、铆钉松动、扇叶弯曲和松动。检查风扇是否固定牢靠,如有必要,旋进螺栓。更换损坏的风扇。

警告:风扇扇叶故障会导致人身伤害。切勿拉动或撬动风扇,这会损坏风扇扇叶和造成风扇故障。

注意:请使用发动机盘车齿轮转动曲轴。

②风扇轴壳,每年检查。检查风扇轴壳是否出现裂纹,它与发动机轴之间的配合键槽是否间隙太大,键是否活动。如出现上述缺陷,请及时更换。

③冷却液,每天检查。检查软管和接头是否松动和损坏。按照需要拧紧和更换。检查冷却水箱是否漏水、损坏或是否有脏物堆积。

警告:切勿从高温的发动机上卸下水箱盖。等待温度降到50 ℃以下,再拆卸压力盖。不这样做,高温的冷却液将会飞溅,造成人身事故,如图2-62所示。缓慢地卸下加水盖以释放压力。

注意:切勿使用密封添加剂来阻止冷却系统的泄漏。这样会导致冷却系统阻塞和冷却液不充分流动,从而造成发动机过热。

警告:冷却液液面必须每天检查。

注意:切勿把冷的冷却液添加到热的发动机中,它会造成发动机铸件开裂而破坏。添加冷却液前,请让发动机冷却到50 ℃以下。

注意:补注和更换冷却水时,不得使用井水和河水。如无法购得所推荐牌号的冷却液时,请使用经软化的冷却水,以防止水箱结垢,降低冷却效果。

图 2-62 发动机水箱盖的拆卸

④请使用 LLC(长效防锈防冻)冷却液。它含有防腐剂,可防止发动机和散热器的腐蚀。

⑤把冷却液注入冷却系统,至水箱注入口颈部的底部为止,如图 2-63 所示。

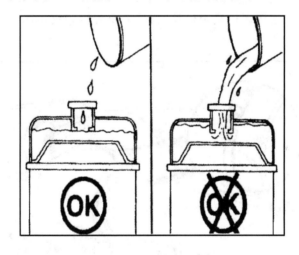

图 2-63 冷却液的加注

⑥更换发动机冷却液时,应拧开散热器和汽缸体上的排泄阀,把冷却系统的水排泄出来。在释放冷却液时,请使用容量为 20 L 以上的容器盛接。

⑦防冻剂,每天检查,检查防冻液的浓度。

注意:冬季使用防冻剂时,应根据环境条件选定防冻剂种类和混合比例,并请在容器内混合好后再加入冷却水箱内。推荐使用一定比例的水和乙烯乙二醇基的防冻液,以常年保护发动机。可根据车辆所处的环境温度确定水和防冻剂的混合比例,如图 2-64 所示。

警告:避免皮肤长期和反复接触用过的防冻液。这样会导致皮肤病或其他身体伤害。

注意:皮肤接触防冻剂后请用大量清水清洗。

⑧冷却水箱,每年清洗一次,清洗方法见《发动机使用保养手册》。

5)进、排气系统。

①进气系统,每天检查。检查进气管道是否破裂、堵塞和进入杂质。管卡和接头是否松动

图 2-64 防冻液的加注

和损坏。根据需要旋紧和更换部件以确定进气系统没有漏气,如图 2-65 所示。

②排气系统,每月检查。检查排气管道是否破裂、堵塞和进入杂质,管卡和接头是否松动和损坏,膨胀节和消声器连接螺栓是否松动,根据需要旋紧和更换部件以确定进气系统没有漏气。

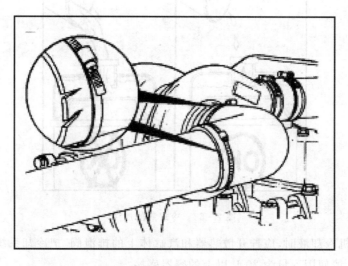

图 2-65 进气系统的检查

③空气滤清器,每天检查,三个月清洗或更换滤芯。

注意:更换滤芯时,请使用厂家推荐的滤芯。

滤芯的拆卸,拧松蝶形螺母,拆卸外盖。拧下固定滤芯的蝶形螺母,取出滤芯。

注意:应小心取放滤芯,不要使其受到损坏。

空气滤清器盖和壳的清理。把空气滤清器壳内部、外盖和密封垫表面的灰尘擦洗干净。

滤芯的清理。清理滤芯时,应视滤芯的沾污情形选用下列方法之一。

①滤芯虽被灰尘沾污但处于干燥状态时:一面用手转动滤芯,一面用压缩空气从滤芯内部吹掉灰尘,压缩空气的压力应小于 7 kg·cm^{-2}。

②滤芯被积尘和油脂沾污时：

a.用水稀释滤芯清洁剂(Donaldson ND1500)，调制清洗液，把滤芯浸入清洗液中约 22 min；

b.取出滤芯，用流水充分加以冲洗，水压不应超过 28 kg·cm⁻²；

c.把滤芯放置在通风良好的地方，使其干燥。需要快干的，可使用风扇。

注意：不得用压缩空气或用火缩短干燥时间。由于使滤芯自然干燥一般需要两三天，请使用备用滤芯。

6)皮带。

①外观，每天检查。

②松紧程度，每周检查。

③张紧，每三个月或皮带松弛时进行张紧力调整。

④更换，每年或皮带损坏时更换。

⑤皮带张紧轮轴承，每年检查。

⑥减震器，每年检查。

⑦检查调整更换方法参看《发动机使用保养手册》。

(2)变速箱总成。

1)变速箱。

①外观，每天检查。检查整机是否有明显碰伤、裂纹和其他损坏。

②噪声，每天检查。启动发动机后，变速箱的变速杆置于低挡，仔细倾听变速箱齿轮啮合是否有异常声音。如有异常，请停机检查。

③与底盘连接螺栓，每月检查。检查变速箱与底盘连接螺栓的紧固情况，拧紧松动的螺栓。

2)润滑系统。

①机油油面高度，每天检查。

②油质，每月检查。如液力油太脏或使用时间太长，需更换。通常更换周期为 3 个月。更换机油时，运行发动机直至水温达 60 ℃，关闭发动机，卸下变速箱壳下部的排泄孔旋塞(D)，把变速箱壳内的油排泄出来，如图 2-66 所示。

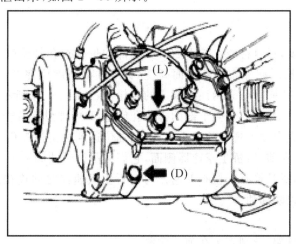

图 2-66 更换机油

注意:只有在液力油是热的和杂质处于悬浮状态时才能泄放液力油。

注意:使用至少能盛 30 L 液力油的容器。

警告:高温液力油会烫伤皮肤。

③从油位检查孔把规定的液力油注入变速箱壳内,直到油位达到液位检查空旋塞(L)处为止。

注意:加油时,应通过液力油滤清器向变速箱加注液力油。

④泄漏,每天检查。检查润滑系统各部件和管路等的密封情况。发现漏油,请立即处理。

⑤液力油滤清器,每年更换。更换时请选用厂家推荐的液力油滤清器。更换方法见相应《变速箱使用保养手册》。

3)变速箱冷却系统。

①泄漏,每天检查。检查冷却系统各部件和管路等的密封情况。发现漏油,请立即处理。

②油质,每月检查。如机油太脏或使用时间太长,需更换。通常更换周期为 3 个月。更换机油时,运行发动机直至水温 60 ℃,关闭发动机,卸下冷却器释放塞放油。

注意:只有在机油是热的和杂质处于悬浮状态时才能泄放冷却器机油。

注意:使用至少能盛 30 L 液力油的容器。

警告:高温机油会烫伤皮肤。

注意:加油时,应通过液力油滤清器向变速箱加注液力油。

③冷却器,每年清洗。卸下冷却器,用高压空气或热蒸汽从内至外地清洗。

注意:牵引车发动机冷却水箱和变速箱机油冷却器为一体式。其上部为发动机冷却水箱,下部为变速箱机油冷却器。

注意:发动机冷却水箱和变速箱机油冷却器清洗应分别进行,以防互相污染。

注意:清洗变速箱冷却器时,请把发动机冷却水箱加水口和泄放口堵死。

警告:变速箱机油冷却器清洗干净后,内部干燥后方可加注机油。

4)变矩器。

①泄漏,每天检查。检查变矩器各部件和管路等的密封情况。发现漏油,请立即处理。

②螺栓拧紧情况,每月检查。检查变速箱与变矩器的连接螺栓的紧固情况,拧紧松动的螺栓。

5)差速器。

①齿轮油油面高度,每月检查。拧下后桥壳上部油位检查孔旋塞(L),用铁棒插入后桥壳内,然后再拔出来,根据浸润标志判断油面高度(标准油面高度应在 2/5～4/5 总高度之间)。假如需要时,可通过此孔向后桥壳内注入规定的齿轮油,如图 2-67 所示。

②更换差速器油时,拧下后桥壳下部的排泄孔旋塞(D),排泄后桥壳内的旧齿轮油。然后从油位检查孔向后桥壳内注入规定的液力油,直到油位达到油位检查孔旋塞(L)为止。

注意:差速器安装在前、后桥主减速器侧面,它们共享齿轮油润滑。

③螺栓拧紧情况,每月检查。检查差速器与后桥主减速器之间连接螺栓的紧固情况。发现松动,请及时拧紧,以防漏油。

(3)悬架总成。

悬架总成为弹性悬架,分别安装在前桥两侧。

①螺栓拧紧情况,每月检查。检查悬架与前桥螺栓的连接情况。拧紧松动的螺栓。

②钢板弹簧,每月检查。检查弹簧钢板使用情况和状态。如发现弹簧钢板断裂、失去弹性或其他损坏,请立即更换。

警告:严禁车辆长期超载。这样会使弹簧钢板变形、失去弹性甚至断裂。

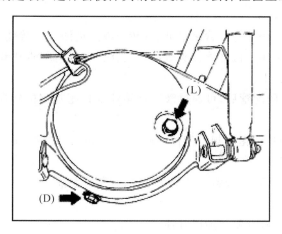

图 2-67　差速器内齿轮油油面检查

③销轴,每年检查。检查弹性悬架各销轴是否有裂纹。如有裂纹,更换销轴。检查弹性悬架各销轴磨损情况。如果销轴椭圆度或轴与孔之间的间隙超过 0.5 mm,更换销轴。

(4)传动轴总成。

①螺栓连接情况,每月检查。检查传动轴与变速箱以及后桥主减速器之间连接螺栓的松紧情况。拧紧松动的螺栓。

②万向节轴连接花键游隙,每年检查。检查万向节轴连接花键磨损情况。如发现花键配合间隙大于 0.5 mm,更换花键。

③万向节轴承游隙,每年检查。检查万向节轴承的状态。如发现轴承轴孔磨损较大(轴孔间隙大于 0.15 mm),更换轴承。

(5)转向机构总成。

1)方向盘。

①连接螺栓,每天检查。

②转向游隙,每天检查。

③转向功能,每天检查。

2)液压油箱总成。

①泄漏,每天检查。检查液压油箱各连接螺栓、接头和管道的连接情况。如有松动或漏油,请拧紧或更换。

②液压油面高度,每周检查。打开液压油箱注油口盖,拿一根铁棒用棉纱擦净,插入箱内然后再拔出来,根据浸润标志判断油面高度(液压系统充满油后,箱内油面高度应不小于 1/2 箱体总高度)。

注意:请及时补注经过按要求过滤的液压油,否则,易使液压系统失效。

③油质,每月检查。检查液压油是否变稠、变黏、变脏。如这样,更换液压油,通常更换周期为 3 个月。

④放油,步骤如下:

a.卸下转向机构与动力转向液压油箱之间的配管。

b.用接油盒(容量至少大于 20 L)接住泄放的液压油。

c.排完转向液压油后,应向左右转动方向盘,并在左右各向分别停下几次,使液压回路内残余的液压油完全排出。

d.如仍有残余油,可松开液压管路最低点(转向液缸进油管)的管接头,放净系统内脏油。

警告:严禁在系统工作时松开管接头放油。这样会导致高压油喷出,损伤皮肤和眼睛。

⑤重新注油,步骤如下:

a.牢固地安装卸下的配管后,可通过液压油箱注油口把规定的转向液压油注入转向液压油箱。

b.将液压油注到液压油箱的规定液位,需要 2~3 min。重新注液时,必须装满液压油箱,以防空气混入液压回路。

c.接通电源,齿轮泵运转,开始向系统液压缸、管路等泵油。

d.检查是否漏油。

e.重新检查液位,如有必要时加以补注。

f.检查系统是否有气体(假如液压缸运动时出现震动现象,说明系统内有气体)。若有气体,可拧松某一接头排气。

注意:因此时系统内有压力,严禁完全拧开管接头,应逐步拧松即可。

警告:管路排气时,请穿好防护服,以防液压油喷出损伤皮肤。

3)万向节。

①连接螺栓,每月检查。检查万向节与转向液缸以及前桥转向横拉杆之间连接螺栓的松紧情况。拧紧松动的螺栓。

②转向轴承游隙,每年进行。检查万向节轴承的状态。如发现轴承轴孔磨损较大(轴孔间隙大于 0.15 mm),更换轴承。

4)液压缸、液压管路。

③液压缸、液压管路泄漏,每天检查。检查液压软管、接头和管道的连接情况。如有松动或漏油,请拧紧或更换。

④检查转向液压缸有无外漏和内泄情况。如有,更换活塞环。

⑤检查各电磁阀和阀门有无漏油现象。如有,更换橡胶密封垫。

5)齿轮油泵。

①泄漏,每天检查。检查齿轮油泵是否漏油。如发现漏油,请按下列方法处理:

a.检查连接螺栓是否松动。拧紧松动螺栓。

b.如仍然漏油,说明内部密封圈损坏,更换相应密封圈。

②噪声,每天检查。检查齿轮油泵的声音,如发现噪声增大,请按下列方法处理:

a.检查轴封是否损坏。若损坏,更换轴封。

b.检查泵进油口是否松动。若松动,拧紧进油口连接螺栓。

c.检查进油口是否漏气。若漏气,排除漏气原因。

(6)车桥。

①连接螺栓,每月检查。

②轮边减速器油面高度,每月检查。

（7）制动系统总成。

1）行车制动。

①制动踏板行程，每周检查。标准行车制动（脚制动）空程：4～7 mm，高度：185～193 mm。如发现实际制动踏板行程偏离此值，请调整，如图 2-68 所示。

②螺栓连接，每天检查。检查行车制动器是否松动。拧紧松动的螺栓。

③制动效果，每天检查。

2）驻车制动。

①螺栓连接，每天检查。检查行车制动器是否松动。拧紧松动的螺栓。

②棘轮磨损情况，每月检查。检查棘轮是否有裂纹、缺口和掉齿，如有，更换棘轮。检查两棘轮之间的配合间隙，如发现其配合间隙过大（大于 0.35 mm），更换棘轮。

③制动效果，每天检查。

3）液压油泵。

①外观及声音，每天检查。仔细检查液压油泵部件是否有裂纹、碰伤等损坏，如有，请更换。

②检查液压油泵外观是否洁净。清除积尘、油污等。

③检查液压油泵声音是否正常。如发现有异常噪声，请按照《液压油泵使用维护手册》进行检修。

④安全阀，每月检查。检查安全阀有无堵塞或失效。请清除堵塞物或更换安全阀。

警告:安全阀损坏会威胁您和设备的安全。

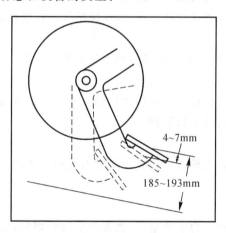

图 2-68　制动踏板行程的检查

4）钳盘式制动器（前后轮、手制动）。

①摩擦片和制动盘之间间隙，每月检查。检查摩擦片和制动盘之间的间隙。如其间隙大于 0.5 mm，调整。

注意:摩擦片和制动盘之间的间隙增大，会降低制动系统的制动性能，造成危险。

②摩擦片滑动部位磨损情况，每年检查。如发现摩擦片滑动部位有较大横向裂纹，更换。如发现摩擦片滑动部位不均匀磨损（偏心 1.5 mm 以上），调整。如发现摩擦片滑动部位磨损较大（磨掉厚度大于 5 mm），更换。

③垫片磨损情况，每年检查。

5）漏油。

漏油，每天检查。检查管路是否损坏，连接零件是否松弛。更换损坏的管路，拧紧松动的接头和螺栓，以免系统漏油。

（8）操纵机构。

1）油门操纵机构。

螺栓连接，每天检查。检查油门操作机构螺栓紧固情况。拧紧松动的螺栓。

2）变速箱操纵机构。

①螺栓连接，每天检查。检查变速箱操纵机构各连杆和手柄的螺栓紧固情况。拧紧松动的螺栓。

②连杆和手柄，每月检查。检查各连杆、手柄是否变形和损坏。更换损坏的部件。

③工作情况，每天检查。检查各挡位操作是否灵活。如发现卡死等现象，请调整。

（9）电气系统。

1）蓄电池。

①电解液液面高度和浓度，每周检查。

②电缆线，每周检查。

③清洗，每半年清洗。

2）电线束和接线柱。

①电线束，每周检查。检查电线束是否软化、划伤、折断等，更换损坏的电线。

注意：电线束损伤易造成电气系统短路，会损坏设备。

②接线柱，每周检查。检查接线柱是否松动、腐蚀等。拧紧松动的接线柱。去除接线柱上的腐蚀层。

警告：接线柱松动或腐蚀，易造成电路接触不良而损坏设备。

3）启动马达。

启动马达工作情况，每天检查。检查启动机的工作情况。如发现牵引车启动困难甚至无法启动（确认为启动机损坏），请进行检修。

4）交流发电机。

交流发电机工作情况，每天检查。检查交流发电机的工作情况。如发现蓄电池无法充电，请进行检修。

5）保险管。

保险管，每次断电时检查。每次断电时，如发现保险管熔断，更换新的保险管。

6）保护开关。

保护开关，每天检查。在启动发动机前检查保护开关和按钮的工作状态，使位于电瓶上方的保护开关处于接通状态，同时保护按钮处于断开状态。

（10）轮胎总成。

1）胎压，每周检查。检查轮胎的气压，若气压不足，请充气。

警告：若轮胎气压不足，禁止行车。标准轮胎充气压力为 850 kPa。

2）外观，每天检查。检查轮胎表面是否有裂纹、划伤等损坏。如损坏严重，更换轮胎。

注意：使用损坏严重的轮胎易造成爆胎。

更换轮胎，步骤如下：

a.将车辆停放在平坦、坚固的地面。

b.用千斤顶将车轮稍微顶起地面。

c.拧下车轮螺母,拆下车轮,然后安装备用车轮。

d.使车轮螺母的锥形端头朝向车轮,安装所有车轮螺母并用车轮扳手暂时拧紧。注意:车轮螺母一定要贴合于轮毂。

e.松开千斤顶,使车轮降到地面。

f.用车轮扳手按照如图 2-69 所示的顺序拧紧车轮螺母。

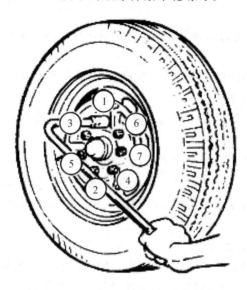

图 2-69　车轮螺母拧紧顺序

3)凹槽深度,每月检查。检查轮胎凹槽磨损情况。若轮胎凹槽磨损严重,请更换轮胎。

注意:使用凹槽磨损严重的轮胎,会降低牵引车的牵引力,并易造成爆胎危险。

4)轮辋螺母,每月检查。检查车轮轮辋螺母的紧固情况。拧紧松动的螺母。

(11)底盘总成和驾驶室。

1)底盘总成。

①外观形状,每周检查。检查底盘框架是否变形、开裂。

②螺栓连接,每月检查。检查底盘连接螺栓的紧固情况。拧紧松动的螺栓。

③盖板铰链,每月检查。检查盖板铰链焊接处是否开裂。如开裂,请重新焊好。

注意:铰链开裂,易使盖板在车辆行驶时摔出,造成人身伤害。

2)驾驶室。

①司机座椅连接螺栓,每月检查。检查司机座椅连接螺栓的紧固情况。拧紧松动的螺栓。

②车门铰链,每月检查。检查车门铰链焊接处是否开裂。如开裂,请重新焊好。注意:铰链开裂,易使车门脱落,造成人身伤害。

③电动刮水器,每天检查。检查清洗液箱内是否装有充分的清洗液。检查电动刮水器的工作情况。维修损坏的电动刮水器。

(12)空调系统(选装)。

每天检查空调的工作情况,参照随车《空调使用维护说明书》。

2.4.4 润滑油脂、冷却液和燃油

润滑油脂、冷却液和燃油应使用厂家推荐牌号。如某型飞机牵引车厂家推荐使用润滑油脂、冷却液和燃油的牌号如下:

(1)发动机机油,推荐使用 CH-4/15W-40 机油。

(2)变速箱和变矩器,推荐全年使用8#液力传动油。

(3)后驱动桥主减速箱和差速器,推荐全年使用型号为 MOBIL HD90-A 或 SHELL MB90/HD90 的齿轮油。

(4)后驱动桥左右两边轮边减速器,推荐全年使用型号为 MOBIL HD90-A 或 SHELL MB90/HD90 的齿轮油。

(5)液压油箱,推荐夏季使用 L-HM46 抗磨液压油,冬季使用 L-HM32 抗磨液压油,严寒地带使用 HV-32 抗磨液压油。

(6)板簧轴承转向节轴承转向油缸,推荐全年使用车轮轴承润滑脂或多用途润滑脂,型号为 NLGI No.2。

(7)万向节,推荐全年使用多用途润滑脂,型号为 NLGI No.2。

(8)其他润滑点,推荐全年使用多用途润滑脂,型号为 NLGI No.2。

(9)发动机冷却系,推荐全年使用长效冷却液。其型号及防冻液加入比例参看《发动机使用维修手册》。

注:NLGI 是指国际润滑脂协会。

(10)燃油,推荐夏季使用 0#柴油,冬季使用-10#柴油,严寒地带使用-35#柴油。

飞机牵引车上,各加油口处会注明推荐的牌号和使用要求,如图 2-70 所示。

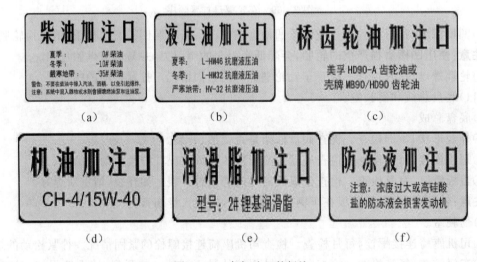

图 2-70 各加油口的标注

注意:若选用的柴油黏度过大,雾化性能不好,燃烧不完全,排气冒黑烟,发动机功率下降,耗油量增大;同时,柴油黏度也不能太小,因为发动机油泵的套筒和柱塞、喷油嘴的套筒和针阀等精密零件是依靠柴油来润滑的,使用黏度小的柴油会加剧磨损,还会出现渗漏,供油量不足,也会降低发动机功率。

2.4.5　维修注意事项

(1)严禁进行未被专业人员许可的拆卸、调整和维修工作。

(2)当用机械千斤顶或用液压支腿顶起牵引车并在车下维修时,一定要用枕木或足够强度的金属框架辅助支撑。千斤顶必须设置在平坦而坚固的地面,顶在牵引车底盘专用的顶起位置,否则会造成危险。

(3)驾驶室升起时必须插好安全销后进行维护。

(4)当更换电气元件时,请切断总电源开关,或将电瓶上的电缆卸下。

(5)注意在支腿未支起时严禁原地打转向试车,以保护轮胎和转向机构。

(6)车辆启动后车体附近严禁站人。

(7)调试车轮转向和使用回正时注意防止车轮夹人。

(8)禁止在低速挡时,大油门调车。

(9)蓄电池充电时或充电后,严禁接触明火和火星,以防爆炸(因为蓄电池在充电时会产生氢气)。蓄电池未经过静电屏蔽,严禁进行电焊、锡焊和任何别的机械工作。当拆卸电瓶或更换电解液时,注意避免电解液溅出造成伤害。从牵引车上卸下蓄电池后再充电。

(10)小心避开温度高的零部件(特别是排气系统、热交换器等),以防烫伤。

(11)加油时,严禁启动发动机(变矩器液力传动油除外)。

(12)维修时要保持工作现场整洁,严禁工具乱摆乱放。

(13)作压力检查和调整液压系统时,请注意防护眼睛和皮肤。

注意:液压系统的维修更换元件工作必须在发动机关闭,停车制动打开后执行。

注意:如果维修泵时需要拆卸,卸下任一软管后必须防护各吸油口,严禁用棉丝堵油口。

(14)定期检查所有液压软管是否出现泄漏或破裂的现象。

(15)定期检查所有阀和设备的泄漏情况。如发现泄漏仔细拧紧。如果问题仍然存在,卸下管接头,查出原因,更换损坏的设备或软管。

(16)需要拆卸驾驶室的控制阀时,驾驶室必须降到最低位置,或升到最高位置。在最高位置时,将插销插到前车架上,防止驾驶室下滑而发生意外。

(17)更换回油滤清器滤芯回油滤清器安装在油箱顶部,滤芯在油箱内部。拆下螺栓,提起滤清器就可更换滤芯了。

(18)在做换季保养时应检查更换液压滤芯。

(19)维修制动系统油路,先释放各个蓄压器的压力。释放蓄能器压力办法如下:

1)反复操纵脚制动阀(约十几次)直到制动压力表的指针指示为零。

2)反复操纵手刹手柄,释放手制动的蓄能器压力。

3)需要拆卸制动管路时,用扳手振松需要拆开的接头,观察有无压力油溢出,缓慢转动接头螺母约一圈,如有油花溢出,等油泄完再进行操作。

4)拆卸过程约需 2 min。

5)拆卸时注意防护,避免高压油造成伤害。

2.5 有杆式飞机牵引车故障诊断与排除

牵引车属于自制底盘,故障可根据不同分类标准划分。

一般常见故障按照操作者习惯划分为启动故障、转向故障、制动故障、换挡故障、驾驶室升降故障等。

按照系统分类一般为发动机故障、变速箱故障、驱动桥故障、液压系统故障、电气系统故障、空调系统、润滑系统等故障。

此外还可以归结为元件损坏、异响、漏油、漏水、漏电等多种形式。

2.5.1 故障排除一般步骤

排除故障人员必须熟悉牵引车的结构和工作原理,能够正确使用、操纵牵引车。排除故障人员有相应的维修经验。排除故障的一般步骤:

首先,在进行故障诊断前,应确认操作过程是正确的,误操作也可导致误动作。

其次,排除三漏、机械损坏、机械异响、无油水、保险丝熔断等直观故障。

如果故障为较复杂的系统故障,可根据经验和本教材提供的常见故障列表对故障进行正确分析判断,找出故障真正原因,加以解决。

如确认故障部位和损坏件,请按规范检修或更换故障件,恢复设备。

如果以上步骤未能排除故障则应对所怀疑部位进行拆检。

2.5.2 故障征候及排除表

有杆式飞机牵引车常见故障现象,可能的原因及排除的方法见表2-11。

表2-11 有杆式飞机牵引车常见故障症候及排除表

故障现象	可能的原因	排除方法
1.发动机部分		
(1)起动机不运转	停机按钮未松开	松开停机按钮
	不在空挡位	将挡位置于空挡位
	蓄电池无电	充电或更换蓄电池
	电源线断开	检查电源线
	控制回路断开	检查、修复控制回路
	起动马达机本身故障	修复或更换启动马达
	发动机故障	检修发动机
(2)启动马达可以转,但转速低,启动无力	蓄电池电量不足	充电或更换蓄电池
	电源线接触不良	清洁、紧固接触点
	起动马达内部接触不良	修复或更换启动马达

续表

故障现象	可能的原因	排除方法
（3）起动机可以正常运转，但柴油机不能启动	燃油箱无油	加油并排气
	燃油初滤器滤网堵塞	清洗滤网
	燃油管不密封	检修燃油管
	未使用冬季燃油	更换冬季燃油
	供油提前角不正确	按说明书调节提前角
	燃油中有水	排除油箱中水分
	进排气阀漏气或正时不对	按说明书调节
	汽缸内压缩不足	检修汽缸、活塞、气门等部位
	柴油机温度过低	使用预热启动功能或采用合适的润滑油和燃油、适当加热润滑油
	油门机构卡滞或损坏	检修油门机构和油门软轴
（4）牵引飞机时柴油机动力不足	进气不足	清洗空气滤清器和进气通道
	排气不畅	清洗排气通道和消声器
	正时不对	按发动机说明书调整或请专业人员检修
	燃油管路和燃油滤清器内部分堵塞，供油不足	清洗或更换燃油管路和燃油滤清器等
	燃油系统中有空气	用手油泵手动排气
	燃油中有水分	放净积水，更换燃油
	内部燃油泄漏	检修喷油泵
	油门机构调整不当	调整油门机构
	喷油泵或喷油器有故障	检修或更换
	汽缸内压缩不足	检查汽缸、活塞、气门等部位，修复
	柴油机温度过高	检查冷却系统
	液力变矩器油液不足	添加 8 号液力传动油
	补油泵故障	检修、更换补油泵
	变速油滤堵塞	更换变速油滤
（5）发动机工作不稳	进油管路漏气	检修进油管路
	柴油机温度太低	怠速运转暖车
（6）充电发电机无输出电压	皮带太松或断裂，发电机不转	检查、调整或更换皮带
	发电机损坏	更换发电机或专业修复
	碳刷磨损或输出断路	检查、更换

续表

故障现象	可能的原因	排除方法
(7)蓄电池不充电或充电电流小	充电电路断路或接触不良	找出断点或不良点,修复
	蓄电池损坏	更换蓄电池
	发电机损坏	更换发电机或专业修复
(8)机油稀释油面升高	活塞环黏住或磨损过大	更换活塞环
	机油型号不合适	采用合适的机油
	柴油机经常过热	检查冷却系统
	燃油进入机油	检修或更换喷油器
	汽缸套下方封水圈损坏	更换封水圈
	汽缸盖裂缝,排气中水分增多并凝聚起来	更换汽缸盖
(9)机油消耗快	外部或内部漏机油	检修
	活塞或缸套磨损	更换
	机油油面太高	放出多余机油
	机油型号不符或变质	更换机油
(10)机油压力低	油底壳内机油太少	补加机油
	机油管路泄漏	检查润滑系统
	轴承间隙过大	检查主轴承、连杆轴承的间隙
	机油泵磨损,间隙过大或泵体漏气	调整间隙或更换机油泵
	机油散热器或机油滤清器阻塞	清洗或更换
	机油压力调节器弹簧损坏	更换弹簧
	机油压力表指示不准	更换压力表或压力传感器
	机油泵吸油网阻塞	清洗
	机油型号不符	更换机油
	柴油机过热	检查冷却系统
(11)发动机排蓝烟	发动机工作气温太低	寒冷地区注意暖车
	气门间隙不对	调整气门间隙
	缸套活塞磨损,串机油	磨合期外,检修更换损坏件;磨合期内,注意观察
(12)发动机排白烟	燃油积水过多	从油箱底部排水

续表

故障现象	可能的原因	排除方法
（13）发动机排黑烟	牵引车超载	按规定使用牵引车
	空滤器堵塞	保养、更换滤清器
	供油时间太迟	调整供油时间
	机油油面太高	将机油油面降到油标尺上的刻度
	由于气环结焦或断裂、气门间隙不对引起密封不良	检查气环和活塞,调整气门间隙
（14）柴油机过热	冷却液不足或堵	检查、补加冷却液,清理冷却系统
	机油不足	检查、补加
	柴油机长时间超负荷工作	停止超负荷工作
	机油散热器被堵塞	清洗
（15）柴油机有敲击声	喷油时间过早,喷油不良	按发动机说明书检查、调整喷油时间
	气门和摇臂间隙过大	按发动机说明书检查、调整
	活塞和汽缸间隙过大	按发动机说明书检查、调整
	活塞销与连杆小头轴承间隙过大	修理或更换
	连杆轴承间隙过大	更换轴承
	主轴承间隙过大	更换主轴承
	气门与活塞顶碰击声	检查配气定时
（16）发动机无法停机	停机电磁铁故障	更换停机电磁铁
	停机电路断路或接触不良	检查修复电路
	电源被关闭	打开电源按钮后操作停机按钮。更换停机按钮
	停机按钮损坏	可用紧急停机按钮或切断发动机进油、进气等

2.变速箱部分

（1）液力传动油温度过高	油位低	加油至正常油位
	油泵吸油管路进气	检查油路接头,并确保紧固
	散热片损坏或被杂质阻塞	检查油箱散热片。如有必要,进行清洁或修理
	连接软管破裂或接头松动	检查软管。如有必要,进行更换
	油液面过高	放出液力传动油

续表

故障现象	可能的原因	排除方法
(1)液力传动油温度过高	风扇不起作用	检查风扇或马达,如有必要,进行修理或更换
	风扇进排风不畅	清理风扇进排风口的阻塞物
	温度表故障	测试温度表。如有必要,进行修理或更换
	发动机冷却液温度过高	参看《发动机冷却液温度过高解决办法》
	车辆负荷过重	减少长时间高负荷使用
	油泵故障	检查冷却油泵,维修或更换油泵
	冷却系统有气体	检查油泵的进油软管是否漏气
	油箱或变速箱的冷却液通道 堵塞	冲洗冷却系统,注入新的冷却液
	油滤堵塞	检查油滤,更换滤芯
(2)液力传动油温度过低	发动机冷却液温度过低	参看《发动机冷却液温度过低解决办法》
	温度传感器故障	检查/清洁传感器或冷却液通道。必要时测试/更换传感器
	温度表故障	测试温度表。如有必要,进行修理或更换
(3)液力传动油压力过高	润滑油油面不正确	添加或泻放变速箱润滑油
	润滑油压力表故障	修理或更换压力表
	润滑油规格不正确	检查润滑油规格
	系统泄漏	检查变速箱管路是否松动或破裂。如有必要,进行修理或更换
	润滑油滤清器阻塞	更换润滑油滤清器
	润滑油太脏	更换润滑油
(4)液力传动油压力过低	润滑油压力表故障	修理或更换压力表
	变速箱运行温度过低	参看《变速箱冷却液温度过低的解决办法》
	润滑油规格不正确	更换润滑油

续表

故障现象	可能的原因	排除方法
(5)液力传动油损耗	变速箱外部泄漏	目测检查有否润滑油泄漏
	变速箱注入的液力油过多	放油至油标尺标定的油位
	润滑油规格不正确	更换润滑油
	冷却器泄漏	检查冷却器油管是否破裂,接头、紧固螺栓是否松动。如有必要,进行修理或更换
(6)液力传动油有杂质	润滑油中有发动机冷却液	发动机冷却水箱和变速箱冷却器串通
	润滑油沉积物过多	审核液力油和滤清器的更换周期
	润滑油规格不正确	确定使用的是正确规格的液力油
	润滑油变质(太脏、杂质太多)	审核液力油和滤清器的更换周期。更换润滑油
	润滑油规格不正确	确定使用的是正确规格的液力油
	变速箱内进气	检查油泵进叉管是否漏气。必要时进行修理和更换
	变速箱零部件损坏	齿轮箱的轴、轴套、花键、齿轮等磨损或损坏。必要时进行维修或更换

3.转向系统

故障现象	可能的原因	排除方法
(1)方向盘转动吃力	电磁阀接线松动或脱开	紧固导线接头
	液压管路漏油	检查软管有无损坏、硬管有无破裂、接头有无松动。必要时,修理或更换
	液压管路中有气	排气。必要时更换液压油
	液压油规格不正确	检查液压油规格和牌号
	液压油变质	审核液压油的更换周期。更换液压油
	滤油器阻塞	更换滤油器。必要时更换液压油
	油泵故障	修理或更换油泵
(2)转向有空行程	方向盘间隙过大 管路中存在气体	调整方向盘间隙 排出管路中的空气

续表

故障现象	可能的原因	排除方法
(3)方向盘空转	液压缸内泄	更换液压缸密封圈
	管路泄漏	检查和紧固管路接头,或更换
	转向节和转向横拉杆松弛或损伤	检查紧固螺栓是否松动,连接销轴是否磨损或损坏。拧紧松动的螺栓,必要时,更换销轴
	方向盘失效	检查方向盘紧固螺栓是否松动或断裂,转向栓或转向器是否损坏。拧紧松动的螺栓,必要时,对损坏件进行修理或更换
	转向阀组故障	修理或更换转向阀组
	转向器故障	修理或更换稳流阀

4.制动系统

故障现象	可能的原因	排除方法
(1)行车制动故障,(无制动,制动偏软)	系统漏油	检查系统管路和接头是否松动或破裂漏气。拧紧松动的接头,更换破裂的管路
	制动回路内进气	松开管路放气,紧固牢固
	制动踏板间隙过大	调整踏板下的调整螺栓,消除空行程
	蓄能器气体不足	补充气体至标准压力值,若多次出现气体不足现象则应检查修理或更换蓄能器
	系统管路阻塞	进行必要的清洗或更换
	刹车盘与密封片之间的间隙过大	进行调整
	刹车盘与密封片损坏	进行更换
	油泵故障	修理或更换制动油泵
(2)停车制动故障	推拉软轴松动	紧固软轴的各连接点
	蓄能器气体不足	补充气体至标准压力值
	制动器机构松弛	检查紧固螺栓是否松动。拧紧松动的螺栓
	制动缸故障	维修或更换制动缸
	手制动阀故障	维修或更换手制动阀
	停车制动器故障	维修或更换停车制动器

续表

故障现象	可能的原因	排除方法
5.空调系统		
(1)无冷气	驱动皮带松动或脱落	张紧或更换皮带
	断路器保护,电器接线脱开	检查线路,断路器复位
	压缩机故障	修理或更换压缩机
	管路破裂	更换相关管路
(2)冷气不足	驱动皮带松动或过度磨损	张紧或更换皮带
	蒸发器风机故障	修理或更换风机
	压缩机离合器故障	修理或更换离合器
	制冷剂不足	加注制冷剂
	压缩机故障	修理或更换压缩机
(3)无暖风 (4)暖风不热	热水阀门未开启,水路故障	打开热水阀门,更换热水管路。
	热水阀门故障,水路不畅	修理或更换热水阀门,清洗或更换管路
	水路泄漏	紧固管路接头或更换管路
(5)除霜风量小	除霜管路不畅	清除管路周围件,修理或更换除霜管路
	除霜风口有障碍	排除障碍
6.润滑系统		
(1)泵电机不工作	电线线路断开	检查并紧固相应电线接头
	电路接线错误	检查更正
	电源电压不正确	检查电源电压
	断路器保护,电器接线脱开	检查线路,断路器复位
	泵故障	拆掉泵,手动操作如有阻力,更换泵;用手转动电机,如有高阻力,更换电机。所有更换零件只可采用原公司产品(注意:本项工作应切断电源)
(2)电机在低速时转动困难	润滑脂不正确	更换整个系统的润滑脂,首先排空旧油脂,并用正确的方法清除干净,然后添加新的正确的润滑脂
	压力太高	全面检查各个油脂分配器及管线是否堵塞,确保各润滑点之间畅通
	泵或电机卡住	清理泵或对设备进行检修

续表

故障现象	可能的原因	排除方法
（3）主管线建立不起压力	主管线存有空气	排空空气
	管线破裂	更换管线
	润滑脂不正确	更换整个系统的润滑脂，首先排空旧油脂，并用正确的方法清除干净，然后添加新的正确的润滑脂
	润滑脂量不足	加注油脂至最大位置
	电机不转或反应不灵敏	见前面电机转动困难故障排除措施
	泵或电机故障	检修或更换泵、电机
7.车辆综合性能故障		
（1）车辆震动	轮胎气压过高	放气至标准胎压
	座椅减震失效（主驾驶座椅）	更换座椅
	驾驶室跳动较大	弹簧钢板失去弹性，更换
	发动机震动较大	发动机减震器老化或损坏，更换
	弹性悬挂失去减震作用	弹簧钢板失去弹性，更换
（2）轮胎磨损迅速	充气过多，充气不足	放气或充气至标准胎压
	不良驾驶	避免高速行驶，超载作业，紧急制动，高速转弯等情况
	车桥横拉杆螺母松动	调整横拉杆并紧固螺母
（3）仪表板指示灯不显示或显示不正常	导线接头松动	检查导线是否损伤，短、断路，紧固或锡焊导线接头触点
	指示灯损坏	更换指示灯
	传感器损坏	更换传感器
（4）仪表板仪表不显示或显示不正常	导线接头松动	检查导线是否损伤，短、断路，紧固或锡焊导线接头触点
	仪表损坏	更换仪表
	传感器损坏	更换传感器
（5）仪表板操纵开关失效	保险保护	按保险复位开关使之复位
	导线接头松动	紧固或重新连接各导线接头
	开关故障	维修或更换开关
	执行组件故障	维修或更换相关执行组件

续表

故障现象	可能的原因	排除方法
(6)喇叭不响	簧片连接的触头与方向柱导电环接触不良或线接头松动	重新调整触头,使之可靠连接
	喇叭损坏	更换喇叭
(7)各功能灯不亮或显示不正常	导线接头松动	检查导线是否损伤,短、断路,紧固或锡焊导线接头触点
	保险保护	按保险复位开关使之复位
	指示灯损坏	更换指示灯
(8)液压系统没有压力	溢流阀处于全开卸荷状态	调整溢流阀,重新整定压力
	阀芯卡阻	拆洗阀芯
	油泵故障	维修或更换油泵
	油箱没油或少油致使油泵无法吸油	补油
(9)挡风雨刷不工作或工作不正常	雨刷电机接线不通,导线接头松	检修电机线路、接头
	连杆组件卡死	重新调整连杆组件,使之运动自如。或更换连杆组件
	电机损坏	维修或更换电机
(10)液压系统失效	液压油箱油量不足	添加液压油
	管路泄漏	重新连接管路

2.5.3　液压系统一般故障分析

液压系统一般由动力部分、执行部分、控制部分和辅助部分等组成。飞机牵引车中液压系统占有极其重要的地位,对液压系统故障的分析诊断与排除是牵引车维修的重要的内容。

在牵引车的液压系统故障里漏油是比较直观和易于解决的故障,一般通过紧固管路或更换相应损坏的密封件即可解决故障。

相对来讲较为复杂的压力、流量不正常等故障则由于引发故障原因多种多样,比较难于判断。

下面通过提供的两张图来分析诊断此类故障。液压系统压力不正常分析流程如图 2－71所示。

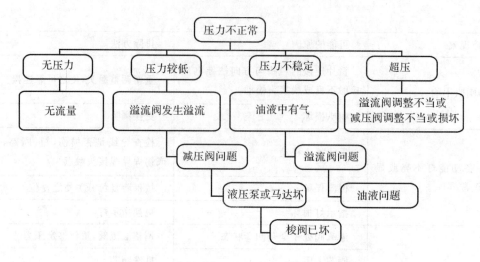

图 2 - 71　液压系统压力不正常分析诊断流程图

液压系统流量不正常分析流程如图 2 - 72 所示。

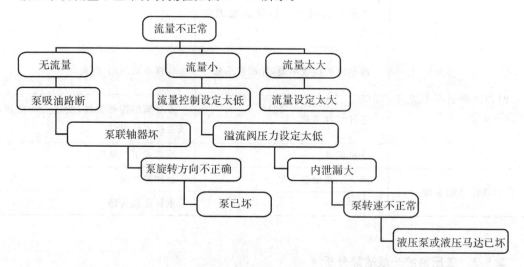

图 2 - 72　液压系统流量不正常分析诊断流程图

复习思考题

1. 简述飞机牵引车的作用、分类及特点。
2. 飞机牵引车的牵引力是如何产生的？
3. 简述飞机牵引车的组成及各部分的功用。
4. 简述有杆式飞机牵引车液压系统的组成及各自的作用。
5. 简述有杆式飞机牵引车日常维护位置及维护内容。

第3章 无杆式飞机牵引车

3.1 概　　述

3.1.1 无杆式飞机牵引车的发展

无杆式牵引技术源于军事航空,起初用于调度舰载机,增强飞机的快速反应能力。美、英等的航母和大型两栖攻击舰上普遍都使用无杆式牵引车。

自从 20 世纪 80 年代初德国汉莎航空公司与德国制造商 Krauss Maffei 共同研制的第一台无杆飞机牵引车问世以来,迄今已有十余家飞机牵引车生产厂相继开发和研制了各自的产品,其中应用较多的有德国 Goldhofer、德国 GHH、美国 FMC、法国 TLD 和英国 Douglas 等公司的产品。

国外 20 世纪 80 年代后出现的大型全功能无杆式牵引车已可以以 30 km/h 的高速安全牵引 400 t 的巨型客机,在作业效率、安全性等方面取得了良好的成绩,经济效益明显,在民用航空领域已普遍使用。

1. 新型无杆式飞机牵引车及生产厂家的竞争

飞机牵引车是一种服务性产品,它的存在和发展与飞机产品的发展紧密相关。每出现一种新的飞机机型,就为牵引车产品的发展创造一次契机。2005 年空中客车公司 A380 的面世,又为飞机牵引车生产厂家提供了新的发展机遇,因此,全球有实力的生产企业都在积极迎接新的挑战。

TLD 公司捷足先登,2004 年就将为 A380 研制生产的 2 辆 TPX－500S 无杆式飞机牵引车运抵空客在法国图卢兹(Toulouse)的装配厂,在 2005 年 1 月 18 日举行的有法、英、德、西班牙等国的首脑出席的 A380 揭幕典礼上初显身手,如图 3－1 所示。

图 3－1　TPX－500S 无杆式飞机牵引车

TPX-500S 无杆式飞机牵引车特别为空客 A380 而设计,也能对各类飞机进行离港顶推操作和短距离维护牵引,包括空客 A310,A300,A330,A340,A340-200 到 A340-600,A380,麦道 DC10/MD11 和波音 B767,B747,B747-8,B787,B777-200/300/ER/LR 飞机以及最新的空客 A350。其独特的抱轮装置设计以及中央铰接式连接,有效地避免发生牵引车侧滑及甩尾事故。驾驶员位置与飞机鼻轮(NLG)成完美直线,并靠近抱轮装置,确保操作的安全性。无障碍的、完全自动化的装卸程序使操作非常简单和安全。优质的零部件保证了 TPX 系列产品的可靠性。TPX 系列在设计上采用最有效率的两轮驱动、两轮转向(2WD,2WS),简化牵引车的操作和维护保养,在同级牵引车中提供最佳的总拥有成本。

AST-1X 1360(6×6)是目前 Goldhofer 旗下飞机牵引车序列的新旗舰产品,是目前世界上体量最大的飞机专用无杆式牵引车,车长超过 11 m,车宽 4.5 m,自重近 50 t,输出功率 1 360 p[①],能够承拖 600 t 的巨型飞机,可以说是专为超级重机 A380 打造,如图 3-2 所示。

图 3-2　AST-1X 1360 无杆式飞机牵引车

Douglas 公司为了抢占市场,2005 年开始将 TBL-600 型无杆式牵引车首先用于商业航线。TBL-600 是其 TBL-400 的加大型,为了适应 A380 的使用需要,在结构尺寸上 TBL-600 比 TBL-400 加宽 400 mm,加长 600 mm,如图 3-3 所示。

图 3-3　TBL-600 无杆式飞机牵引车

---

① 　1 p＝0.735 kW。

GHH 公司也在自己原有的 AM500 型无杆式飞机牵引车的基础上研制出 XL 版的 AM500，即 AM500 - XL 来满足从事牵引 A380 作业的需要。

在欧洲这些公司加紧备战 A380 的同时，美国的 FMC 公司也准备好了自己的撒手锏——Expediter 600 型无杆式飞机牵引车，如图 3 - 4 所示。

图 3 - 4　Expediter 600 无杆式飞机牵引车

2.中小型无杆式飞机牵引车的发展

大型无杆式飞机牵引车围绕 A380 飞机在提高技术、增加品种的同时，中小型无杆式飞机牵引车也在发展，其主要表现在电动牵引车工作动力的增加、联机装置性能的提高及牵引车结构的小型化。

以电作为动力的中小型无杆式牵引车出现新的变化，具体表现在电动牵引车向大功率方向发展。这不仅体现在一直以电动无杆式飞机牵引车为主导产品的 Lektro 公司的牵引车上，也表现在那些主营常规动力牵引车的公司的产品上。早期的步行式飞机牵引车驱动电机的功率仅为 7.5 kW，而目前的新型电动无杆式牵引车驱动电机的功率已达 20 kW，图 3 - 5 所示为 Lektro 电动牵引车。

图 3 - 5　Lektro 电动无杆式飞机牵引车

中小型无杆式牵引车在结构上也有了一定的进展，主要表现在夹持装置上。重点解决对接方便,增加夹持装置对飞机起落架的友善程度,提高对多种机型的适应性和牵引飞机的安全性问题。如 TBL-25 型无杆式飞机牵引车,其夹持装置在保证实现以往 TBL 系列牵引车夹持装置的功能外,还能水平旋转一定的角度,以确保前起落架的安全性及对接的方便性。

无杆式飞机牵引车要尽量降低车身高度,最新款式的小型无杆式牵引车 MAMS(Multi Aircraft Matrix System)充分体现了这一思想,如图 3-6 所示。改变了常规牵引器、牵引车的操作方式,取消了牵引车的操作台或牵引器的操纵杆,利用线控或遥控方式实现各种作业,使得整车结构紧凑、车身低矮,整车高度不超过 400 mm,极大地提高了适用性,可用于多种小型飞机和直升机,如图 3-7 所示。

图 3-6 2005 年欧洲国际机场设备展览会上展出的新款小型无杆式牵引车

图 3-7 遥控无杆式牵引车

3.无杆式飞机牵引车在我国的使用与生产

随着我国航空业的发展,机场地面设备的市场越来越大,国际上几个较大的飞机牵引车企业都在竞争中国的市场;而由于飞机牵引车在我国研制生产的历史较短,生产能力比较薄弱,国产产品的品种、作业能力还很难完全满足需求,民用机场使用的牵引车还不得不主要依靠进口。近些年,无杆式飞机牵引车使用量逐渐增加,国外生产厂家的产品在我国的一些机场大量使用,如英国 Douglas 公司的 TBL-180、德国 Goldhofer 公司的 AST-3、美国 JBT 公司的 Expditer 300 等在我国北京首都国际机场、广州白云国际机场等空港都有使用。

我国目前只有北京金轮坤天特种机械有限公司、山东威海广泰空港设备股份有限公司等少数几家企业生产飞机牵引车。产品主要用于中小型飞机,国产传统型牵引车牵引力在 200 kN 以上的车型很少,无杆式飞机牵引车产品都集中在牵引力在 80 kN 以下的档次。

国产无杆式飞机牵引车虽然起步较晚,但近几年发展迅速,目前国产无杆式飞机牵引车从小到大已逐渐形成系列,产品可以覆盖现役的大部分飞机机型。如北京金轮坤天已开发系列军用和民用无杆式飞机牵引车,可牵引 20~120 t 的各型飞机,如图 3-8 所示。威海广泰引进德国 GHH 技术,研制了 AM110,AM210,AM350 和 AM500 等系列无杆式飞机牵引车,并已开始在国内各机场使用,如图 3 - 9 所示。

图 3 - 8　北京金轮无杆式飞机牵引车

图 3 - 9　AM350 无杆式飞机牵引车

其他动力形式的无杆式飞机牵引车也在研制之中,近期已出现了电动无杆式牵引车产品。虽然国产无杆式飞机牵引车的覆盖范围、作业能力等方面与国外产品还有一定的差距,但在结构性能上的差距在逐渐减小,国产产品的某些结构、性能已达到甚至超过国外同类产品的水平。

3.1.2　无杆式飞机牵引车的特点

无杆式牵引车是相对传统牵引车而言的,其区别就在于二者与飞机之间的相互关系——交互界面的不同。由于交互界面的变化,使得牵引车对飞机的作用方式发生改变。

无杆式牵引车取消了与飞机相连接的中间环节——牵引杆,利用本身具有的特殊装置——联机装置,直接与飞机起落架上的机轮相作用,导致牵引车的特性发生了变化,具有车辆与飞机附件的双重属性。无杆式牵引车不与飞机连接时,作为一独立的车辆,具有牵引车辆的一切特征;与飞机连接后,则变为飞机的一个附属部分,应具有飞机附件的特性。

无杆式飞机牵引车用抱夹飞机前轮,然后使用举升装置来举起飞机的前起落架,使飞机前轮离开地面。牵引飞机时牵引车承担了飞机的部分重力,此时牵引车对地面的压力为飞机部分重力与车辆自重之和。这样,在保证足够牵引力的前提下,可以大大降低牵引车自身的重力。由于飞机和牵引车构成一个整体,操纵性能更加可靠,牵引速度可大大提高,某些无杆式飞机牵引车最高牵引速度已超过 30 km/h。而且单独由牵引车的驾驶员来完成对接、牵引、脱离飞机的全部操作过程,操作简单,作业效率高且安全可靠。

综上所述,无杆牵引方式的主要优点有:

(1)牵重比(牵引质量比)可高达 20,而常规飞机牵引车仅为 5～10。

(2)牵引车自重小,能耗和耗材少,空载行驶能耗和排放低。

(3)飞机—牵引车—机组长度显著缩短,调度飞机更灵活准确,可达到更高的速度。

(4)仅 1 名驾驶员即可完成全部操作,免除了牵引杆的摘挂操作,以及运输和存放各型飞机的专用牵引杆的时间,操作简单可靠,保养、维修更加经济。

3.1.3　无杆式飞机牵引车的类型

联机装置是无杆式飞机牵引车的核心部分,根据其结构不同可将无杆式飞机牵引车分为驱动型和驮负型。

1.驱动型联机装置

该装置采用由液压马达驱动的主动辊轮组夹持飞机的主轮,通过作用于飞机主轮的辊轮与飞机轮胎之间的摩擦力使飞机主轮成为"驱动轮",从而直接使飞机前后移动,移动过程中飞机的轮子始终不离开地面。目前这种飞机牵引车牵引飞机最大质量为 100 t,移动飞机最大速度 5 km/h。

2.驮负型联机装置

该装置是将飞机的前起落架(非主起落架)背负起来,使其离开地面。此时飞机只有主机轮与地面接触,飞机的一部分质量转移到牵引车上。根据其对起落架作用的方式不同,该装置可分为 2 种形式——系缚型和夹持型。

1)系缚型联机装置。其是用一根软带系住飞机的前起落架,将其拉到牵引车尾部的托盘上系住并托起。一般用于中小型飞机,在北美的机场上应用得较多。现在这类牵引车可牵引最大飞机质量达 136 t,满载车速可达 6.4 km/h。

2)夹持型联机装置。目前使用最广,通常称为夹持提升装置或夹持举升装置。从该装置的名字就可看出其功用,既有夹持作用,又有举升作用。夹持的对象是飞机前起落架上的机轮,既可以前后夹紧,又可以左右夹紧。

左右夹持通常称为横向夹持,一般用于中小型牵引车上,又有插销式与夹钳式 2 种。横向插销式是用销子插入飞机前轮两端的轴心上,夹紧并将前轮抬起来。横向夹钳式是用 2 个盘状的东西一左一右,像钳子夹紧物体一样将飞机的前轮夹紧并抱起来。

前后夹紧一般称为纵向夹持式,夹持机构作用在飞机机轮的轮胎上,大型飞机牵引车一般多采用这种结构方式。根据夹紧装置的夹紧机构的主要运动方式,纵向夹持机构又可分为轨道式和回转式。

①轨道式夹紧机构,其结构对称,通过沿轨道规定的轨迹运动完成夹紧动作,采用这类结构的牵引车较多。

②回转式夹紧机构,主要通过沿铰链点的回转实现夹紧,又有对称与非对称之分,如 TBL 系列无杆飞机牵引车采用的夹紧装置可视为非对称回转式夹紧装置,其夹紧臂绕一侧的立轴旋转,在另一侧锁紧。对称结构是指夹紧装置的结构、运动均以牵引车的纵向中轴垂直剖面对

称,根据牵引车车体承载的方式可将该类对称回转结构分为单点承载及多点承载式结构。如 TPX-350 型无杆飞机牵引车采用的夹紧装置可视为单点承载对称回转式夹紧装置,夹紧装置承受的全部载荷由夹持装置的一端传递给牵引车机体;而 PTS 机型采用的装置可视为多点承载式结构,夹持载荷对称分布到车体前后左右的几个点上。

综上所述,无杆式飞机牵引车的类型如图 3-10 所示。

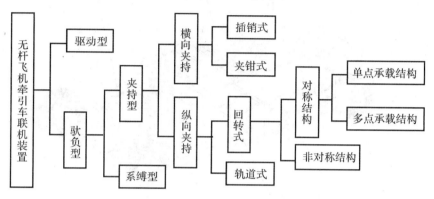

图 3-10　无杆式飞机牵引车的分类

3.2　无杆式飞机牵引车的构造与工作原理

无杆式飞机牵引车主要由车身、驾驶室、行走驱动系统、转向系统、制动系统和联机装置等组成。

3.2.1　车身

无杆式牵引车因其特殊的联机装置,需要专门制作其车身底盘,一般采用加强的钢板焊接成全承载式车身,如图 3-11 所示为无杆式牵引车的车架示意图。

图 3-11　无杆式飞机牵引车车架

无杆式牵引车的自重相对有杆式牵引车要小得多,用以安装固定发动机等零部件。车桥与车身的连接有的是刚性的,部分后桥为刚性,前桥采用弹性悬架。TLD 公司的 TPX - 200MT 型无杆式牵引车的车身构造及主要零部件如图 3 - 12 所示。

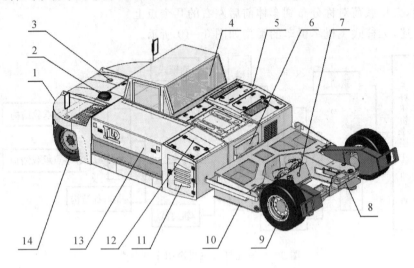

图 3 - 12　TPX - 200MT 无杆式飞机牵引车

1-前车架;2-空气滤清器;3-油箱;4-驾驶室;5-液压油箱;6-导向冠;7-后挡板;8-抱夹臂;
9-驱动轮(液压马达);10-后车架;11-电控箱;12-液压舱;13-发动机;14-转向轮(前轴)

3.2.2　驾驶室

无杆式飞机牵引车驾驶室与有杆式飞机牵引车驾驶室最大的区别是驾驶员座椅在车辆纵向的中心线上,且可以旋转改变朝向。因此,无杆式飞机牵引车有两套独立的行驶和牵引操作系统,前后各一套,极大地方便了驾驶员牵引飞机作业要求,如图 3 - 13 所示。

图 3 - 13　无杆式飞机牵引车驾驶室

3.2.3 行走驱动系统

1.无杆式飞机牵引车的驱动方式

无杆式飞机牵引车常采用两种驱动方式:液力传动和液压传动。

液力传动的主要组成部件为发动机、液力变速箱、传动轴和驱动桥等。这种驱动形式通过发动机驱动液力变速箱并通过传动轴带动驱动桥的主减速器,再经半轴和轮边减速器驱动车轮行驶。现代的自动挡汽车和有杆式飞机牵引车的驱动即为液力传动。典型液力传动示意图如图3-14所示。

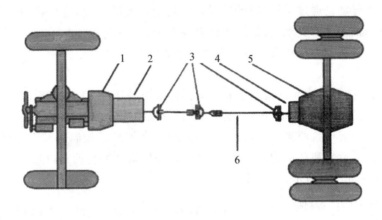

图3-14 典型液力传动示意图

1-液力变矩器;2-自动变速器;3-万向节;4-驱动桥;5-主减速器;6-传动轴

液压传动(或静压传动)的主要组成部件为发动机、液压泵、液压控制阀和液压马达等。传动时,发动机驱动液压泵,液压泵使液压油增压后通过液压管路驱动牵引车车轮上的液压马达,使车轮转动产生驱动力而行驶,形成闭式液压系统。所谓闭式液压系统即是指工作介质(液压油或其他)从执行机构(液压马达)直接回到液压泵,如图3-15所示。

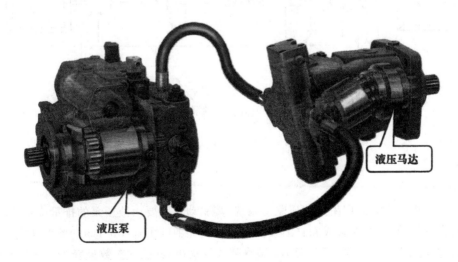

图3-15 闭式液压系统

105

液压传动较之液力传动具有以下优点

(1)牵引力—速度调节特性优良，车辆在低速运行情况下，也能产生较大的输出扭矩，不会在飞机静态、动态转换临界点产生较大的运动冲击，特别适合在牵引飞机车辆启动行走时所需的低速大扭矩工况。

(2)具有更宽的无级变速范围、更好的动力制动系统、更优越的过载保护和变矩器所没有的连续变换输出的能力，牵引过程中也不会造成功率中断现象，因此操作更加安全可靠。

(3)具有液力传动车辆所无法比拟的微动特性(稳定车速可达 0.5 km/h 以下)，对接飞机更为方便。对飞机前起落架冲击更小。

(4)由于液压传动是通过柔性管道连接的，故其布局灵活方便，特别适用于飞机牵引车所要求的车身低矮、轴距短的要求，在机场运行更为安全。

基于上述优点，新型无杆式飞机牵引车大都采用液压传动方式。

2.驱动原理

闭式液压系统除了动力元件液压泵和执行元件液压马达外，还需要安全保护元件安全阀；考虑到液压泵和液压马达的漏损(散热、润滑)和执行机构连续平稳运转，需要增加泄油管路和进行补油；为了实现液压泵的排量和输出方向的变化，增加变量控制阀及变量活塞；闭式系统易发热，故对于大排量泵和马达构成的闭式系统，还需要增加冲洗油路以加速热交换。完整的液压驱动原理如图 3－16 所示。

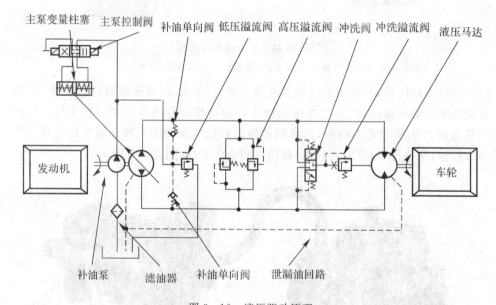

图 3－16　液压驱动原理

3.主要部件

(1)发动机。

无杆式飞机牵引车采用闭式液压驱动系统，其驱动力主要由液压泵的排量决定，故可以选择功率较小的发动机，如四缸或六缸的柴油发动机。如 JBT Expediter 300 型无杆式飞机牵引车所装的为道依茨(DEUTZ)BF6M1013 型直喷式发动机，其技术参数见表 3－1。

表 3 - 1　道依茨（DEUTZ ）BF6M1013 发动机技术参数

工作循环	四冲程	压缩比	17.6:1
排量	7 146 cm³	工作顺序	1 - 5 - 3 - 6 - 2 - 4
缸径×行程	108 mm×130 mm	汽缸压力	30～38 bar
额定转速	2 300 r/min	高速时机油压力	6～10 bar
急速	600 r/min	急速机油压力	0.8 bar

（2）液压泵

无杆式飞机牵引车常采用变排量柱塞液压泵，如力士乐（REXROTH）A4VG 系列液压泵，其外形如图 3－17 所示，内部构造如图 3－18 所示。

图 3－17　力士乐（REXROTH）A4VG 液压泵外形

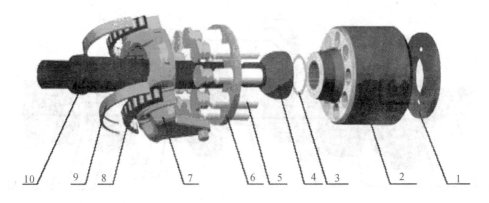

图 3－18　力士乐（REXROTH）A4VG 液压泵内部构造

如图 3 - 18 所示,REXROTH A4VG 系列液压泵:A4VG28/40/45/56/71/90/125/180/250、A4VTG71/90,各零件名称及数量见表 3 - 2。

表 3 - 2　REXROTH A4VG28/40/45/56/71/90/125/180/250、A4VTG71/90 液压泵零件名称表

序　号	部件名称	数量/台	序　号	部件名称	数量/台
1	配油盘 L	1	6	回程盘	1
	配油盘 R	1	7	摇摆	1
2	缸体	1	8	月牙轴承	2
3	垫圈	1	9	月牙轴承座	2
4	球铰	1	10	传动轴	1
5	柱塞滑靴	9			

(3)液压马达。

无杆式飞机牵引车常采用 POCLAIN MS50 内曲线液压马达,其外形如图 3 - 19 所示。内部构造如图 3 - 20 所示,各零件名称及数量见表 3 - 3。

图 3 - 19　POCLAIN MS50 内曲线液压马达外形

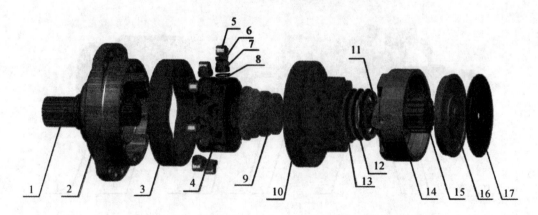

图 3 - 20　POCLAIN MS50 内曲线液压马达内部构造

表 3 - 3　MS50 系列液压马达零件名称表

序　号	部件名称	数量/台	序　号	部件名称	数量/台
1	传动轴	1	10	后盖	1
2	前盖	1	11	调节垫片	1
3	定子	1	12	动摩擦片	21
4	转子	1	13	静摩擦片	22
5	滚子	16	14	制动缸	1
6	无油轴承	16	15	制动轴	1
7	柱塞	16	16	制动活塞	1
8	活塞环	16	17	制动缸盖	1
9	配流轴	1			

3.2.4　制动系统

无杆式飞机牵引车使用液压制动,某型无杆式飞机牵引车液压系统原理如图 3 - 21 所示,由 1 个变量柱塞泵、2 个内曲线马达及冲洗阀等构成闭式回路系统,柴油发动机与变量柱塞泵组成动力装置,采用自动控制方式,利用发动机转速变化自动控制变量柱塞泵的排量,以实现车辆的牵引力特性和调速特性。通过控制变量柱塞泵上电磁阀的通断来决定变量柱塞泵斜盘的偏转方向,达到改变油流的方向,从而实现车辆的前进、倒退。为了扩大速度调节范围,同时兼顾满载和空载牵引力的不同,系统在泵变量调节基础上,选用了双排量液压马达,以便在更大的范围内进行载荷与速度的调节。

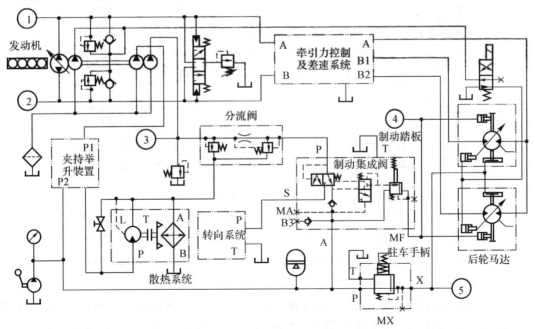

图 3 - 21　某型无杆式飞机牵引车液压系统原理图

牵引车设置了鼓式制动器和多片式制动器分别作为行车制动和驻车制动，由单独齿轮泵供油，通过充液阀、制动阀最终作用于装在后轮液压马达上的鼓式制动器和多片式制动器。多片式制动器具有加压时放松、失压时制动的特性，在故障造成液压驱动系统失压后可实现自动驻车保护。系统设计有手动液压泵，在液压系统失效时提供解脱驻车制动的液压动力。多片式制动器在紧急情况下还可以作为应急制动系统使用。

3.2.5 转向系统

无杆式飞机牵引车的行走系统设计为四轮驱动、四轮转向，对于不同的工作条件可以实现4种不同的使用功能：四轮驱动和后轮驱动、前轮转向、四轮转向和蟹行，并且还能使后轮自动回正。车轮转向一般采用机电和液压混合方式实现。某型飞机牵引车车轮转向的液压回路和控制液压回路的继电器布置分别如图3-22和图3-23所示。车轮的转向由与车轮连接的液压油缸的动作使车轮偏转而实现。

1. 二轮转向

二轮转向时，图3-22中的四轮转向控制阀处于中位。若向右转动方向盘，图3-22中的转向联动阀a口与b口连通，c口与d口连通。右前轮偏转油缸的活塞杆伸出，使右前轮向右偏转。同时，左前轮偏转油缸的活塞杆收回，左前轮也向右偏转，使整车向右转向。压差限制阀的作用是：当转向轮偏转至极限位置时，使油缸高压腔与回油管路相连，释放油缸高压腔内的油压，此时油缸的活塞杆已无法移动，油缸高压腔内的油压会急剧上升，如果油压过高会损坏液压油缸和其他连接部件。

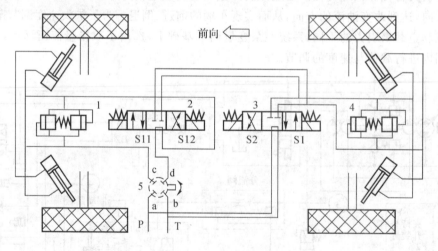

图3-22 转向系统

1,4-压差限压阀；2-四轮转向控制阀；3-后桥回正控制阀；5-转向联动阀；P-高压接口；T-回油接口

2. 四轮转向

四轮转向是指转动方向盘时，前轮向一侧偏转，后轮向相反的另一侧偏转，以获得比前轮转向时小得多的转弯半径，便于在狭小的空间内改变方向。

要使二轮转向改变为四轮转向，需将前轮处于回正位置。将图3-23中的四轮转向选择开关MS1按下，则图3-22中四轮转向控制阀的左电磁线圈S11通电，使控制阀工作在左位。此时，如果向右转动方向盘，压力油进入右前轮偏转油缸的无杆腔和左前轮偏转油缸的有杆腔推动前轮向右偏转。前轮偏转油缸的回油不像前轮转向时那样直接回油箱,而是通过四轮转向控制阀的左位作为后轮偏转油缸的压力油推动后轮向左偏转,使得前轮和后轮的偏转方向不同,获得较小的转弯半径。

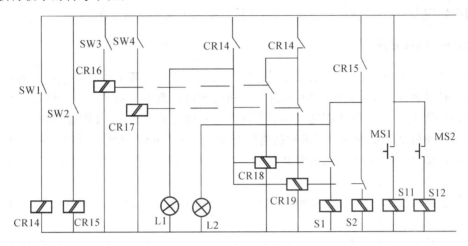

图 3 - 23　转向控制电路图

3. 蟹行

蟹行是指前轮和后轮向同一方向偏转,使整车侧向行走。采用蟹行可以平行移动车体的中心线,便于牵引车接近和对正飞机。

在前轮处于回正状态时,按下蟹行选择开关 MS2(MS1 和 MS2 实际上是同一旋转选择开关上的两个可选位置,因此 MS1 和 MS2 不可能同时接通,但可同时断开使四轮转向控制阀处于中位)使四轮转向控制阀的右电磁线圈 S2 通电,则控制阀工作在左位。此时,若向右转动方向盘,前轮仍向右偏转,前轮偏转油缸的回油经四轮转向控制阀的右位作为后轮偏转油缸的驱动压力油进入后轮偏转油缸。后轮偏转油缸的进出油正好与四轮转向时的进出油相反,推动后轮向右偏转,使前后四个车轮向同一方向偏转实现蟹行。

4. 后轮自动回正

拖车直行时,即前轮处于回正状态。要求后轮也必须处于回正状态。这样无论工作在哪一种转向方式下,都可以保证拖车具有直线行驶的能力。图 3 - 22 中的后桥回正控制阀及图 3 - 23 中的相关电路就是为后轮自动同正而设计的。

当前轮处于回正状态,前桥中位开关 SW2 闭合,前桥中位继电器 CR15 通电,CR15 触点闭合,前桥中位指示灯 L2 亮起。在正常状态下,后轮也应处于回正状态,即后桥中位开关 SW1 闭合,后桥中位继电器 CR14 通电,CR14 常开触点闭合,锁止 CR18 和 CR19 继电器,CR14 常闭触点断开,后桥中位指示灯 L1 亮起。若此时后桥未处于回正状态,假设后轮稍向左偏移,则后桥中位开关 SW1 不接通,后桥中位继电器 CR14 不通电,CR14 常开触点断开,解除 CR18 和 CR19 继电器的锁止,CR14 常闭触点闭合。后桥中位指示灯 L1 不亮,而后轮左偏位开关 SW4 闭合,使 CR17 继电器动作,进一步使 CR19 继电器动作,使后桥回正控制阀的右电磁线圈 S2 通电,使该控制阀工作在左位,向后轮偏转液压油缸提供压力油,使后轮向右偏转。当后轮回正时,后轮左偏位开关 SW4 断开,后桥中位开关 SW1 闭合,后桥中位继电器 CR14 通电,CR14 常开触点闭合,锁止 CR18 和 CR19 继电器,CR14 常闭触点断开,且后桥中位指示灯 L1 亮起,使后桥回到中位。

可以分析得出:后桥自动回正仅前桥回正时方起作用,也就是前轮转向时后桥自动回正不工作,这样能使后轮在四轮转向或蟹行时正常偏转,不至于被后桥自动回正系统锁住。但无论处于何种转向方式,只要前桥处于中位时,后桥自动回正系统均能工作。

3.2.6 联机装置

联机装置是无杆牵引车与飞机的连接装置,该装置的性能和工作状况直接影响服务保障的安全。联机装置主要由夹持机构、举升机构和过转向检测系统组成。夹持机构的作用是将机轮推到承载斗上并夹紧,能够适应一定范围内的不同型号的机轮,并能保持额定的夹紧力。举升机构的作用是将承载斗连同机轮抬离地面 100～150 mm。过转向检测系统检测、警示前轮的转向角度,保护飞机前起落架和牵引车。

1. 夹持机构

夹持机构可分为 4 种类型,如图 3-24 所示,分别为回转夹持式、非对称轨道式、对称轨道式和轨道弹簧式。

回转夹持式夹持机构如图 3-24(a)所示,采用左右对称式回转机构,需夹持时,夹持机构通过液压缸 B 控制折抱臂 A 向承载斗内回转,通过折抱臂伸缩液压缸 C 收缩完成对飞机机轮的夹持。该机构主动件较多,需 4 组液压缸实现功能。

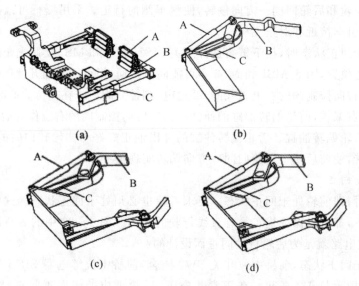

图 3-24 夹持机构类型
(a) 回转夹持式;(b) 非对称轨道式;(c) 对称轨道式;(d) 轨道弹簧式

非对称轨道式夹持机构如图 3-24(b)所示,A 为液压缸,B 是 L 形折抱臂,折抱臂上设有2 个滚轮,可在导轨 C 上的凹槽内移动。由于导轨 C 为 L 形,当夹持机构夹持机轮时,液压缸 A 开始收缩,带动折抱臂 B 先转动后移动,从而完成对飞机机轮的夹持。该机构结构简单,仅需 1 个原动件就可完成夹持动作,但所需工作空间较大,且为非对称结构,车身设计困难。

Goldhofer 公司的 AST-3 型无杆牵引车采用对称轨道式夹持机构,如图 3-24(c)所示,它与非对称轨道式夹持机构的区别在于采用了 2 个对称结构的 L 形折抱臂。结构对称,工作空间小,应用较多。

FMC 公司生产的无杆牵引车采用轨道弹簧式夹持机构,如图 3-24(d)所示。液压缸 D 控制滑块 B 在导轨 C 上移动,导轨 C 由直线段和曲线段组成。折抱臂与滑块通过转动副连接。机构打开过程:液压缸伸长,推动滑块移动,当滑块运动到导轨的曲线段时,在弹簧力的作用下折抱臂打开。机构夹紧过程:液压缸收缩拉动滑块移动,折抱臂在导轨曲线段的作用下旋转 90°角,然后随滑块继续在平直轨道上移动,直到夹紧机轮。

2. 举升机构

根据承载斗运动方式,举升机构又可分为 2 类:第 1 类是承载斗绕 y 轴转动,第 2 类是承载斗沿 z 轴移动同时绕 y 轴转动。由于牵引车在工作时夹持举升机构将飞机机轮紧紧锁定,常因地面不平使车体产生绕 x 轴的摆动,必须保证飞机起落架始终与地面保持垂直,否则起落架会因受到夹持举升机构施加的扭力而损坏,因此,举升机构相对车架应具有绕 x 轴的自由度,以适应牵引车的工作特性,承载斗与车架连接后应具有 2 个自由度,如图 3-25 所示。

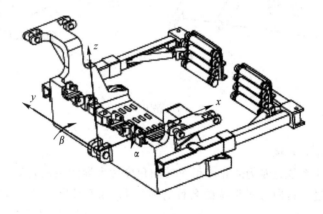

图 3-25　举升机构及其自由度

举升机构分为转动型和举升型两种类型。

转动式举升机构可分为Ⅰ型和Ⅱ型,如图 3-26 所示。承载斗与牵引车车架通过球铰 A 和 2 个液压缸 B 相连,举升时,Ⅰ型转动式液压缸推动承载斗,Ⅱ型转动式液压缸则是拉动承载斗,使承载斗绕球铰的中心转动,从而使机轮抬离地面。当地面不平,牵引车车体会绕 x 轴摆动,此时承载斗两侧液压缸的受力发生变化,使一侧液压缸伸长,另一侧液压缸缩短,以保持起落架与地面垂直,不受附加弯矩。转动式举升机构结构简单,但球铰 A 所受载荷较大,故其尺寸也较大。

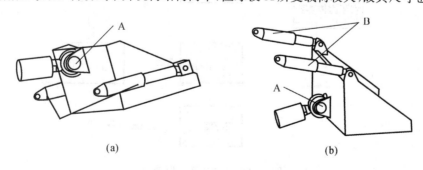

(a)　　　　　　　　　　　(b)

图 3-26　转动式举升机构

(a) Ⅰ型;(b) Ⅱ型

举升型举升机构可分为Ⅰ型和Ⅱ型,如图 3-27 所示。Ⅰ型举升机构中 A,B,C 和 D 为固定长度的连杆,分别通过球铰连接承载斗与车架,其中 A 和 B 平行,C 和 D 在一个平面内,夹角 60°。E,F 为布置在承载斗后的液压缸,驱动承载斗作移动和转动的复合运动。Goldhofer 公司的 AST-3L 型无杆式牵引车采用Ⅱ型举升机构,机构中 A,B 为固定长度的连杆,分别通过球铰连接承载斗与车架,C 为三角形构件,一端通过 2 个球铰与车架相连,另一端通过虎克铰与承载斗相连。承载斗两侧有 4 个液压缸控制承载斗运动。当牵引车遇到地面不平时,举升式举升机构也可以保持起落架与地面垂直,不受附加弯矩的作用。举升式举升机构的承载斗与车架通过具有 2 个球铰的连杆相连,每个连杆均为二力杆,只承受拉伸或压缩,故其截面尺寸较小。

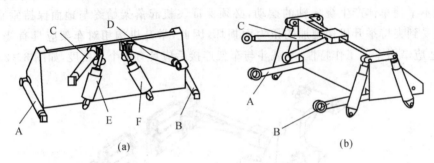

图 3-27　举升式举升机构

(a) Ⅰ型;(b) Ⅱ型

3.转向过度检测系统

转向过度检测系统是专为防止牵引车转向角度过大导致飞机起落架受损而设置的。不同厂商飞机牵引车过度转向检测系统的名称有所不同,如 Goldhofer 牵引车为过扭矩指示系统 GOTIS(Goldhofer Over Torque Indication System),TLD 牵引车为前起落架防扭矩系统 (NLG Over Torque),JBT 牵引车为转向角度过大检测仪 OAD(Over Angle Detection),但其工作原理基本相同。下面以 OAD 系统说明牵引车过转向系统的工作原理和操作。OAD 系统的工作原理如图 3-28 所示。

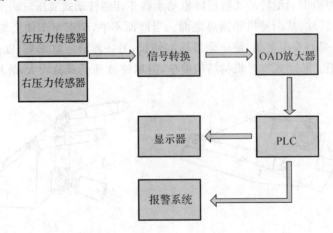

图 3-28　OAD 系统原理图

OAD 系统面板如图 3-29 所示。OAD ACTIVATED-OAD 启动;OAD 80%-OAD

80%指示灯(LED 灯,黄色),牵引飞机转向时,若达到前起落架最大允许扭矩的 80%,该灯点亮,同时 OAD 系统还会发出预警响铃提示操作人员应该更正调整转向角度;OAD 100%-OAD 80%指示灯(LED 灯,红色),OAD 80%报警后,若操作人员未能及时调整转向角度,OAD 100%灯亮(LED 灯,红色),预警响铃继续,此时,操作人员不允许放下飞机,必须对飞机进行检查。

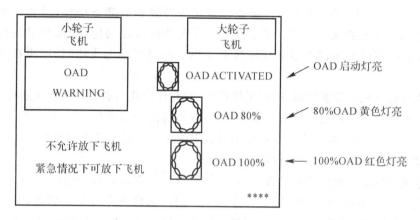

图 3 - 29　OAD 系统面板

若出现 OAD 故障,显示屏上会出现 OAD 系统故障指示,如图 3 - 30 所示。

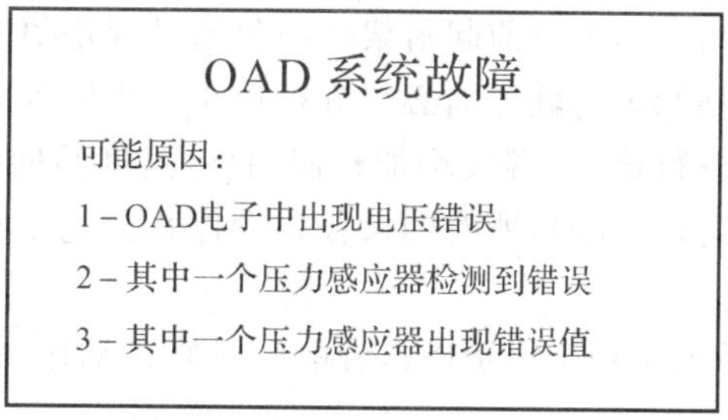

OAD 系统故障

可能原因:

1 - OAD 电子中出现电压错误

2 - 其中一个压力感应器检测到错误

3 - 其中一个压力感应器出现错误值

图 3 - 30　OAD 系统故障指示

3.3　无杆式飞机牵引车的操作使用

3.3.1　无杆式飞机牵引车通用操作规程

警告:在进行牵引飞机的操作前,先确认其他服务车辆都脱离了飞机。

在远离飞机的地方启动牵引车,此时牵引车处于静止状态,联机装置也处于不工作的状态,即抱轮举升装置应升起,夹持装置应处于关闭。

启动牵引车前,将点火开关转到启动位置直到发动机启动为止。如果行驶方向选择手柄未在空挡位置,发动机将不能启动。车辆启动后,将进行常规的自检工作,要等待自检工作完成才能起步行驶。

起步时将驻车制动器松开,然后用行驶方向选择手柄选择行驶方向(前进或后退),最后踏下加速踏板。

对准靠拢飞机时,要确保飞机和牵引车之间没有任何障碍物。谨慎缓慢调整方向角度,使联机装置对准前起落架上两飞机轮的纵向中心线,在距离飞机前起落架大约 2 m 的地方将牵引车停稳。

警告:抱飞机前轮前,应确认前起落架转向安全销已插好。

扳动抱轮装置控制手柄使抱轮装置降下。当抱轮装置降到最下端,夹持装置开始自动打开,当夹持装置完全打开时,降下动作完成。抱轮举升装置的降下动作,只能在牵引车处于静止状态进行。当夹持装置完全打开后,可以再次进行行驶动作,但此时最高行驶速度应限定在 2 km/h,同时显示器上显示允许接近飞机。此时要接近飞机时,应更准确地对准靠拢飞机。

牵引车接近飞机前起落架时,一旦系统检测到"允许装载飞机"信息,加速踏板将不能起作用。以免操作者出现不正确操作或出现故障时,对前起落架造成伤害。如果牵引车继续向飞机移动,此时驾驶员必须保证牵引车抱轮举升装置的中心要对准飞机前轮的中心,直到飞机前轮与抱轮举升装置接触方可以进行抱轮举升程序。

前起落架前轮进入抱轮举升装置后,操纵抱轮举升装置控制杆,夹持装置开始关闭,直到相应的感应器工作,抱轮和锁紧轮的工作才结束。同时抱轮举升装置支承架上的前轮尺寸测量装置工作,测定前轮的直径大于或小于某一尺寸。保持升起抱轮举升装置的控制动作,直到抱轮举升装置升到行程的最上端。此时,飞机的装载工作结束,可以进行牵引飞机的行驶工作,同时过度转向监测系统开始工作。

注意:在牵引飞机的过程中,如果前起落架转动角超过规定值时,过度转向的指示报警器将工作,同时断续的警告声响起,行驶方向必须进行修正。当回到允许的角度范围内,指示器和警告声将关闭。如果不进行修正,继续增加转向角度,过度转向角达 100% 时,指示报警器将继续工作并连续发出警告声,此时,所有的操作将会停止。抱轮举升装置将无法工作,直到系统被专业人员进行复位。

警告:转向过度监测系统是用于提示操作者能及时修正动作。决不允许超过规定的转向范围。

飞机的放开过程与飞机装载过程正好相反,而且装载过程中的所有限制,设定和操作都适用于放开过程。放开的步骤与装载步骤相反。

警告:在放开飞机前,牵引车驾驶员必须确认牵引车的轮胎是处在中间直行(回中)位置的,这样可以避免在进行驶离动作时与飞机发生接触。

3.3.2 操作控制器和指示器

不同厂家,不同型号的无杆式飞机牵引车因设计、构造不同,在日常操作有所差异,在实际工作中,请以厂家提供的操作手册为准。下面将以 TLD TPX200MT 型牵引车介绍无杆式飞机牵引车的操作。

1.驾驶室布局

驾驶室内布置了牵引车驱动行驶和牵引飞机的各操作控制器、指示器和监控器等,其布局如图 3-31 所示。

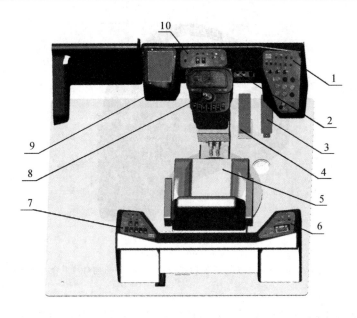

图 3-31　驾驶室布局

1-推机操作板；2-故障诊断连接；3-油门踏板；4-刹车踏板；5-座椅；6-电源机组监视板；

7-信号和灯光操作板；8-方向盘；9-暖机操作板；10-警示灯监视板

2.驾驶座椅操作

在驾驶舱内，座椅、方向盘与仪表板结合为一总成，并且可以旋转。它可以用手动方式旋转或经由电控方式（选装）操作。控制按钮设在方向操作板的两旁，而脚踏开关则安装在地板上，如图 3-32 所示。

设置在地板和方向盘柱上的控制开关用以防止驾驶人的手和脚不会超越驾驶台的旋转半径之内。方向盘柱上的手控制开关也是控制驾驶台的旋转方向。

操作旋转驾驶台步骤为：

(1)把左右两脚踏在地板的两个开关上面，而脚不能离开。

(2)方向盘柱，选择转动方向必须同时按下左、右两边按钮。

上按钮＝向右方旋转

下按钮＝向左方旋转

(3)驾驶台上锁松开（插轴），红色指示灯亮。

(4)驾驶台根据已选择的方向转动，直至到达位置为止。

(5)插轴自动把驾驶台重新上锁，红色指示灯熄灭。

(6)此时可以把手和脚控制的开关松开。

注意：若驾驶台在转动中因四个开关的其中一个被松开（脚和手控制按钮开关）转动会马上停止；同时重按这四个按钮开关，可回复转动驾驶台。

3.驾驶台

驾驶台上主要有方向盘、钥匙开关、前进/后退控制手柄和灯光组合开关，如图 3-33 所示。

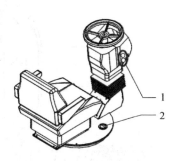

图 3-32　驾驶座椅

1-控制按钮（左右各一）；

2-脚踏安全开关（左右各一）

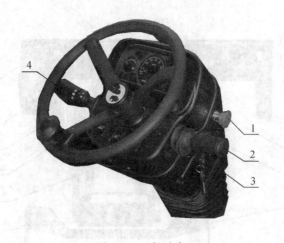

图 3-33 驾驶台

1-紧急停车按钮;2-前进/后退控制挡;3-钥匙开关;4-方向灯与组合大灯开关

4.仪表盘

仪表盘上主要是个控制器操作开关和监控仪表及显示屏,如图 3-34 所示。其中,多个显示屏上的仪表及各指示灯如图 3-35 所示。

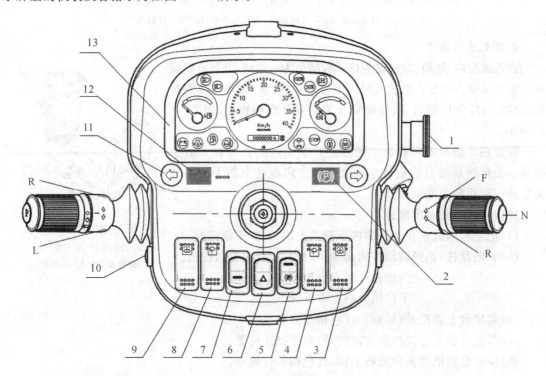

图 3-34 仪表盘

1-紧急停止按钮;2-手刹拉上指示灯;3-后挡风玻璃清洗控制开关;4-后挡风玻璃雨刷控制开关;

5-手刹车开关;6-车辆故障警示灯开关;7-应急电动泵控制按钮;8-前挡风玻璃雨刷控制开关;

9-前挡风玻璃清洗控制开关;10-座椅转动控制按钮;11-方向指示灯;

12-座椅位置正确容许操作指示灯;13-多个显示屏

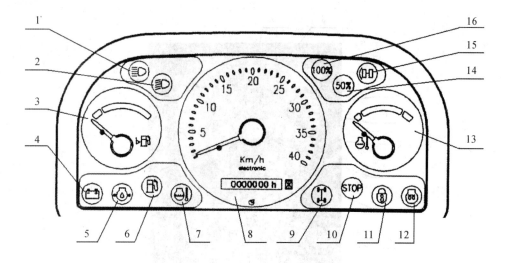

图 3-35　多个显示屏

1-前大灯开启指示灯；2-前低灯开启指示灯；3-柴油箱油量计；4-电瓶充电警示灯；

5-发动机低油压警示灯；6-柴油存量低警示灯；7-发动机水温高警示灯；8-钟点计／速度表；

9-后轮正直指示灯；10-故障停止警示灯；11-座椅位置正确指示灯；12-发动机预热指示灯；

13-发动机水温显示表；14-防扭矩 50%警示灯；15-防扭矩故障警示灯；16-防扭矩 100%警示灯

5.灯光组合开关

灯光组合开关和普通汽车的灯光组合开关的操作基本相同,除了灯光的操作,还包括喇叭按钮,如图 3-36 所示。

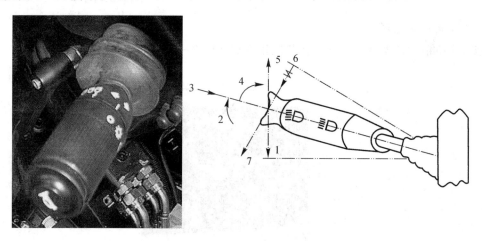

图 3-36　灯光组合开关

1-左拐方向灯；2-夜灯；3-喇叭；4-低照明灯；5-右拐方向灯；6-故障灯；7-前大灯

6.推机仪表盘

牵引飞机的各控制器和指示灯在推机仪表盘上,如图 3-37 所示。

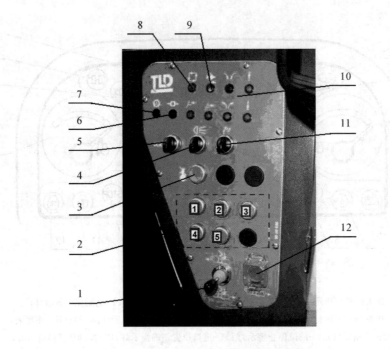

图 3-37　推机仪表盘

1-飞机操作操纵杆(LUL);2-飞机型号确认按钮及指示灯;3-飞机起落架旁通插销已上确认按钮;

4-前雾灯旋钮开关;5-机库操作旋钮开关(选装);6-在夹举飞机起落架操作中踩下刹车警示灯;

7-飞机起落架在夹架内出现松动警示灯;8-飞机操作进行指示灯;9-飞机已进入夹架内指示灯;

10-飞机夹架操作状况显示灯;11-夹架操作照明灯;12-紧急向后倒退按钮开关

7.夹架系统状况指示灯

抱夹飞机前起落架夹架系统工作状况指示灯如图 3-38 所示。

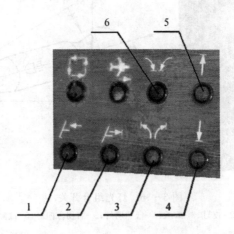

图 3-38　夹架系统状况指示灯

1-后压板已伸出;2-后压板已缩回;3-前闸已打开;4-夹架已降下;5-夹架已上升;6-前闸已关闭

8.信号和灯开关操作板

信号和灯开关操作板上主要是液压油状况警示灯和旋转警灯等开关,如图 3-39 所示。

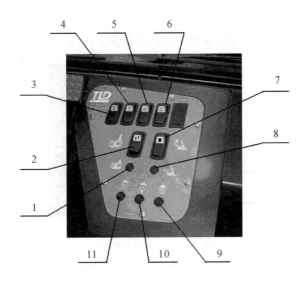

图 3 - 39　信号和灯光操作板

1-驾驶舱上升指示灯(不适用于 TPX200MT 驾驶舱);2-驾驶舱升降控制开关(不适用于 TPX200MT 驾驶舱);

3-旋转警灯开关;4-侧视镜融雪开关;5-工作照明灯开关;6-雾灯开关;

7-底盘顶起油缸控制开关(不适用于 TPX200MT 驾驶舱);

8-底盘顶起油缸操作指示灯(不适用于 TPX200MT 驾驶舱);9-液压油油滤堵塞警示灯;

10-液压油油温超高警示灯;11-液压油存量过低警示灯

9.警示灯监视板

警示灯监视板主要是底盘油缸操作和液压马达操作警示灯,如图 3 - 40 所示。

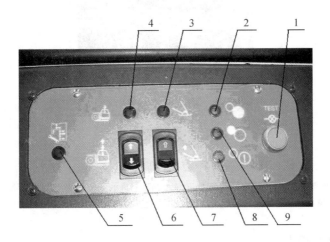

图 3 - 40　警示灯监视板

1-指示灯灯泡测试按钮;2-液压马达大排量操作指示灯(慢速);

3-底盘顶起油缸操作警示灯(不适用于 TPX200MT 驾驶舱);4-驾舱顶被触碰(不适用于 TPX200MT 驾舱);

5-PLC 控制故障警示灯;6-驾驶舱升降控制开关(不适用于 TPX200MT 驾舱);

7-底盘顶起油缸控制开关(不适用于 TPX200MT 驾驶舱);8-液压马达操作不正常警示灯;

9-液压马达小排量操作指示灯(快速)

10. 空调控制操作板

空调控制操作板如图 3-41 所示,操作空调的开关。

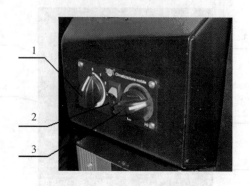

图 3-41　空调操作板

1-鼓风机风速选择开关;2-空调系统操作电源开关;3-空调温度选择开关

11. 辅助操作板

辅助操作板如图 3-42 所示。

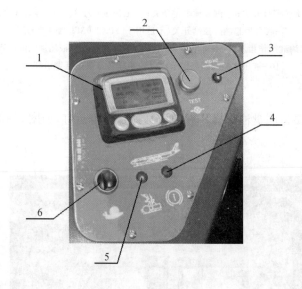

图 3-42　辅助操作板

1-发动机操作信息显示屏;2-灯泡测试按钮;3-400 周电源指示灯;4-牵引飞机时踩下脚刹车警示灯;

5-牵引飞机时作紧急停止警示灯;6-牵引飞机时液压马达从小排量改变成大排量控制开关(快速转慢速)

3.3.3　牵引飞机程序

1. 牵引飞机前准备

警告:操作过程中请确保牵引车附近没有人员,否则有碰撞危险;

操作过程中机器运动为自动控制,牵引车与飞机鼻轮对接时,无须抬起或移动飞机,如图 3-43 所示。

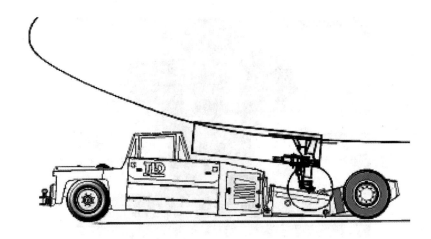

图 3-43　牵引车与飞机鼻轮对接

注意:在严寒条件下与飞机对接之前:

(1)检查飞机轮胎和牵引车支架上是否有雪、冰或防冻液。

(2)在支架空闲时展开后挡板两次。

(3)驾驶牵引车 100 m 并刹车几次以确保刹车没有被冻住。

注意:在操作飞机时(牵引或推机)夹架有可能不是处于最高的位置。若出现这种情况,行走中的无杆式牵引车会马上停下,此时夹架升起指示灯已熄灭,夹举操作循环指示灯仍亮,这时必须要把夹架重新升回到最高的高度。具体操作如下:

(1)置行车操纵杆于空挡位置。

(2)拉上手刹车。

(3)用加载/卸载操纵杆往前推向"加载"位置把底盘升起。

当夹架升回到最高的高度时,放开手刹车并继续驾驶。

由于液压油缸出现内漏或液压油温度过高,导致夹架有可能在 60 min 后从最高的高度慢慢降下,若这情况频繁地出现,应做如下相应检查:

(1)夹架升降的液压线管上是否有泄漏(油缸、电磁阀、管接头和软管等)。

(2)检查 2 个"CHASSIS UP 夹架升起"近接开关的位置是否适当。

在正常操作时,底盘顶起油缸偶有出现往下伸出情况,顶起油缸伸出警示灯会亮,此时必须按下顶起油缸开关把油缸收回,直至警示灯熄灭为止。

2.靠近与对接

(1)打开锁定门,使车架处于抬升位,靠近飞机鼻轮(NLG)。

警告:在起落架前将牵引车与之对齐,为完成此任务,牵引车装备了激光辅助引导或记号瞄准装置,如图 3-44 所示。

警告:为了避免造成破坏,必须将飞机鼻轮置于牵引车支架系统中心并与之处于一条直线上,如图 3-45 所示。

注意:飞机生产厂商强烈建议无杆牵引车操作人员仔细把牵引车锁紧装置和飞机鼻轮轴对齐。支架与抗扭连杆之间的距离很小,如果对齐不当将导致抗扭连杆销损坏。

图 3-44　激光辅助引导装置

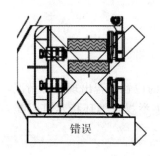错误　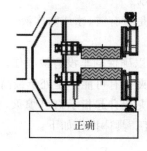正确　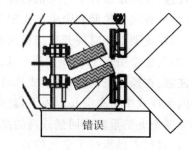错误

图 3-45　飞机鼻轮的正确位置

(2)在鼻轮前2 m处,面对飞机停车,如图3-46所示;将车挂空挡,拉手刹,驻车制动器指示灯Ⓟ亮。

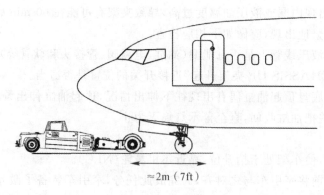

≈2m（7ft）

图 3-46　接近飞机

1)设置飞机的方向销到旁路状态;要求飞机的飞行员检查飞机制动器是否打开。

2)检查主起落架是否用轮挡固定好;移走鼻轮处的轮挡。

3)将加载/卸载杆搬到"loading(加载)"位置,驻车制动器灯Ⓟ熄灭,循环灯亮起。支架开始降下指示灯亮起,驻车制动器指示灯Ⓟ熄灭。后挡板伸出至300 mm(指示灯闪烁),在指示灯熄灭后,牵引车可以向前移。

（3）保持加载/卸载杆在"loading"位置并稍微加速，把牵引车慢慢向前移动。

注意： 在加载过程中保持加油门转速不高于 1 250 r/min 去移动牵引车。

禁止在加载/卸载操作进行中，加油门过大导致发动机转速太快。

当两个红外线放射感应器被飞机的前轮胎阻挡时，后挡板开始向后缩回，此时牵引车继续往前移动，保持油门稳定。

当位于前方的第一个红外线放射感应器再没有被飞机前轮胎所阻挡时，牵引车停下并开始自动把前锁定门关闭（╲╱指示灯在闪烁），如图 3 - 47 所示。

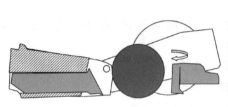

图 3 - 47　前锁定门关闭

当前锁定门关闭时（╲╱指示灯亮起）后挡板停止向后缩回动作并开始往前伸出（╱╴指示灯在闪烁）。后挡板锁紧飞机鼻轮至相应的预设压力（╱╴指示灯亮起，✈指示灯亮起）。循环停止，对接完成，如图 3 - 48 所示。

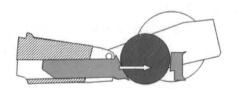

图 3 - 48　对接完成

（4）此时可以松开加载杆，鼻轮已被锁紧，可以移走主起落架的轮挡。

提示： 如果松开加载杆，或把它置于卸载位置，在任何时刻加载循环都将被停止。如果要继续此循环，请再次将操作杆置于加载位置。

3. 加载

加载取决于后挡板行程，某些飞机系列的灯会闪烁。通过按下相应的按钮选择飞机型号（每次只有一盏灯会闪烁）。如图 3 - 49 所示，现在可以通过 7 个发光按钮选择飞机型号。

```
-1- B737
-2- DC9/MD80
-3- A320
-4- B757
-5- A300/A310
-6- A330/A340/B767/B777
-7- DC10/MD11

MASSE AVION MAXI / MAX PLANE WEIGHT : 300 T
```

图 3 - 49　选择飞机型号

提示:在可选配置中,推机仪表盘上除了可以 7 个选择飞机型号的发光按钮外,还有一个红色按钮用于确认选择,以避免任何不愿发生的操作失误。确认将在循环动作中(红灯闪烁)进行,并需要在对应飞机型号按钮上确认。

等待至飞机准备就绪并且登机旋梯已经移开。当飞机准备好推动时(此时仍适用飞机刹车),再次把加载杆推到加载位置。车架缓慢上升至抬升位(↑亮起),循环指示灯 熄灭,驻车制动器指示灯Ⓟ亮起。

此时可放开加载杆,加载循环第二步完成。此时飞机已准备就绪,可以移动。

4. 推机(或维护牵引)

将座椅转向移动方向。当飞行员放开飞机制动器时,就可以进行推机了,其操作步骤如下:

(1)当鼻轮已被锁紧于升起位置时,牵引车准备推机(飞机放开制动器)。

(2)通过驾驶开关选择运动方向(前进或后退)。

(3)放开牵引车驻车制动器(指示灯熄灭)并缓慢加速。

提示:为避免飞机鼻轮在推机或牵引过程中受到过大应力,加速度由 PLC 限制。操纵者可能因控制设定不同(牵引、推机、空载等)而对加速度的感觉有所不同。

警告:严禁在牵引车行驶过程中挂空挡。

警告:必须严格控制转弯角度以避免飞机轮胎在地面上过度摩擦。

警告:本牵引车装有过扭警报,如果报警装置打开(50%或 100%)停止转弯运动;请阅读附件和指标以了解过扭保护系统的详情。

注意:飞机引擎关闭或空闲时,推机最高限速为 5~6 km/h。牵引时,飞机引擎必须关闭。

警告:牵引作业必须在飞机重力≤60%最大牵引载荷的情况下进行。对于超出此重力的情况,必须减速行驶。

5. 紧急停止

警告:若因在飞机牵引或推后操作中,出现一个"紧急"刹车,这个动作会被储存下来,而一个红色警示灯马上亮起。只有用钥匙把防扭矩警示复位和检查飞机的前起落架后,警示灯才可以熄灭,如图 3-50 所示。

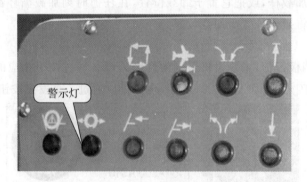

图 3-50 紧急停止警示灯

6. 卸载

强制性要求:卸载时,牵引车必须与飞机对齐,且牵引车的后轮胎也是在正直的位置,如图 3-51 所示。

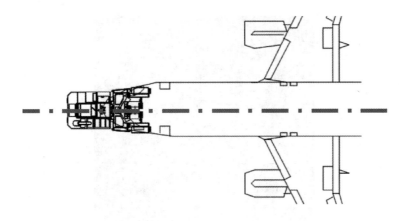

图 3 - 51　卸载飞机

卸载操作有以下步骤：

(1)确认牵引车和飞机完全静止，将行驶开关置于空挡。

(2)确认牵引车车轮对正(⊔指示灯亮)。

(3)要求飞行员把飞机手刹拉上。

(4)将加载/卸载杆置于"卸载"位置。此时循环指示灯亮起。两边车架下降↓指示灯在闪动，直至车架完全降下，指示灯才亮启。

警告：操作中不要踩刹车。以下的操作是顺序和全自动的，操作人员只须把操作杆置于空挡位置，便可随时停止卸载。

(5)后压板缩回(↗指示灯在闪动)，前锁门打开(指示灯在闪动)。

当前锁门已打开和后压板缩回时，此时慢慢踩下油门踏板让牵引车顺畅地离开飞机。

当位于最前方的感应器已侦测不到飞机前起落架处于夹架内时，车架便会自动上升，↑指示灯在闪动。

(6)车架上升到最高位置(↑指示灯亮启)，而同时后压板缩回，卸载操作已完成。操作循环指示灯熄灭。

(7)松开加载/卸载杆，松开手刹车，将行驶开关置于后退并驶离飞机。

(8)此时牵引车为其他操作做好准备。

7.低速增强按钮的操作

牵引飞机时，如果需要爬坡牵引车可能出现动力不足。这时此按钮可以强迫牵引车使用大排量模式并产生更大的牵引力，如图 3 - 52 所示。

要启动大排量模式，须遵守以下步骤：

(1)停下牵引车。

(2)驾驶选择开关仍然置于前进位置。

(3)按下"低速增强按钮"，慢慢加油去维持一个压力。

(4)当牵引车开始向前移动时，松开按钮，此时慢速操作已被选。

(5)直到牵引车把飞机爬过斜坡后，停下牵引车。当牵引车完全停定时，重复踩下油门踏板加油，牵引车又回复到正常驾驶的速度。

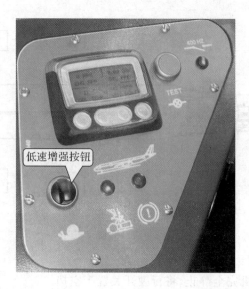

图 3-52　低速增强按钮

8. 牵引车使用拖杆操作程序

无杆式飞机牵引车也都装置有使用牵引杆牵引飞机的装置,如图 3-53 所示。

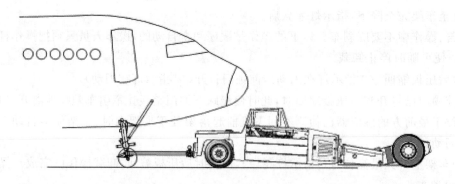

图 3-53　用牵引杆牵引飞机

操作步骤如下:

(1)将拖杆固定于飞机鼻轮。

(2)接近飞机,拔出牵引杆钩的销。

(3)将拖杆定位,与牵引杆钩连接。

(4)轻敲牵引杆,使之与牵引车上 V 形钩对正(操作人员小心伤手)。

(5)放回牵引杆销(锁)。

注意:飞机引擎空闲或关闭时,最大推机速度为 5～6 km/h。牵引操作时,飞机引擎必须停止运转。

(6)直至机长松开手刹车后,飞机推后操作便可开始。

(7)当飞机手刹松开时,选择驾驶操作开关(前进或后退)。

(8)松开牵引车的手刹,并慢慢踩下油门踏板。

警告:当牵引车仍然在开动中,切勿置驾驶操作杆于空挡位置。

9.使用操作牵引车的支撑系统

　　为了便于维修,需要将牵引车支撑起来,可以通过使用支撑油缸来实现。打开电器箱,支撑油缸操作开关安置于电器箱的门上,如图 3－54 所示。转动开关操作油缸,把牵引车撑起。在一些牵引车,支撑油缸可能较短,此时可以使用厚垫片去增加与地面接触的高度,如图 3－55 所示。

支撑油缸
操作开关

图 3－54　支撑油缸操作开关位置

图 3－55　支持油缸垫片

3.3.4　无杆式牵引车的应急操作

　　(1)将牵引车与飞机对准。

　　(2)使飞机的制动系统工作。

　　(3)如用电动液压泵,接通电源。用手动泵可直接应急操作。

　　(4)打开控制阀,接通应急油路。

　　(5)打开驻车制动阀,松开驻车制动。

　　(6)打开液压方向阀,用手动泵提供压力并转动驾驶室内任意一个方向盘,前轮可以回中。回中后将液压方向阀复位。

　　(7)打开降下抱轮举升装置的液压控制阀,可以降下抱轮举升装置。

(8)将降下抱轮举升装置的液压控制阀复位。

(9)打开抱轮举升装置夹持装置的液压开启阀,用手动泵或电动泵提供压力,打开抱轮举升装置。

(10)将抱轮举升装置、夹持装置的液压开启阀复位。

(11)关闭驻车制动阀,手制动工作。

(12)将牵引车驶离飞机。

如果牵引车需要被牵引离开飞机,则在完成以上操作后,继续以下的工作:

①摇动手动泵。

②打开行驶马达的液压旁通阀。

③打开驻车制动阀,松开驻车制动,或用机械方式松开驻车制动。

④打开液压方向阀,打开应急电动泵,转动驾驶室内任意一个方向盘使前轮转动。

⑤将牵引车牵离。

警告:牵引牵引车时,要将发动机关闭并将点火开关置于开位。

(13)用机械方式松开手制动。

当液压系统出现故障时,为了牵引车的安全,手制动将自动锁定。机械方式松开手制动的方法:

①取出专用工具。

②拆下驱动车轮轴上的端盖。

③将工具装在驱动车轮轴的位置上并顺时针拧螺丝,直到松开手制动为止。

3.4 无杆式飞机牵引车的维修

3.4.1 日常检查

每日检查和维修可以确保牵引车状况良好,避免使用中出现问题。

1.使用前检查

使用前牵引车驾驶员必须对车辆进行检查,每日一次。检查项目有:

(1)牵引车总体状况。

(2)喷漆状况。

(3)图标、标签、安全知识是否清晰。如果必要,进行更换。

(4)检查转向轴下是否漏油(转向油缸)。

(5)检查轮胎磨损和充气压,切口和所有硬物。

(6)试驾所有功能(刹车、液压部件、转向)。

(7)检查车下是否有泄漏。

(8)检查车门是否关严,车锁、车门是否受损。

(9)检查加热,风扇,驾驶座。

(10)检查蜂鸣器、按钮、指示灯。

(11)检查前、后灯(前大灯等),顶灯,闪光灯标。

(12)检查底盘、车身、车架情况良好(没有撞击)。

(13)检查玻璃、镜子、风挡。检查雨刷摇臂和雨刮,如果老化则更换。

(14)检查车辆螺母,拧紧。

(15)发动引擎,预热,听是否有杂音,观察是否有烟。

(16)低速驾驶。

(17)检查刹车系统。

(18)检查灭火器有效期,销是否在正确位置。

(19)检查门处的防滑涂层。必要时,清洁支架系统,修复涂层。

(20)检查光学元件,必要时请清洗。

(21)检查空滤堵塞指示器。

(22)检查泄漏并指出。

(23)检查所有液面:润滑油、水、电解液,刹车油等,必要时,加到适当位置。

(24)检查过扭指示器。

2.使用后检查

任何使用后,驾驶员必须进行以下操作。

(1)检查车下是否有泄漏。

(2)检查转向轴下是否有泄漏(转向油缸)。

(3)检查轮胎。

(4)检查底盘、车身、车架情况良好(没有撞击)。

(5)检查驾驶室,注意地上是否有异物。

(6)牵引车总体状况。

(7)图标、标签、安全知识是否清晰。如果必要,进行更换。

3.4.2　定期检查

1.62 工时牵引车状态检查

(1)发动机。

1)检查油气滤清器壳/槽,如果可能,请清洁。

2)检查燃油量。

3)检查冷却液量。

(2)电气设备。

1)检查电瓶充电情况,插紧接头/插销。

2)电解液水平。

3)检查大灯和其他灯。

(3)液压设备。

1)检查回流过滤器。

2)检查高压过滤器。

2.125 工时牵引车状态检查

(1)加入 62 工时检查操作。

(2)发动机。

检查空气滤清器,如果阻塞指示器被堵住(红色),更换滤芯。

(3)转向轴。

1)连接润滑。

2)轴端节润滑。

3)转向油缸润滑。

(4)电气设备。

检查连接。

(5)发动机风扇和冷却。

检查风扇并加润滑脂,检查交换器/中冷器(空调、电器箱、蜗轮、液压冷却)。

(6)导向冠。

润滑。

(7)刹车。

检查刹车蹄和摩擦块的磨损情况。

(8)总体。

清洗牵引车(注意电气设备)。

(9)轮胎。

检查磨损和车辆螺栓。必要时,请拧紧。

3.250 工时牵引车状态检查

(1)增加 62 工时和 125 工时检查操作。

(2)电气设备。

检查电气装置(状态和工作),检查连接。

(3)驾驶室。

润滑车门铰链,给旋转座椅加润滑脂。

(4)散热器。

用蒸汽清洁,加稀润滑脂。

(5)底盘高度。

检查车架高度。

(6)节气门。

检查线缆校正滑块硬度。

给节气门系统加润滑脂(杆等),线缆除外。

检查线缆,磨损程度和状态。

4.500 工时牵引车状态检查

(1)增加 62,125 和 250 工时检查操作。

(2)发动机。

1)更换机油。

2)更换机油滤清器。

3)检查冷却液液位,必要时请添加。

4)检查发动机机架的溢出槽。

(2)脚刹车。

1)检查轮缸泄漏。

2)检查制动块磨损。

3)检查刹车油液位。

(3)支架系统。

全面加润滑脂。

(4)空调（可选）。

清洁空调。

5.1 000 工时/一年牵引车状态检查

(1)增加 62,125,250,500 工时检查操作。

(2)发动机。

1)更换燃油滤清器。

①检查油气溢出管(必要时,请更换)。

②清洁燃油预过滤器。

2)更换进气空气滤清器滤芯。

①检测水、气、油冷却。

②检测电瓶连接。

③检测发动机状态指示器。

④检测发动机皮带,必要时请更换。

⑤检测发动机通风器。

⑥检测减振器,必要时请更换。

⑦检测环,配合,接头。

(2)电气设备。

检测电缆。

(3)液压设备。

1)更换回流滤清器。

2)更换高压滤清器。

3)检测液压油化学、物理状况。

4)更换吸滤器。

5)检测软管老化,必要时请更换。

(4)导向冠。

以 300 N·m 扭矩拧紧螺栓。

(5)储能器。

检查预加载压力。

(6)驾驶室。

1)检查座椅移动。

2)检查驾驶台状况。

3)清洁。

4)更换雨刷器。

5)检查踏板、驾驶杆和电缆/杆的间隙。

(7)空调。

更换过滤器。

(8)底盘。

1)检查焊口状态。

2)检查顶部状态。

3)重新喷漆。

(9)脚刹车。

检查系统空隙/间隙,摩擦块、刹车蹄磨损,必要时请更换。

(10)OVER TORQUE 过扭报警系统。

全面检查系统。

6.2 000 工时/2 年牵引车状态检查

增加 62,125,250,500 和 1 000 工时检查操作

(1)液压系统。

液压油消耗。

(2)OVERTORQUE 过扭报警系统。

使用 TLD 传感器校准设备刻度:必要时更换工具(传感器)。

(3)机械。

1)检查驱动轮轮毂间隙。

2)检查转向间隙,更换老化零件。

(4)支架。

1)检查支架系统间隙。

2)更换老化零件。

(5)发动机。

1)更换燃油溢出管。

2)排空并更换冷却液。

3)更换发动机皮带。

3.4.3　无杆式飞机牵引车故障诊断与排除

Goldhofer 飞机牵引车故障分析见表 3-2,故障原因见表 3-3。

表 3-2　Goldhofer 飞机牵引车故障分析表

故障现象	可能原因(见原因单)	由驾驶员处理	由厂家处理
1.总则			
(1)启动器不转动	5,9,24,38	√	
	79		√
(2)发动机不启动	75,80	√	
	75		√
(3)牵引车空载无法行驶	25,33,35,41,50,66,80	√	
	13,41,20,43,47,53,61,64,77		√

续表

故障现象	可能原因(见原因单)	由驾驶员处理	由厂家处理
(4)牵引车可前行但不能倒车	25	√	
	47		√
(5)牵引车可倒车但不能前行	25	√	
	47		√
(6)无法解除停车制动	7,41,80	√	
	14,41,45,52,62		√
(7)停车制动无法关闭/设置	7,71	√	
	11,26,59,63		√
(8)齿轮箱(牵引力级)无法调节	8,24,33	√	
	31,47,53,74		√
(9)抱夹装置空载无法降低	21,41,66,67,80	√	
	41,44,48,51,62,73,77		√
(10)飞机无法被放下	21,24,41,66,67,80	√	
	44,48,51,62,73,77		√
(11)抱夹装置空载无法被升起	7,22,23,41,66,67,80	√	
	44,48,51,62,73,77		√
(12)飞机无法被抬起	7,22,33,41,66,67,69,80	√	
	16,44,48,51,62,73,77		√
(13)抱夹飞机后牵引车无法移动	1,25,33,35,41,66,80,82	√	
	13,20,43,47,53,61,64,73,77		√
(14)放下飞机后牵引车无法驶离飞机	2,25,33,35,41,66,80	√	
	13,20,41,43,47,53,61,64,73,77		√

2.在驾驶操作过程中

故障现象	可能原因(见原因单)	由驾驶员处理	由厂家处理
(1)发动机发热	75	√	
	75		√
	12,34,60,81		√
(3)牵引车制动损坏无法制动	41	√	
	11,12,14,45,52,60,73,81		√
(4)转向沉重	7,41	√	
	3,39,41,48,54,56,62		√

续表

故障现象	可能原因(见原因单)	由驾驶员处理	由厂家处理
(5)液态油温太高	40,41	√	
	18,39,41,49,58		√
(6)发动机停转	75	√	
	27,75		√
(7)驾驶操作不好	75	√	
	17,36,39,42,49,61,64,73,75,78		√
(8)方向盘打滑	15	√	
	47,53		√
3.紧急操作过程中			
(1)紧急操作过程中无法放下飞机	5,6,68,80	√	
	19,37,51,79		√
(2)紧急操作中制动无法解除	5,6,68,80	√	
	19,37,52,79		√
(3)紧急操作中牵引车无法转向	5,6,65,68,80	√	
	30,46,55,68,79		√
4.电力			
(1)近距灯不工作	5,25,32,80	√	
	29,79		√
(2)多功能显示器不工作	5,80	√	
	28,76,79		√
(3)转向位置显示器不工作	5,80	√	
	4,28,57,70		√

表 3-3 **Goldhofer** 飞机牵引车故障原因表

序 号	原 因	序 号	原 因
1	飞机解除程序造成	6	紧急解除系统控制错误开关
2	飞机解除程序未完成	7	紧急解除系统控制装置没有转到驾驶位置
3	轮轴轴承/轨道杆轴承有故障	8	维修制动没有解除
4	显示器有故障	9	点火开关关闭
5	电池开关关	10	

续表

序 号	原 因	序 号	原 因
11	刹车片磨损	41	液压油油位太低
12	驾驶舱下面的制动调整错误,有故障	42	液压油温度太高
13	无制动压力	43	液压泵非电力控制
14	制动压力太低	44	抱夹装置液压阀有故障
15	差速器锁没有启动	45	制动系统液压阀有故障
16	拉力油缸压力太高	46	紧急转向系统液压阀有故障
17	驾驶阀的压力调整错误	47	驾驶装置的液压阀有故障
18	液压阀的压力调整错误	48	转向系统液压阀有故障
19	紧急解除系统阀压力调整错误	49	液压系统内部有渗漏
20	停车制动压力开关有故障	50	装载平台不在驾驶位置
21	为放下飞机 3.1 按按钮超过 3 min	51	抱夹装置液压系统有渗漏
22	为放下飞机 3.2 按按钮超过 3 min	52	制动系统的液压系统有渗漏
23	拉力臂未打开	53	驾驶装置的液压系统有渗漏
24	驾驶方向手柄不在中间位置	54	转向系统的液压系统有渗漏
25	驾驶方向手柄在中间位置	55	紧急转向系统的液压系统有渗漏
26	制动油缸弹簧断裂	56	转向油缸有故障
27	行驶泵有错误	57	转向角度显示器的调整有错误
28	电力系统有错误	58	风扇驱动有故障
29	照明电力系统有错误	59	制动油缸的机械紧急解除螺母松了
30	紧急转向照明电力系统有错误	60	制动缸/制动拉杆头有机械故障
31	PLC/系统保护(保险丝)/多功能显示器/位置显示器开关的电力系统有错误	61	从发动机到泵的机械驾驶/从液压马达到轮轴有故障
32		62	从发动机到泵的机械驾驶有故障
33	停车制动没有解除	63	停车制动的机械错误
34	停车制动没有完整解除	64	
35	齿轮不在正确位置	65	遥控器上紧急关闭开
36	润滑油油位太低	66	紧急关闭按下
37	手动泵有故障	67	紧急操作驾驶开关在打开的位置
38	主保险丝有故障	68	紧急泵(电动)没有打开有故障
39	液压油过滤器有污垢	69	旁通销确认按钮没有按下
40	液压油冷却器有污垢	70	电位计有故障

续表

序 号	原 因	序 号	原 因
71	停车制动开关不在位置:设置	77	PLC有故障
72	间隔开关位置错误	78	连杆弯曲
73	抱夹装置感应器有故障	79	电源中断/电池没电,有故障
74	速度计感应器有故障	80	保险丝(电力系统)有故障
75	见柴油发动机文件	81	踏板式制动调整错误有故障
76	感应器设置有故障	82	抱夹程序未完成

复习思考题

1.简述无杆式飞机牵引车的发展和应用。

2.简述无杆式飞机牵引车的组成和功用。

3.无杆式飞机牵引车的牵引力是如何产生的?

4.简述无杆式飞机牵引车联机装置的类型和各自特点。

5.简述无杆式飞机牵引车牵引飞机的流程。

第4章　飞机气源车

4.1　概　　述

4.1.1　飞机气源车的功用

飞机气源车(Aircraft Air Starter)是为涡轮式飞机发动机启动时提供气源的一种专用车辆,也是为飞机机舱调节空气气源的地面勤务的专用设备。飞机气源车为涡轮式飞机发动机启动时提供气源,作为飞机发动机启动的动力。飞机气源车通过专用的送风软管与飞机上的专用送气插口连接,向飞机提供一定压力和流量的气体,来完成发动机的启动或为机舱送风,其工作过程如图4-1所示。

飞机气源车一般选择在二类汽车底盘上加装发动机和空气压缩机,同时结合飞机供气的管路和控制、检测系统组成供气系统。汽车底盘负责飞机气源车转场行驶工作;当气源车到位,需要向飞机供气时,启动加装在二类底盘上的发动机,带动空气压缩机,产生一定流量和压力的气体,向飞机供气。飞机气源车向飞机供气气流路径如图4-2所示。

图4-1　飞机气源车向飞机供气启动发动机

4.1.2　飞机气源车的主要技术参数

飞机气源车一般由一人操作,并与机务人员和飞行员密切配合向飞机供气。操作维护人员需掌握气源车的主要技术参数:车辆型号,发动机型号、排量和额定功率等(前、后发动机),

车辆的外形尺寸,空气压缩机型号、转速,启动飞机时转速、供气流量、输出气压和排气温度等,车辆轮胎的规格和气压,电气系统电压等。现以 WGAS290 气源车为例说明气源车的主要配置及参数,见表 4-1。

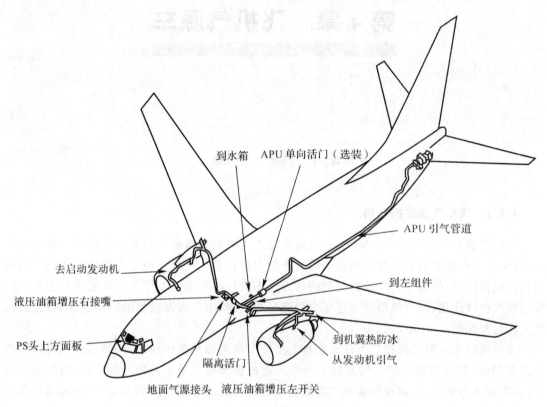

图 4-2　飞机内供气气流路径

表 4-1　WGAS290 气源车技术参数

主要配置及参数		AS180(单管)	AS290(双管)	AS290(改型)
参数	总长	5 810 mm	6 110 mm	6 500
	高度	2 360 mm	2 360 mm	2 540
	宽度	2 100 mm	2 100 mm	2 100
供气压力	空调压力	1.7～2.1 bar(25～32 psi[①]),可调。出厂设定 30 psi		
	启动压力	2.4～2.9 bar(35～42 psi),可调。出厂设定 40 psi		
最大供气流量		180 PPM[②]	290 PPM	
汽车底盘	型号	江淮 HFC1071K	庆铃 600P(NKR77LLPACJAY)	

① 1 psi=6.895 kPa;

② PPM 表示×10⁻⁶,是英文 part per million 的缩写,称为百万分率。

续表

主要配置及参数		AS180（单管）	AS290（双管）	AS290（改型）
柴油机 （Volvo/瑞典）	型号	TWD1240VE	TAD1630GE	TAD1642VE
	类型	增压中冷、 电控柴油机	直列六缸、增压中冷、 电子调速柴油机	直列六缸、增压中冷、 多功能电喷柴油发动机
	功率	310 kW（422 HP）	482 kW（656 HP）	494 kW（672 HP）
	额定转速	2 100 r/min	1 800 r/min	
	启动方式	24 V 电启动		
压缩机 （Aerzener/德国）	型号	VML 310	VML 410	VML 410J
	类型	空冷、干式、双螺 杆旋转式压缩机		
	流量	180 lb/min[①] （74.1 m³/min） （82 kg / min）	290 lb/min （113 m³/min） （131.8 kg / min）	
	输入功率	301 kW	464 kW	
	进气温度	20 ℃	20 ℃	
	最大出气温度	210 ℃	210 ℃	
	进气压力	1 bar		
	最大出气压力	4 bar		

1.气源车主要技术参数

(1)供气流量。

单位：PPM，lb/min(1 lb＝0.454 kg)。

参数：单管，150，180；双管，250，280，300；三管，375，400。

(2)供气压力。

单位：bar(kgf/cm²)或 psi(lb/in²)[②](1 bar＝14.5psi)。

参数：启动飞机发动机工况：2.4～2.9 bar(或 35～42 psi)，一般调定为 40 psi；空调工况：1.7～2.1 bar(或 25～32 psi)，一般调定为 30 psi。

2.适用机型

(1)规格为 180 PPM 车辆的适用机型。

1)B707,717,727,737 系列(100,200,300,400,500,600,700,800,900)；

[①]　1 lb/min＝7.560×10⁻¹kg/s；

[②]　1 lb/in²＝6.895 kPa。

2)MD80 系列(81,82,83,88),MD90;

3)A320 全系列(318,319,320,321);

4)A340 系列(-200,-300,即 A340-200/A340-300)。

(2)规格为 250 PPM 车辆的适用机型。

1)规格为 180 PPM 车辆适用的所有飞机;

2)B757,B767 全系列;

3)B747 全系列;

4)除了使用 GE90 发动机的 B777 系列;

5)MD11 系列;

6)A300/310 系列,A330 系列。

3.气源车工作状态

(1)柴油机怠速(700～900 r/min),压力 0～8 psi

(2)选择空调挡,柴油机升至约 1 500 r/min,供气压力为 30 psi,开、关供气阀,转速不变。

(3)选择飞机启动挡,柴油机升至约 1 500 r/min,供气压力为 40 psi,打开供气阀,转速升至 1 800 r/min,关闭供气阀,转速降至 1 500 r/min。

4.2　飞机气源车的组成及功用

　　飞机气源车选择在通用汽车底盘上安装一台柴油发动机带动压缩机机组,加上安全阀、消音器、旁通阀、过滤器、发动机控制保护装置等组成。概括而言,飞机气源车由二类汽车底盘和气源机组两大部分组成,外面用隔音材料制成的棚罩所覆盖,如图 4-3 所示。

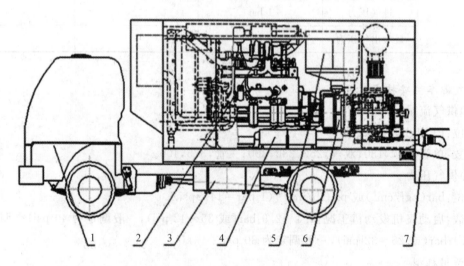

图 4-3　飞机气源车的组成

1-汽车底盘;2-柴油机;3-油箱;4-蓄电池;5-压缩机进气滤清器;6-压缩机;7-供气管路

4.2.1　汽车底盘总成

　　飞机气源车一般都是选择二类汽车底盘。汽车底盘均是符合国家技术标准的货车底盘,按照飞机气源车的设计要求选择相应的型号。主要由传动系、行驶系、转向系和制动系等部分组成,如图 4 - 4 所示。

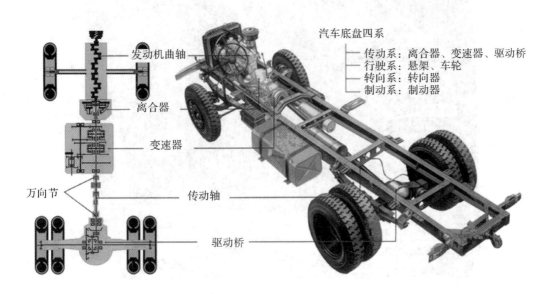

图 4 - 4　二类汽车底盘

（1）传动系:将发动机的动力传给各驱动轮。

（2）行驶系:承载整车质量,传递和承受路面作用于车轮的各种力和力矩,并缓和冲击,吸收振动,以保证在各种条件下能正常行驶,主要由车轮、车桥、车架、悬架等承载和行驶机构组成。

（3）转向系:保证车辆按设想的路线行驶,主要由转向操纵机构、转向器和转向传动机构组成。

（4）制动系:强制车辆减速或停车,保证车辆安全使用,包括行车制动、驻车制动。

4.2.2　气源机组总成

气源机组总成由四部分组成,分别为发动机部分、压缩机机组部分、控制保护装置和其他辅助装置等(以 WGAS290 气源车组成为例进行介绍)。

气源机组由柴油机、压缩机、气压调控系统、旁通阀、压缩机消音器、旁通消音器、供气阀、供气软管和飞机接头等组成,如图 4 - 5 所示。柴油机与压缩机通过弹性联轴器连接。机组通过支腿、减震器安装在底盘框架上。压缩机进气端通过一个底座安装两个滤清器;压缩机排气端连接消音器,再与管路连接成一体成为供气管路。

供气管路设置有调压旁通阀,对供气压力进行调定,输送到排气口与供气阀相连,再接供气软管。旁通阀的排气端装有消音器,以降低排气噪声。柴油机排气口与一波纹管连接,然后通过弯管与消音器相连。

机组柴油机与汽车发动机共用一组油箱,由两个油箱组成,分别安装在汽车大梁两侧,中间通过一段导管相连,共用汽车底盘的油浮子与油量表。

气源机组中的安全部件如图 4 - 6 所示,气源机组的供气软管和供气接头如图 4 - 7 所示。

图 4-5　气源机组的组成

图 4-6　气源机组的安全部件
(a)安全阀;(b)气压表;(c)空气滤指示器;(d)供气压力开关

图 4-7　气源机组的供气管路

1.发动机部分

一般选取的发动机功率需与供气流量相匹配,实际采用四冲程柴油机,以满足环保的要求,如图 4-8 所示。

图 4-8　发动机-柴油机

发动机型号含义:以 WGAS290 气源车机组所配发动机为例进行介绍,如图 4-9 所示。

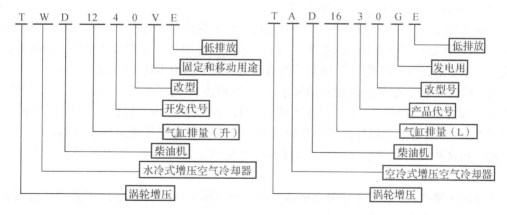

图 4-9　发动机-柴油机

2.压缩机部分

通常飞机气源车采用无油润滑螺杆式压缩机作为其空气压缩机,如图4-10所示。

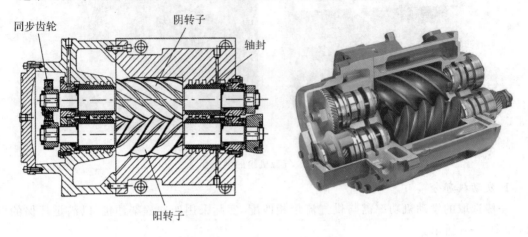

图4-10　无油润滑式螺杆压缩机

无油润滑螺杆式压缩机具有以下特点:

1)突出优点是故障少、维修简单、使用寿命长。无油润滑螺杆式压缩机是由阴、阳两转子的啮合造成的内压缩来压缩气体的,因此没有金属的接触磨损,更没有像往复活塞式压缩机易损坏的部件,如进气阀、排气阀,所以压缩机的故障率低,维修简单,使用寿命长。

2)螺杆式压缩机属于容积式压缩机,其理论排气量与各工作部件的运动速度,尤其是与转子的转速成正比关系,压缩机主要参数——压力和排气量的变化互不影响。

3)阴、阳转子呈连续单方向旋转,没有往复运动,惯性力小,因此转速高,运转可靠,无振动。

4)其缺点是运动部件之间存在必不可少的间隙,泄漏大,效率较低。同时压缩机的噪声较大,需要装有管道消音器。此外,在无油润滑式螺杆压缩机上有一对高速旋转的螺杆,为了保证其转子间的准确间隙,必须采用同步齿轮带动,以减少齿轮之间传动摩擦而产生的噪声和温度的上升,同时也为了提高转子的转速,须采用增速齿轮来提高其转速,因此需要对增速、同步齿轮进行强制润滑与冷却。

(1)无油润滑螺杆式压缩机结构。

螺杆式压缩机是容积式压缩机的一种,它的主要零部件有一对转子、机体、轴承、同步齿轮(或还有增速齿轮)及密封组件等,如图4-11所示。汽缸中平行地配置两个按一定传动比反向旋转又相互啮合的螺旋形转子,节圆外具有凸齿的转子称为阳转子(又称主动转子),节圆内具有凹齿的转子称为阴转子(又称从动转子)。一般阳转子(或经增速齿轮组)与原动机连接,并由此输入功率,由阳转子(或经同步齿轮组)带动阴转子转动。阳转子有4个瓣叶,阴转子有6个瓣叶,两者之间保持连接的间隙。两个转子的顶峰与外壳之间也有间隙。专门设置有防止机油渗漏到压缩空气室中去的设备,避免机油进入压缩间,将机油收集在刮油环和气环之间。

螺杆式压缩机的工作是依靠啮合运动着的一个阳转子与一个阴转子,并借助于包围这一对转子四周的机壳内壁的空间完成的。

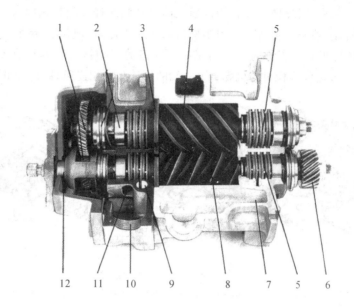

图4-11 螺杆式压缩机的内部结构

1-定时齿轮;2-转子轴承;3-端盘;4-阴转子;5-密封圈;6-传动齿轮;

7-冷却套;8-阳转子;9-通气孔;10-放机油口和集滤器室;11-轴承回油孔;12-平衡活塞

(2)无油润滑式螺杆压缩机工作原理。

无油润滑式螺杆压缩机的主要工作部件是一对阴、阳转子,两个转子是具有不同齿数的螺旋齿相互啮合,阴转子为凹型,阳转子为凸型,啮合点(密封线)随着转子的回转而移动。旋转时,使处于齿槽之间的气体不断产生周期性的容积变化,且沿着转子轴线由吸入端输送至压出端,实现吸入、压缩和排气的全部过程,不需要往复式压缩机那样的余隙容积。其气体的冷却方式是在机壳水套内,用循环冷却。螺杆间不直接接触,相互间存在一定的间隙。为简单起见,这里只研究其中的一对齿的工作原理——吸气过程、压缩过程和排气过程如下:

1)吸气过程。初时气体经压缩机外壳一端的进气孔口分别进入到阴、阳螺杆的齿间容积,随着转子的回转,这两个齿间容积各自不断扩大。当这两个容积达到最大值时,齿间容积与吸气过程结束(注意,此时阴、阳螺杆的齿间容积彼此并未连通),如图4-12所示。

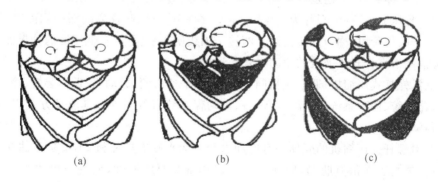

图4-12 螺杆式压缩机的吸气过程

(a)吸气过程即将开始;(b)吸气过程中;(c)吸气过程结束

2)压缩过程。在阴、阳螺杆齿间容积连通之前,阴、阳螺杆齿间容积中的气体受阴、阳螺杆齿的侵入先行压缩,经某一转角后,阴、阳螺杆齿间容积连通,形成呈 V 字形的齿间容积(以后将此连通的阴阳螺杆齿间容积称为齿间容积对),因齿的互相挤入其容积值逐渐减小,实现气体的压缩过程,直到该齿间容积对与机壳上另一端的排气孔口相连通时为止,如图 4-13 所示。

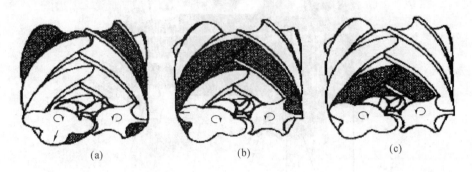

(a)   (b)   (c)

图 4-13 螺杆式压缩机的压缩过程

(a)压缩过程即将开始;(b)压缩过程中;(c)压缩过程结束、排气过程即将开始

3)排气过程。在齿间容积对与排气孔口连通后,排气过程即行开始。由于转子回转时容积不断缩小,将压缩后具有一定压力的气体送至排气接管,此过程一直延续到齿间容积对达到最小值时为止,如图 4-14 所示。

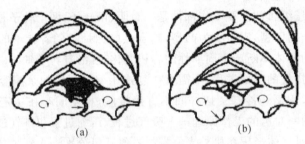

(a)   (b)

图 4-14 螺杆式压缩机的排气过程

(a)排气过程中;(b)排气过程结束

随着转子继续回转,上述过程重复进行。在螺杆式压缩机中,阴、阳螺杆转向互相迎合一侧时,气体受到压缩,这一侧面称为高压区;相反,螺杆转向彼此背离的那一侧面时,齿间容积在扩大并处于吸气阶段,称为低压力区。两转子轴线所在平面是高、低压区的分界面。

(3)无油润滑螺杆式压缩机的驱动方式与散热。

无油润滑螺杆式压缩机(通常包括同步齿轮)由增速齿轮、原动机、调节装置、冷却系统、气路系统、水路系统、油路系统、减噪消声设备、自动保护装置等组件。其驱动方式用柴油机,经增速齿轮传动。

无油润滑螺杆式压缩机的壳体都有冷却水套。无水冷的压缩机,不论是无油润滑还是喷油润滑,其壳体的表面都有肋筋,肋筋壳体不仅具备必要的刚性,而且还可改善向周围介质散热。

3.电气控制保护装置

电气系统由控制柜、柴油机电子管理系统、部件电气系统三部分组成,如图 4-15 所示。

操作面板安装在控制柜上,操作面板上装有开关、指示灯、仪表等元件,控制柜内部装有继电器、调速器、电路板等电器元件,各部分之间采用插头座和接线端子连接。

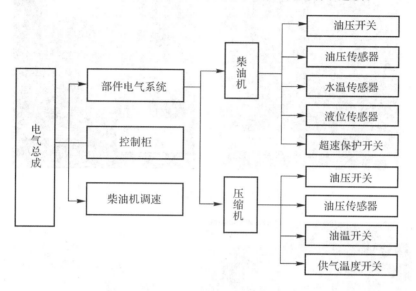

图 4-15　压缩机组电气控制保护装置

(1)部件电气系统。

1)柴油机。柴油机部分安装有机油压力开关、机油压力传感器、水温传感器、超速保护开关,如图 4-16 和图 4-17 所示。机油压力低时,操作面板上的机油压力低指示灯亮;水箱里的水温超过规定的上限时,操作面板上水温高指示灯亮;当柴油机转速过高时,超速保护开关动作,超速指示灯亮;飞机启动供气时,这些保护都被切除,指示灯虽然亮,但柴油机不停机;若处于怠速或空转时,这些保护装置正常工作,一旦工作则机组停车。

柴油电控单元接收柴油机的转速范围、进气压力、进气温度、冷却液温度、润滑油压力、润滑油温度、燃油报警(包括"燃油进水"和"燃油压力")和冷却液液位等信息,对柴油机进行全面控制,如图 4-18 所示。

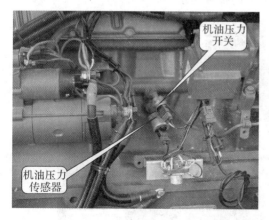
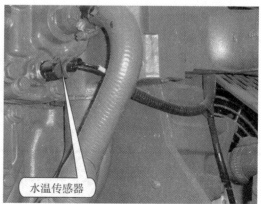

图 4-16　柴油机保护装置

水温开关

发动机转速
传感器

图 4-17 压缩机组转速传感器

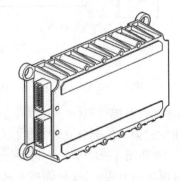

柴油机电控单元

图 4-18 柴油机电控单元

2)压缩机。压缩机上也装有机油压力开关、机油压力传感器、机油温度开关、供气温度开关等,如图 4-19 所示。若机油压力低,则面板上机油压力低指示灯亮;机油温度高,则面板上机油温度高指示灯亮。这些保护在给飞机供气时被切除;当发动机怠速运转或给飞机空转时,这些保护装置正常工作,当保护装置动作时,有相应的报警指示。

机油温度开关

供气温度
传感器

机油滤清器

油压传感器

图 4-19 压缩机组油压传感器、供气温度传感器

其他电气零部件及其分布如图 4 - 20 所示。

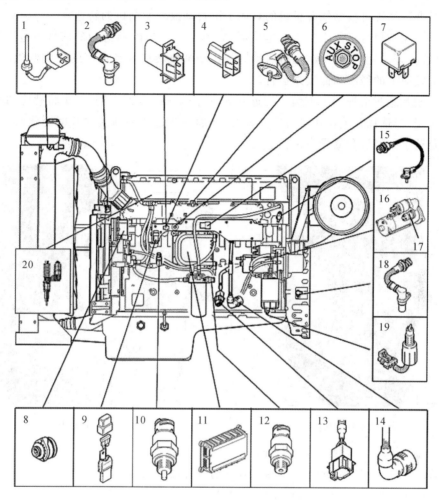

图 4 - 20　电气零部件分布图

1-冷却液液位传感器；2,18-转速传感器；3-诊断输出口；4-编程接头；

5-增压压力/进气温度传感器；6-紧急停机；7-主继电器；8-充电发动机；

9-熔断器 10A；10-润滑油压力/温度传感器；11-电控单元（ECU）；12-燃油压力报警；

13-8 针接头；14-23 针接头；15-冷却液温度传感器；16-启动马达；

17-启动马达继电器；19-燃油滤清器；20-喷油嘴

（2）控制柜。

控制柜内主要有操作面板、仪表、指示灯和继电器等电气元件。控制柜装有密封条，保证不被水浸入。面板上的表头、指示灯全都防水，不怕雨淋。

通过操作面板上安装的仪表、指示灯了解机组工作状态，仪表包括柴油机转速表、柴油机机油压力表、柴油机水温表、压缩机机油压力表；指示灯有充电故障指示、超速指示、柴油机机油压力低指示、柴油机水温高指示、压缩机机油压力低指示、压缩机机油温度高指示。紧急停机按钮安装在面板上，方便紧急停机；安装有发动机的开机按钮、保护旁通按钮，供气状态指示按钮。

(3)柴油机调速。

柴油机调速系统可根据气源机组的具体工况自动改变发动机的转速。

AS180 机型通过旁通阀上安装一电位器,如图 4-21 所示,将感应的信号传递给柴油机控制单元,当选择开关处"空调"或"飞机启动"位时,柴油机转速随旁通阀的开度变化而变化,实现机组在低负荷下的经济和低噪声运行。

AS290 机型通过旁通阀上安装一接近开关,如图 4-22 所示,接近开关将感应的电信号传递给电调系统,当选择开关处在飞机启动位时,柴油机转速随旁通阀的开度变化而变化,实现机组在低负荷下的经济和低噪声运行。

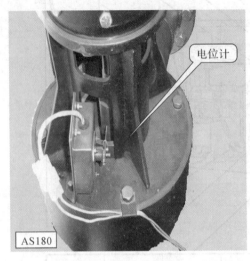

图 4-21　电位计　　　　　　图 4-22　接近开关

电气控制保护装置几个常用词解释:

1)EMS - Engine Management System,发动机管理系统。

2)CAN - Controller Area Network,控制器局域网。

3)DCU - Display Control Unit,显示控制单元。

4)CIU - Control Interface Unit,控制界面单元。

5)CPU - Control Processing Unit,中央处理器。

6)NO＝Normally open,常开。

7)NC＝Normally closed,常闭。

4.仪表及控制面板

气源机组控制面板上的仪表和指示灯如图 4-23 所示。

控制柜内的电气控制元件如图 4-24 所示。

(1)重要开关功能介绍。

模式选择开关:机组启动后,该开关扳到"待命"位,机组处于供气等待状态;扳到"空调"位,机组处于空调供气状态;扳到"飞机启动"位,机组处于飞机启动供气状态。

1)点火开关:扳到"停机"位,机组延时停机;扳到"开机"位,机组通电;扳到"预热"位,柴油机预热装置工作;扳到"启动"位,机组启动。

2)紧急停机按钮:非自动复位式按钮开关,按下按钮,机组自动停止运行,再次按动按钮并旋转一下,按钮复位。

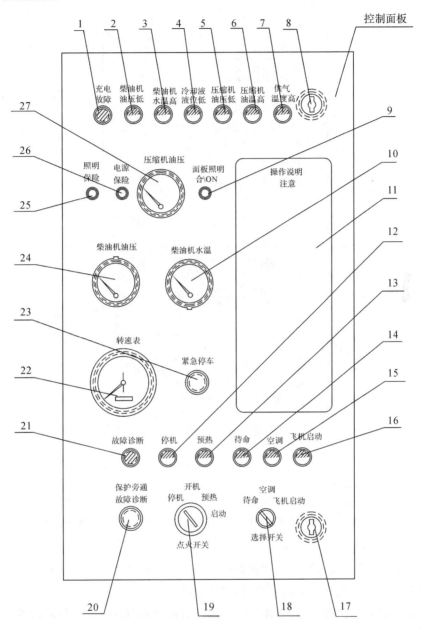

图 4 - 23 控制面板

1-充电故障指示灯;2-柴油机油压低指示灯;3-柴油机水温高指示灯;4-冷却液液位低指示灯;

5-压缩机油压低指示灯;6-压缩机油温高指示灯;7-供气温度高指示灯;8-锁;

9-面板照明开关;10-柴油机水温表;11-操作说明;12-停机指示灯;

13-预热指示灯;14-待命指示灯;15-空调供气指示灯;20-保护旁通/故障诊断按钮;

21-故障诊断指示灯;22-转速表;23-紧急停机按钮;24-柴油机油压表;

25-照明保险;26-电源保险;27-压缩机油压表

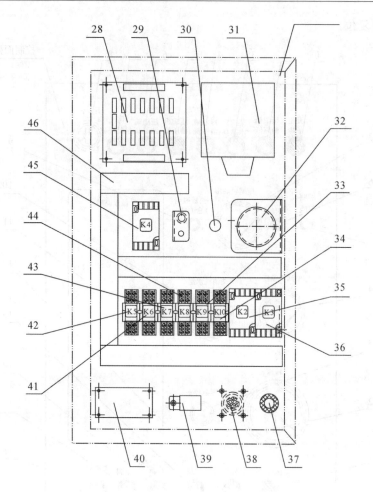

图 4-24 控制柜

28-保护板;29-电位器;30-电阻;31-CIU控制单元;32-供气温度表;33-继电器(K9);

34-继电器(K10);35-继电器(K2);36-继电器(K3);37-蜂鸣器;38-插座;

39-闪光继电器;40-二极管板;41-继电器(K6);42-继电器(K5);43-继电器(K7);

44-继电器(K8);45-继电器(K4);46-走线槽

3)保护旁通/故障诊断按钮:按下"保护旁通/故障诊断"按钮,扳动点火开关至启动位,机组启动,否则,仅扳动点火开关至启动位,机组不启动。

当机组柴油机运行出现故障时,按"保护旁通/故障诊断"按钮,配合故障诊断指示灯,可以读取故障码。

4)电源保险:当主电路发生短路时,按下"电源保险"按钮实施保护,待排除故障后,再次按动"电源保险"按钮,使其复位。

(2)故障指示灯。

充电故障指示灯、柴油机油压低指示灯、柴油机水温高指示灯、压缩机油压低指示灯、压缩机油温高指示灯、冷却液液位低指示灯、超速保护指示灯、供气温度高指示灯等故障指示灯,机组正常运转时,故障指示灯应是熄灭的,仅当监控点出现状况时,相应的指示灯亮。帮助人们查找故障。

（3）指示灯。

1）预热指示灯：当点火开关扳到"预热"位并预热完毕时，灯亮。

2）待命指示灯：机组正常运转，选择开关在"待命"位，灯亮。

3）空调供气指示灯：机组正常运转，选择开关在"空调"位，灯亮。

4）启动供气指示灯：机组正常运转，选择开关在"飞机启动"位，灯亮。

5）故障诊断灯：当发动机运行中出现异常，该灯闪烁，按动"故障诊断"按钮，可读取故障码。

（4）仪表及正常指示值。

1）柴油机水温表：指针应在 75～95 ℃。

2）柴油机转速表：选择开关在"待命"位，发动机怠速运转，应指示 900～1 200（或 700～1 100）r/min；选择开关在"空调"或"飞机启动"位时，供气开关关闭，转速为 1 650～1 750（或 1 450～1 550）r/min；供气开关打开，转速为 2 100（或 1 800）r/min。

3）柴油机油压表：指针应在 300～500 kPa。

4）压缩机油压表：指针应在 300～500 kPa）。

5）供气温度表：指针应在 0～220 ℃。

（5）继电器和保护板。

1）继电器 K9〔33〕：机组通电，该继电器工作，当点火钥匙开关扳到"停机"位，该继电器掉电，停机延时继电器 K2 工作。

2）继电器 K10〔34〕：当选择开关扳到"飞机启动"位，该继电器动作，将切除一切保护。

3）延时继电器 K2〔35〕：当点火钥匙开关扳到"停机"位，该继电器得电开始延时，3 min 后触点动作，机组停机。

4）延时继电器 K3〔36〕：当柴油机启动成功时，该继电器得电开始延时，5～10 s 后触点动作，保护板通电，机组保护切入。

5）闪光继电器〔39〕：当机组出现故障时，该继电器得电，示廓灯闪烁，远程显示机组有故障。

6）继电器 K6〔41〕：当选择开关扳到"待命"位时，该继电器得电。

7）继电器 K5〔42〕：当机组出现故障时，该继电器得电。

8）继电器 K7〔43〕：当供气压力高于 44 psi 时，该继电器动作，自动关闭供气系统。

9）继电器 K8〔44〕：机组启动成功后，该继电器得电动作

10）继电器 K4〔45〕：当机组延时停机时，该继电器开始延时，10 s 后自动切断系统电源。

11）保护板〔28〕：当机组出现故障时，保护板输出相应的报警并自保持，直到按下紧急停机恢复故障。

12）电位器〔29〕：通过调节该电位器来调节发动机转速。（注意：非专业人员禁止调节该电位器）

13）电阻〔30〕：通过该电阻提高励磁电流。

14）CIU 控制单元〔31〕：柴油机主控制单元。

15）蜂鸣器〔37〕：故障报警输出，通过该蜂鸣器读取故障代码。（具体操作参考发动机使用

手册)

16)插座〔38〕:控制柜与总体部分的连接部分。

17)二极管板〔40〕:自制的电路板。

5.其他主要辅助设施

压缩机消音器,与压缩机相连,消除气流、噪声。

1)罩壳总成:用于保护机组,隔绝噪声。

2)供气软管总成:通过供气软管及接头,将机组处理好的气体供给飞机使用。

4.2.3 气源车工作原理

1.气源车供气原理

(1)飞机大发的启动过程。

1)飞机大发的起动机是气马达。

2)飞机 APU 或地面提供气源给气马达。

3)飞机 APU 或地面提供电源给控制和点火系统。

4)气马达带动大发转动,到达点火转速后点火、供油,但此时大发自身还不足够维持稳定运转,气马达继续工作直到大发自身能够维持稳定运转——即启动成功。

(2)飞机大发启动关键。

1)有满足飞机发动机启动要求的供气压力和流量。

2)进入飞机引气系统的流量能够按照不同飞机启动过程中不同的要求自动按需调节。

3)在规定的时间内达到喷油点火转速。

4)喷油点火后到完全启动成功之前不能中断气源和电源的供给。

(3)飞机大发对气源车的要求。

1)供气要求。

①流量:按飞机实际需要进行自动调节。

②压力:能够选择供气方式,压力能够设定调节。

2)保护要求。

启动供气方式下,气源车切除保护(点火喷油后到完全启动成功之前不能中断气源和电源的供给)。

供气时机械保护,供气压力开关和机械安全阀,双重保护供气超压。

3)柴油机转速要求。

能够自动实时按流量控制。

(4)气路工作原理图。

气路工作原理如图 4-25 所示。压缩机排出的气体经压缩机消音器到供气管路,主供气管路装有安全阀、旁通阀、供气开关。安全阀设定的保护压力值为 50 psi;旁通阀亦称流量调节阀,飞机供气开关关闭时,所有气体从与旁通阀相连的旁通管路排到大气中;供气开关通过软管、飞机接头与飞机供气接口相连,打开时,开始给飞机供气;关闭时,停止供气。控制气路装有低压(0.7 bar)控制阀和高压控制阀(3 bar),用以控制气源车向飞机提供供气或启动发动

机。在控制气路中安装有压力开关(46 psi)。当管路中供气压力超过 46 psi 时会切断供气状
态以实现供气保护的作用。

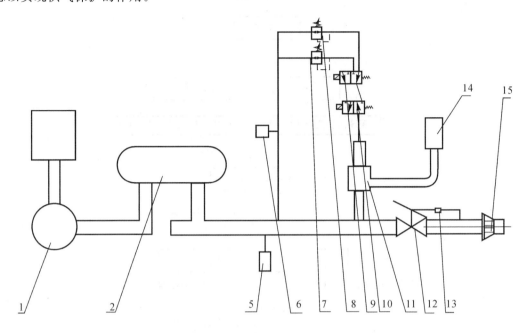

图 4 - 25　气源车供气原理

1-压缩机；2-消声器；5-安全阀；6-压力开关；

7 - 30 psi 调压阀；8 - 40 psi 调压阀；9-模式选择阀；10-供气控制阀；

11-旁通阀；12-供气阀；13-泄气阀；14-消声器；15-供气接头

2.电气工作原理

电气工作原理如图 4 - 26 所示，由柴油机电子调速系统、供气电气部分和保护电路等
组成。

(1)柴油机电子调速系统。

柴油机的速度随供气状态变化而改变。旁通阀上安装有随动开关，在其移动过程中会产
生不同的电信号并将这个信号传递给电子调速系统，与之相连的柴油机电动节气门也随之变
化，从而实现了对柴油机的速度调节。

(2)供气电气部分。

供气控制气路上装有供气状态选择电磁阀、供气控制电磁阀。当供气处于旁通状态时，状
态选择电磁阀与控制电磁阀全部断电；处于空调状态，选择电磁阀与控制电磁阀全通电；处于
供气状态，选择电磁阀断电，控制电磁阀通电。

(3)保护电路。

保护控制电路设有柴油机油压低、水温高、超速保护，气体压缩机油压低、油温高等保护回
路。当任一保护回路动作时，其有相应的报警会显示。

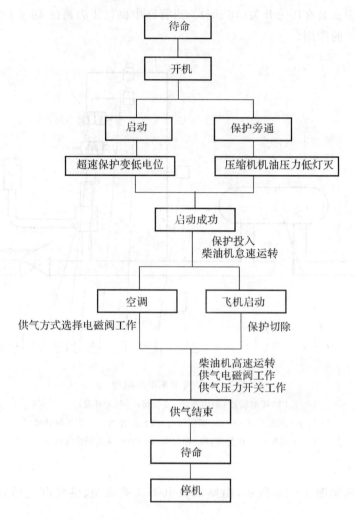

图 4-26　气源车电气框图

4.3　气源车螺杆式压缩机的检修

4.3.1　检修准备

（1）技术资料准备：深入现场，全面了解螺杆压缩机的运行状况，收集相关资料，编制详尽的检修方案并报审批。

（2）材料准备：将螺杆压缩机在检修、拆除和安装过程中所需的各种材料准备好，包括煤油、密封胶、砂布等；对准备更换的备品配件进行检验，并做好记录。

（3）工机具准备：检修所需各种机械（包括叉车等）及工器具准备到位。

（4）作业现场准备：根据任务，认真察看作业现场，确定备品备件、工器具及材料摆放点。

（5）人员组织准备：依据审核方案将所需的人员安排组织好，对检修人员进行安全技术交底，并做好记录。

4.3.2　检修步骤与技术要求

(1)螺杆压缩机检修的基本程序。

检修准备→拆除隔音房→拆除附属管线、电气、仪表连线→拆除压缩机机头→中冷器、油冷器、油泵等拆检→压缩机机头解体大修→中冷器、油冷器、油泵等复位→机头复位安装、找正→附属管线、电气仪表连线复位→试车→交工验收。

(2)压缩机机头拆卸及解体大修。

1)拆卸消音器(隔音房)。

2)拆卸与机组连接的附属管线,盖住所有暴露的管线开口,以防止异物进入,如图 4 - 27 所示。

图 4 - 27　气源车拆卸图

3)拆卸卸荷阀,检查各密封件,更换损坏件。

4)拆下压缩机,用叉车将机头运至检修间。

5)将机头装在专用的工作架上,旋转工作架,使机头排气端朝上。

6)用塞尺测量阴阳转子排气端面与机体间隙,测量转子与机壳内壁径向间隙,测量阴阳转子的啮合间隙,记录数据,如图 4 - 28 所示。

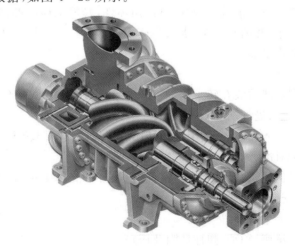

图 4 - 28　测量间隙

7)拆除平衡腔体,测量各配合间隙,记录数据;检查各密封件,更换损坏件。

8)拆卸同步齿轮大盖,检查齿轮的啮合间隙并记录。

9)拆卸同步齿轮锁紧螺母的防松销钉,然后拧下螺母。

10)用专用工具拆下同步齿轮、齿轮轮毂,取出定位套。

11)拆下轴承压盖螺栓,取出压盖,再用顶丝将轴承座顶起一点,先取出调整垫片,再继续顶出轴承座。

12)拆卸推力轴承组件,检查止推块的磨损情况。

13)拆卸吸入、排出端径向轴承,检查轴承的磨损情况。

14)拆卸吸入、排出端石墨环(机械密封)部件,检查石墨环,动、静环等密封零部件。

15)将压缩机垂直立起,并使吸入口壳体朝上。

16)拆下吸入口壳体并在端面做好标志,用起重行车分别取下阴阳转子,检查转子轴颈的损坏情况,如图4-29所示。

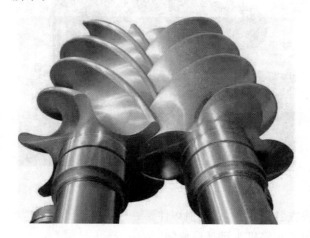

图4-29 阴阳转子

17)拆下吸入口和排出口的迷宫密封件,检查迷宫套磨损情况,清洗压缩机水夹套。

(3)压缩机机头回装、调整及技术要求。

将拆下的各零部件及机体清洗并检查,更换损坏件,修复机体的磨损面,螺杆压缩机重新装配前,须保证壳体内表面和油管干净,水夹套应无泥、碎屑等,去除转子、壳体、轴承支座、同步齿轮等上面的毛刺和粗糙点。

回装与调整方法如下:

1)将径向轴承内圈加热后装在转子上,要做好标记,内圈与外圈配套不能混淆。

2)旋转工作架,使机头进气端朝上,将阳转子装回壳体内。

3)小心地将阴转子旋入壳体内,边滑动边转阴转子以防止与阳转子碰在一起损坏密封线,保证转子上的装配标记对准。

4)将壳体置于水平位置,然后安装密封组件,石墨环和壳体上配合的端面要光滑平整、接触均匀,石墨环方向须安装正确。

5)将入口壳体安装上入口端。

6)在入口端安装轴承座、轴承、弹性挡圈及压盖。

7)将增速齿轮装在阳转子上。

8)旋转工作台,机尾朝上,依次装入调整垫片、后轴承座、径向轴承、轴承挡圈、推力轴承、压盖。

9)测量阴阳转子排气端面与机体间隙,测量转子与机壳内壁径向间隙。

10)按下列步骤检查调整转子游隙和端面间隙。

①在未安装止推轴承时,将轴的总窜动量测量好;

②用专用夹具测量出推力轴承的游隙,以此判断轴承是否合格;

③安装调整垫片、止推轴承,将假套套在转轴和同步齿轮之间,并用锁紧螺母拧紧,以消除零件之间叠压现象,用塞尺测量转子排出端端面与壳体端面间隙;

④可通过改变调整垫片的厚度来调节排出端的间隙,减少调整垫片的厚度就可增大间隙,如果必须减小间隙,可加铜片调整。

11)将阳转子同步齿轮和阴转子同步齿轮轮毂,装在各自配合轴上。

12)根据机组的随机技术文件测量并调整转子的同步齿轮啮合齿侧间隙、阴阳转子啮合间隙。

阴阳转子啮合间隙及同步齿轮啮合齿侧间隙按照如下方法进行调整:同步齿轮装好后,应检查转子能转动灵活无碰擦现象,调整好转子的啮合间隙后,将同步大齿轮厚齿片的齿前侧与同步小齿轮的齿后侧相接触,紧固齿轮轮毂的定位螺栓,在同步大齿轮薄齿片上将轮毂与厚齿片的定位孔打好,并绞孔上定位销,然后调整薄齿片与同步小齿轮的间隙符合要求后,再打另一定位孔,并绞孔上定位销。

13)安装后端盖。

14)安装平衡腔体,测量调整转子与腔体的同心度,按要求回装各部件。

15)将调好的机头复位安装,调整传动齿轮的啮合间隙;将附属管线复位。

拆除油泵,将油泵解体,检查各零部件的磨损情况,清理并疏通油路。拆下中冷器、油冷器检查,修复漏点,清理滤网,疏通管路。

4.4　飞机气源车的操作规程及注意事项

4.4.1　飞机气源车的操作规程

1. 启动前

(1)检查机组油、水、电及各部件连接应正常。

(2)将供气选择开关放在"UNLOAD"无负载位置。

(3)将供气软管与飞机插座接牢。

(4)扳动启动开关,待柴油机启动后松开。

(5)观察发动机机油压力,应大于 10 psi;压缩机油压力,应大于 10 psi。

(6)拉出油门使转速升至 2 350 r/min。

(7)将供气选择开关放在"AIRCOND"(空调)或"JETSTART"(飞机启动)位置。

2. 停车

(1)将供气选择开关扳至"UNLOAD"(无负载)位置。

(2)推回油门手柄,使转速降至慢速位置。

(3)待压缩机空气温度降至 250 ℉①扳动停手柄,使发动机熄火。

(4)从飞机上拆下供气软管并收放好。

(5)压缩机出气温度不应超过 450 ℉。

(6)压缩机出气压力,应按飞机要求调整。

3.启动

将供气状态开关置"待命"位,供气开关处关闭位置。

将钥匙插入锁孔,左手按住旁通保护按钮,右手旋转开机钥匙,启动柴油机,松开旁通保护按钮和钥匙开关,柴油机启动成功并怠速运转。此时管路不建压,压缩机排出的所有气体从旁通消音器中排到大气中。

4.空调用气

柴油机低速运行 5 min 后,将供气开关旋钮旋至"空调"位,柴油机转速升高至规定速度,管路压力升高至规定压力。此时供气开关不打开,所有气体通过旁通消音器排到大气中;当飞机用气时,打开供气开关,旁通阀关闭,柴油机转速迅速升至规定范围,压缩机所产生气体通过供气软管送到飞机接口,如图 4-30 所示。

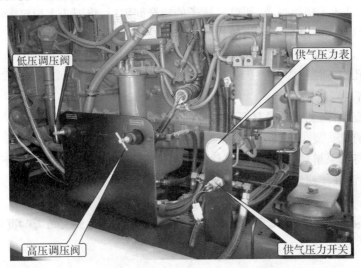

图 4-30 气源车压力开关

5.启动飞机发动机供气

确定供气开关是关闭的,飞机软管接头与飞机供气接口连接好。将供气状态旋钮旋至"启动"位,柴油机低速运转,管路压力缓慢升高至规定压力,管路处待命状态。当机务人员发出启动发动机用气信号时,打开供气开关,旁通流量调节阀关闭,柴油机转速迅速升至供气压力的速度,此时,气源机组向飞机提供压力气体。

6.关机

当机务人员发出飞机发动机启动成功信号时,立刻关闭供气开关,同时将泄气阀打开,将软管泄压。将供气状态旋钮旋至"待命"位置,柴油机怠速运转 3~5 min,将开机电门钥匙旋至关机位置,机组停机。

---

① 1 ℉=(32+1×1.8)℃。

4.4.2 气源车供气保护措施

气源车工作时,对气源车机组和飞机进行了多方面的保护,见表 4－2。

表 4－2 气源车的保护

保护功能	保护值	保护结果	
		待命及空调	飞机启动
柴油机水温高	103 ℃	报警、停机	报警
柴油机机油压力低	70 kPa	报警、停机	报警
冷却液液位过低		报警、停机	报警
柴油机超速	115%	报警、停机	报警
压缩机机油温度高	76 ℃	报警、停机	报警
压缩机机油压力低	50 kPa	报警、停机	报警
压缩机输出温度高	210 ℃	报警、停机	报警
供气压力保护开关	44 psi	切断控制气路,减压	
压力安全阀	50 psi	泄气、降压	
急停开关		停机	

1.柴油机的保护

(1)柴油机水温高保护,当散热器内冷却液温度超过 103 ℃时,机组自动停机,操作面板上柴油机水温高指示灯亮。

(2)柴油机机油压力低保护,当柴油机机油压力低于 70 kPa 时,机组自动停机,操作面板上柴油油压低指示灯亮。

(3)冷却液液位过低保护,当冷却液液位低时,相应开关动作,机组自动停机,操作面板上相应指示灯亮。

(4)柴油机超速保护,当柴油机转速超过额定转速 15%时,机组自动停机,操作面板上超速指示灯亮。

2.压缩机的保护

(1)压缩机机油温度高保护,当压缩机机油温度超过 76 ℃时,机组自动停机,操作面板上压缩机油温高指示灯亮。

(2)压缩机机油压力低保护,当压缩机机油压力低于 50 kPa 时,机组自动停机,操作面板上压缩机油压低指示灯亮。

(3)压缩机输出温度高保护,当压缩机输出温度高于 210 ℃时,机组自动停机,操作面板上压缩机输出温度高指示灯亮。

3.供气保护

(1)供气压力保护开关,当供气压力超过 44 psi 时,压力开关动作,实施供气压力保护。

(2)机械式压力安全阀,当供气压力超过 50 psi 时,安全阀打开泄气。

(3)采用带滤网的飞机供气接头,保证向飞机提供清洁的气源。

4.气源车保护设置

(1)充电保护,当充电系统出现故障时,操作面板上充电保护指示灯亮。

(2)飞机启动挡,机组保护解除,选择开飞机启动挡时,气源车机组所保护功能解除。

(3)紧急停机,操作面板上设有紧急停机按钮,紧急情况时,按下按钮,强制使柴油机断油熄火。

4.4.3 气源车操作注意事项

(1)操作压缩机时,要求操作人员能熟练安全地操作,同时遵守所有相关的安全工作要求。压缩机在安全运转条件下运行,压缩机机体是可靠的。

(2)压缩气体不能对准人或阻挡气体返回的物体,不要用气体做其他用途。

(3)压缩机或发动机装置周围有易燃或有毒的气体时,不要运转机组。

(4)压缩机在运转时,不要再加装燃油,燃油要远离热的管子。

(5)供气软管必须适合工作压力,不能用磨损、损伤和变质的软管,软管末端的装配和连接只能用适当的类型和尺寸的软管,连接要牢固可靠。

(6)系统压力低于规定值或转速超过规定值,不要运转机组。

(7)机组处于高温时,不要用手直接触摸机组。

(8)机组向飞机供气后,飞机发动机在启动过程中,不论遇到什么情况,都不能随意停止供气,否则会烧毁飞机发动机;确实遇有紧急情况非停车不可,要先向机务人员报告,在经得同意后,再停止供气。

4.4.4 飞机气源车的应急操作

(1)在供气过程中,如果发现发动机、压缩机严重漏油,温度超高,有异常响声,气管漏气,仪表指示不正常等情况,应通知机务人员,经得同意后,方可停止供气。

(2)在供气过程中,如果供气机组发生火险时,应通知机务人员,停止供气,先用车载灭火器紧急灭火。然后,迅速拔下供气接头,将车辆迅速撤离飞机到安全地带,再用灭火器灭火。并通知相关部门采取协作措施,防止火灾发生。

(3)在供气过程中,如果发现发动机飞车、油管爆裂、机件损坏等严重故障时,应通知机务人员,经得同意后,按下紧急停车开关,并采取断油措施。

(4)气源机组在初供气时,输气管突然断裂或供气接头突然脱落,为防止伤损飞机和人员,应立即关闭供气开关。

(5)当遇到以上情况的任何一种时,都要迅速报告车辆调度,迅速派车,确保任务正常完成。

4.5 飞机气源车的日常维护

4.5.1 气源车检查注意事项

(1)车架、车梁、车厢门、保险杠、减震器、油箱架、电瓶架连接牢固,无断裂变形现象。

(2)车身清洁,无破损开裂现象,车门打开灵活,门锁、拉手、玻璃、升降器、后视镜、雨刷器、车牌齐全有效,安装牢固,灭火瓶齐全有效。

（3）传动轴各部连接牢固，万向节润滑良好，运转平稳无异常。

（4）转向系统操纵灵活可靠，转向节、球头销、横直拉杆连接牢固，润滑良好，转向器无渗漏，行驶时方向不打摆。

（5）前、后发动机润滑油，冷却液量符合要求，无渗漏，传动皮带无破损，空气滤清器清洁。发动机每次启动在 15 s 内能够顺利启动，怠速运转平稳，加速性能良好，无异常响声，机油压力正常。

（6）离合器分离彻底，结合平稳，不打滑，无异响，各部连接牢固；油缸、油管无渗漏，踏板自由行程符合要求。

（7）电瓶表面清洁，极柱无氧化物，电线连接牢固，液面符合标准。

（8）车桥、车轮安装牢固，无渗漏缺油，轮胎无损伤，无严重磨损，气压正常，双轮胎气门嘴应相隔 180°。

（9）制动系统各部连接牢固，无渗漏，刹车总泵液面符合要求，车速 30 km/h 时制动距离符合该车设计要求，不跑偏，无卡滞现象，制动踏板自由行程符合要求，手刹制动灵活可靠。

（10）气源机组各部连接牢固，发动机运转平稳，无渗漏、无异响；仪表指示正常，各项保护有效。输出气压为 $36\sim40$ lb/in^2。

（11）气源软管无破损，不漏气；插头插拔灵活，固定可靠。

（12）各种仪表、开关、指示灯、照明灯、雾灯、转向灯、倒车灯、刹车灯、顶灯、警示灯、喇叭齐全有效，线路连接牢固无破损。

（13）手动挡变速箱换挡顺畅，不掉挡，无异响。自动挡变速箱怠速运转时变速箱油应在油尺上下刻度之间，无渗漏，无异响。

4.5.2　气源车保养注意事项

（1）除了例行保养外，所有的保养工作，必须在压缩机停车一定的时间后进行，同时保证压缩机不能有非人为的启动。

（2）拆卸任何受压的部件前，要完全脱离所有的压力源和解除整个压力系统，不要依靠控制阀门来脱离压力系统。

（3）保养和修理工作要使用适当的工具，保养执行小时或季节保养制度，由修理人员完成。

（4）如在部件下工作或拆卸轮子，要在部件或车轴下面安装支撑，不能仅依靠千斤顶。

（5）确保没有工具或松散的部件、碎片留在柴油机、压缩机内。

（6）维护或彻底检修后，必须清洗机组，检查运转压力、温度和转速都完全正确，控制和开关设备功能一切正常。

（7）不要用易燃的溶剂或四氧化碳来清洗部件。

（8）执行修理时，覆盖在部件及暴露部分的灰尘要用干净的布、纸或线带擦拭干净。

（9）在机油或燃油系统周围不能进行焊接和执行有热源的保养。

（10）清洗时，电气系统及调速部件等要注意防水。

4.5.3　气源车的日常维护

1. 维护保养前准备

（1）所有加注的油料、油脂、冷却水、防冻剂应保持洁净；其型号和规格应正确无误。

（2）加注油或油脂时，注油及周围部位应使用刷子或棉丝清洁。

（3）注油、排油或检查油量时，应将车辆置于水平位置。

（4）放油应在整机工作 10 min 后立即进行。

（5）冷却水，夏季使用防腐水，冬季使用乙二醇型防冻液。

2.定期检查

要依据气源车制定定期检查表 4-3。

表 4-3 定期检查表

序 号	工作内容	每 日	每 周	每 月
1	检查汽车底盘的情况			
2	检查压缩机进气滤清器的情况	√		
3	检查压缩机润滑油量的情况	√		
4	检查机组油箱油量的情况	√		
5	检查蓄电池内电解液面高度及电缆连接的情况		√	
6	检查柴油机的情况		√	
7	检查供气管路的情况			
8	检查控制开关、指示灯的功能是否正常	√		
9	检查控制线路是否松动、损坏		√	
10	检查罩壳立柱与底盘框架、罩壳上框架连接情况			√

（1）检查压缩机进气滤清器。观察压缩机进气空气滤清器堵塞指示器，如图 4-31 所示。当指示器窗口出现红色时，更换空气滤清器；同时，每半年检查压缩机进气盒焊缝，如开裂停止使用设备，修理更换后方可重新使用。

图 4-31 压缩机空气滤清器指示器

（2）检查压缩机润滑油量。检查压缩机润滑油油位和润滑油过滤器,保证油位位于上观察窗中间位,每 12 个月更换润滑油及润滑油过滤器。

（3）检查机组油箱油量。检查机组油箱油量,观察汽车底盘驾驶室内油量表,保证油箱油量足够。

（4）检查蓄电池内电解液液面高度及电缆连接情况。

蓄电池电解液液位的检查。打开蓄电池堵盖,用一根木棍插入蓄电池底部,根据木棍被浸湿的高度,即可判断其内电解液液面高度。正常应在 100 mm 以上。若发现液位过低,应补注蒸馏水。

蓄电池连接线的检查。每次启动发动机前,应仔细检查蓄电池的连线,并确认各接线柱无腐蚀,各连线无松动。严防因电缆接触不良而出现电打火。

（5）发动机:每 3 个月检查发动机增压器与接管连接螺栓是否牢固,如图 4-32 所示。

图 4-32　压缩机空气滤清器指示器图　　　4.33　压缩机供气管路连接卡箍

（6）供气管路。每年检查确保排气管路没有泄漏;每年检查确保控制气路没有泄漏;每月检查确保橡胶波纹管完好,与上、下接管连接卡箍锁紧锁母牢固,卡箍完好,如图 4-33 所示。

（7）每日检查供气软管与供气开关(球阀)、飞机接头连接牢固,卡箍完好,如图 4-34 所示。

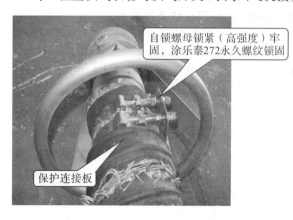 

图 4-34　压缩机供气软管与供气开关

（8）供气软管无老化破裂现象,如图 4-35 所示。

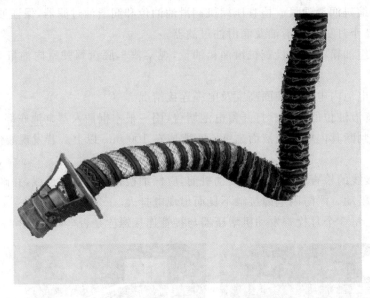

图 4-35 压缩机供气软管管破裂

(9)检查控制开关、指示灯的功能是否正常。启动机组后,检查控制面板上所有开关、按钮、指示灯、仪表功能是否正常。

(10)检查控制线路是否松动、损坏。定期检查各控制线束是否松动、挤伤、烧伤和老化,如发现控制线束出现损伤,请更换。

(11)检查罩壳立柱与底盘框架、罩壳上框架连接情况。定期检查罩壳立柱与底盘框架、罩壳上框架螺栓紧固情况,如松动或损坏,及时紧固和更换。

(12)供气接头无损坏,管卡箍无松动破损,供气阀手柄无松动,管卡箍无松动破损。

4.6 飞机气源车的常见故障排除

飞机气源车常见故障、原因分析及排除方法见表4-4。

表 4-4 飞机气源车常见故障、原因分析及排除方法

现 象	可能发生故障	排除方法
发动机不工作	(1)发动机启动不工作,不在启动位	(1)启动开关转至"开"位
	(2)电瓶没电	(2)无电或换电瓶
	(3)电瓶接线松	(3)清洁紧固或换电瓶电线
	(4)保险丝断	(4)换保险丝
	(5)启动机接线松	(5)紧固线
	(6)启动机坏	(6)修理或更换
	(7)电瓶电量指示表坏	(7)修理或更换
	(8)启动开关坏	(8)修理或更换
	(9)线绳拉坏	(9)更换
	(10)发动机或压缩机坏	(10)更换

续表

现　　象	可能发生故障	排除方法
发动机转动但不爆发	(1)无供气:a.进气源阻塞;b.输气阀关闭 (2)发动机转速低:a.电瓶电量低;b.启动机接线松或坏 (3)燃油供不上:a.油路空;b.油滤或机油滤阻塞;c.调整电磁阀不工作;d.供油管道破裂;e.燃油泵进油一侧失密;f.燃油泵坏 (4)冷机:a.冬季滑油厚稠;b.辅助启动剂失效或用完 (5)气源:a.进排气阀间隙不对;b.发动机内部损坏	(1)a.换进气源;b.打开 (2)a.紧固电线或更换电瓶;b.紧固或更换 (3)a.泵油;b.更换滤子;c.修理或更换;d.放空气复等或更换管络;e.检修或更换 (4)a.更换合适机油;b.更换辅助启动剂 (5)a.调整或更换;b.换油气滤等组件或其他相关部件
停车保护	(1)润滑油压力低:a.油量低;b.润滑油稠;c.机油压力开关坏或线头松;d.发动机内部润滑系统坏 (2)冷却机温度高:a.风扇皮带松或断;b.散热器眼或通风小;c.冷却液少;d.传感器不工作;e.散热器管路渗漏;f.散热器内有小异物;g.水泵不工作 (3)发动机超速:a.调速机构无效;b.超速开关失效 (4)燃油少:a.燃油箱空;b.油位传感信号不对	(1)a.按标准添加;b.按要求更换合适润滑油;c.检查线路,修理或更换压力开关;d.检查或换发动机,按要求修理 (2)a.调整或更换;b.检查散热器表面有无大面积异物吹掉或清理散热器;c.补上;d.检测或更换;e.检查紧固或更换;f.清理散热器;g.检查或更换 (3)a.重调;b.检查调整或更换 (4)a.加油;b.检查油路或油位传感器,看情况更换
发动机启动困难	油箱内无油;油管破裂、堵塞或接头松动;油中有空气或水;空气滤堵塞;柴油滤堵塞;冬天柴油结蜡;高压油泵故障;喷油压力或雾化不好;发动机故障	检查油箱内油量;检查油及接头;排除油中的水和空气;清洁或更换空气滤、柴油滤;冬天更换柴油;检查排除高压油泵故障、喷油器和发动机故障
机组不正常工作	(1)运行不稳定:a.冷却水温低;b.供油不畅.c.喷油器工作不当;d.汽缸压力低.e调速器工作不当 (2)动力不足:a.环境气温高;b.工作海拔高;c.油路不畅;d.供气不畅;e.正时不当 (3)压缩机空气温度高:a.供气压力高;b.压缩机进气口管路不畅;c.压缩机不工作;d.压缩机油低	(1)a.检查传感器;b.检查油路及油品;c.检查或更换;d.测汽缸压力.e调整 (2)a.检查油道或油品;b.检查空气滤;e.检查、调整 (3)a.调整;b.检查空气滤及管道有无阻塞;e.修理;d.加注
供气压力低(启动空调位)	(1)供气管路漏气或松动 (2)气源整理不当 (3)表读数错 (4)进气不畅 (5)气源整理及输出管路泄漏 (6)气输出口至气源整理间管路泄漏 (7)电磁阀处有泄漏	(1)检查及紧固 (2)调整或修理 (3)检查更换表头 (4)检查空滤及进气管路 (5)检查修理 (6)检查修理 (7)检查修理

续表

现　象	可能发生故障	排除方法
压缩机机油压力低	(1)机油少 (2)油滤堵塞 (3)压缩机内部损坏 (4)油原开关坏	(1)添加 (2)更换 (3)修理 (4)检查及更换
输出温度高	温度开关坏	检查及更换
压缩机油温高	(1)油脏,失效 (2)内部损坏 (3)油温开关坏	(1)更换 (2)修理 (3)更换
压缩机漏油	(1)油太多 (2)堵头松 (3)油滤松 (4)油封坏	(1)放油 (2)紧固 (3)紧固 (4)更换
泄压阀工作	(1)安全阀坏 (2)输出气压低	(1)更换 (2)调整
发动机超速(飞车)	超速保护失效,执行器与油泵之间拉杆卡死或松脱	检修超速保护装置,检查油门拉杆
发动机温度过高	缺冷却液;冷却系统不循环;散热器不良	检查添加冷却液;检修水泵和节温器;清洗散热器水垢和油污
启动机不正常工作	蓄电池电压低,启动机本身故障,启动电路故障	更换蓄电池,更换启动机,检修启动电路
发动机冒黑烟	油大混合气过浓;空气滤赃进气不畅;喷油嘴雾化不好;高压油泵故障;发动机故障;喷油时间过早;负荷过大	清洁或更换空气滤;检查修理喷油嘴和高压油泵;检修发动机;调整校正喷油时间,查明负荷过大原因
发动机排白烟	喷油时间过迟;各缸喷油间隔角度不一致;喷油器喷油时滴油,雾化不良,压力低;油中有水或空气	调整校正喷油时间;检查各缸喷油间隔角度;检查喷油器的工况,必要时效验或更换;排除油中的水和空气

复习思考题

1. 简述气源车的功用和结构组成。
2. 简述无油润滑螺杆式压缩机的工作原理。
3. 简述气源车的工作原理。
4. 简述气源车的操作规程。

第5章　飞机空调车

5.1　概　　述

5.1.1　飞机空调车的功用

飞机空调车(或机组)(Air Conditioning Machine)是调节飞机机舱空气的专用特种车辆。在飞机停留航站接送旅客或进行机务保障过程中,飞机空调车(或机组)为飞机机舱提供适宜的温度和新鲜的空气。当飞机在地面停留时,无论是过站服务还是进行机务维护,应尽可能不使用飞机的APU(辅助动力单元),以减少航空燃油、润滑油的消耗和航材的损耗,同时更重要的是APU在使用过程中会产生大量的燃烧废气和刺耳的高频噪声,这些污染都会给旅客和民航工作人员的身心健康带来危害。因此,当飞机在地面停留时,应尽量使用地面的空调车(机组)为飞机服务。

5.1.2　飞机空调车的类型

在现行民航地勤服务中应用较广的飞机空调车(或空调机组)主要有三种类型,即自行式、拖曳式和吊挂式。

自行式飞机空调车是在通用的二类汽车的底盘上,加装空调机组,汽车底盘作为空调机组的运输载体,如图5-1(a)所示。这种形式机动性强,但使用维护成本较高。

图5-1　飞机空调车机组

(a)自行式；(b)拖曳式

拖曳式是将空调机组安装在一专用的无动力的底架上,使用时用拖车牵引至需要使用的地方,如图5-1(b)所示。这种方式无须专门的汽车底盘,使用也比较灵活方便,一次性投入的费用和使用维护的成本均经济。

吊挂式是将空调机组直接吊挂安装在廊桥上,属于固定式空调机组。现在大型机场廊桥数量充足,每一架廊桥上都安装有空调机组。当飞机停靠在廊桥时,为飞机提供适宜的温度和新鲜的空气,如图 5-2 所示。

飞机空调车(或机组)常用的有两种运行方式:一种是由辅助发动机带动一发电机组,并对电量参数(电压、电流值)进行调整,使用稳定的电压与电流供给电动机,再由电动机带动空调压缩机,实现空气调节;另外一种是用辅助发动机直接带动空调压缩机实现空气调节。两者不同之处在于前者空调压缩机为半封闭式,而后者为开启式。

图 5-2 吊挂式飞机空调机组

5.1.3 飞机空调车的技术参数

飞机空调车(或机组)的主要技术参数:车辆的外形尺寸,发动机的型号、额定功率、排量,空调压缩机的型号、额定转速,制冷剂,饱和吸气温度,饱和排气温度,最大输出气压,最大输出流量,最大制冷力,制热能力等。现以 ACE-804-420 型空调车为例具体说明空调车的各项参数,见表 5-1。

表 5-1 ACE-804-420 型空调车主要技术参数

	底盘型号	NPR 型柴油机
底盘	全长×全宽×全高	5 950 mm×2 490 mm×2 450 mm
	自重	5 900 kg
	轮距	1 550 mm
	轴距	3 350 mm
前发动机	型号	五十铃 4BE1 型柴油机
	形式	直列四缸、四冲程、水冷
	排量	3.9 L
	额定功率	85 kW,3 000 r/min

续表

后发动机	型号	6V92T 柴油机
	形式	直列列六缸、四冲程、水冷、涡轮增压
	额定功率	119 kW,2 400 r/min
	压缩比	17.8:1
空气压缩机	生产厂	FRICK(美国)
	型号	XJS-12OS 型蜗杆转子式
	空调制冷剂	R-12
	饱和吸气温度	40 ℉(4.4 ℃)
	饱和排气温度	130 ℉(55.4 ℃)
	额定转速	2 400 r/min
	最大输出气压	45 inH_2O[①](英寸水柱)
	最大输出流量	350 lb/min
	最大制冷力	350 lb/min,31.4 Btu/lb[②](1 Btu=1 055.06 J)
	制热能力	450 000 Btu/lb

5.2 空调的基础知识

空气调节简称空调,它是为了达到所需要的空气参数,经过空气调节系统对空气进行加热、加湿、冷却、去湿、净化等处理的过程。

5.2.1 制冷基础知识

1.制冷与人工制冷

所谓制冷是指将某物体由高温度转变为低温度的过程。通常制冷有外界的自然制冷和人工制冷两种。人工制冷是借助于制冷装置,以消耗机械能或电磁能、热能、太阳能等形式的能量为代价,使热量从高温系统向低温系统转移而得到低温的方法。

2.冷凝及升华

物质从气态变成液态的过程叫冷凝或凝结,也称液化。例如水蒸气遇到较冷的物体就会凝结成水滴。有些气体的液化需要较低的温度,同时需要较大的压力才能实现。例如在制冷装置中,氨气在室温下需要加压到 0.6 MPa 以上,才能在冷凝器内液化为氨液。

蒸汽冷凝时要放出热量,1 kg 蒸汽冷凝时放出的热量,等于同一温度下液体的气化潜热。

物质从固态直接转变为气态的过程叫作升华。例如用二氧化碳加压制成的干冰,在常温下很快就变成二氧化碳气体。物质在升华过程中要吸收热量,如 1 kg 干冰在标准大气压下的

---

① 1 Btu/lb=2.326 kJ/kg;

② 1 inH_2O=0.249 kPa。

升华温度为 -78.9 ℃,需要吸收 573 kJ 的热量。

3. 蒸发、沸腾和气化潜热

物质的存在形式有固、液、气三种状态,简称物质的三态。在一定条件下,物质的状态可以相互转化,称为物态变化。

从液态转化成气态的过程叫作气化。气化有两种方式,即蒸发和沸腾。

在任何温度下,液体表面发生的气化现象,叫作蒸发。液体的温度越高,表面积越大,蒸发进行得就越快。在相同的外界条件下,不同的物质,蒸发的快慢也不同,这是由于物质分子间的引力大小不同,分子飞离液面所需动能不一样所致的。

对液体加热到一定温度时,液体内部便产生大量气泡,上升到液面破裂而放出大量蒸汽,这种在液体表面和内部同时进行的剧烈气化的现象叫作沸腾。液体沸腾时的温度叫做沸点。在相同压力下,各种液体的沸点通常是不同的。例如在 10 325 Pa(即一个标准大气压)下,水的沸点是 100 ℃,氨液的沸点是 -33.4 ℃。对于同一种液体,压力降低,沸点降低。例如高山上大气压力低于地面,因此,在高山上烧开水不到 100 ℃ 就沸腾了。

在一定压力下,蒸发可以在任何温度下进行,而沸腾只能在一定温度下发生。制冷剂在蒸发器内吸收了被冷却物体的热量后,由液态制冷剂汽化为蒸汽,这个过程是沸腾。当蒸发器内的压力一定时,制冷剂的气化温度就是与其对应的沸点,在制冷技术中,称为蒸发温度。

液体在沸腾时,即使对它继续加热,它的温度也不升高。液态制冷剂所吸收的热量,被用来克服液体分子间的引力,以及液体的表面张力,使它由液相转变为气相。即吸收的热量转变为蒸汽分子的位能,而气体分子的动能并未增加,故气、液的温度均不变。对 1 kg 液体,在一定温度下,转变为同温度的蒸汽时所吸收的热量,称为气化潜热,制冷技术中,习惯上称为蒸发潜热,以符号 r 表示,单位是 kJ/kg。同一种液体的蒸发潜热,随其温度而改变,温度较高时,液体分子的平均动能较大,在气化时克服分子引力所消耗的能量较少,故气化潜热较小。

4. 制冷系数

制冷系数也叫"性能系数",是制冷循环中制冷量 Q 与所消耗的功 W 之比,常用符号 ε 表示,即

$$\varepsilon = Q/W$$

对于 1 kg 制冷剂,可表示为

$$\varepsilon = q_0/w_0$$

式中

q_0——1 kg 制冷剂所产生的冷量(kJ/kg);

w_0——压缩 1 kg 制冷剂所消耗的功(kJ/kg)。

制冷系数是制冷机的一个重要技术经济指标。ε 的值越大就越经济。制冷系数与制冷循环的工作参数、制冷剂的种类等因素有关。制冷机消耗的功越少,自低温热源吸取的热量越多,则制冷系数越大,循环越经济。实际制冷机的制冷系数低于在同样两恒温热源间工作的可逆制冷机的制冷系数。

制冷压缩机铭牌上标出的制冷量一般是标准工况下的制冷量。空调制冷量单位有 kcal/h,W,Btu/h 等。在制冷行业中人们常用多少匹来描述制冷设备的制冷量,其实匹是功率单位,不是制冷量单位。

制冷量单位换算:

(1)1 kcal/h(大卡/小时)=1.163 W,1 W=0.859 8 kcal/h;

(2)1 Btu/h(英热单位/小时)＝0.293 1 W,1 W＝3.412 Btu/h;

(3)1 USRT(美国冷吨)＝3.517 kW,1 kW＝0.284 34 USRT;

(4)1 kcal/h＝3.968 Btu/h,1 Btu/h＝0.252 kcal/h;

(5)1 USRT＝3 024 kcal/h,10 000 kcal/h＝3.306 9 USRT。

(6)1 匹＝2.5 kW(用于风冷机组),1 匹＝3 kW(用于水冷机组)。

公制、英制的说明:

(1)"匹"用于动力单位时,用 Hp(英制匹)或 Ps(公制匹)表示,也称"马力",1 Hp(英制匹)＝0.745 7 kW,1 Ps(公制匹)＝0.735 kW;

(2)在制冷行业中,中小型制冷机组的制冷量也会常用"匹"表示,而大型空调制冷机组的制冷量常用"冷吨(美国冷吨)"表示。

5.常用的制冷方法

在低于环境温度范围内,通常有以下一些方法可用于制冷。

(1)膨胀——利用高压气体膨胀时的吸热,使某空间温度降低来实现制冷。它只适用于空调系统和 0 ℃以上的低温水系统。

(2)蒸发——利用低温状态下容易蒸发的液体,蒸发时吸收热量实现制冷。它能够获得各种不同的温度空间,是目前应用最广泛的制冷方法。

(3)升华——利用固体二氧化碳升华为气体时,从周围环境吸取大量的升华潜热实现制冷。这种方法可以获得低温。

(4)熔化——利用物质从固态转化的相变过程,从周围环境吸取大量的熔化潜热来实现制冷。

(5)化学反应——利用吸热式的化学反应,使周围的物体冷却。

(6)热电效应——利用金属的温差电效应,即在两种不用金属组成的热电偶中通以电流,则在不同的结点中产生放热和吸热的效应,利用其吸热效应即可制冷。

目前采用的人工制冷系统主要有蒸汽压缩式、吸收式、蒸汽喷射式和热电制冷等。

5.2.2 制冷剂知识

1.制冷剂

制冷剂是制冷系统中完成制冷循环的工作介质。制冷剂在蒸发器内吸取被冷却对象的热量而蒸发,在冷凝器内将热量传递给周围空气或水而被冷凝成液体。制冷机就是借助于制冷剂的状态变化,来达到制冷目的的。

2.对制冷剂的基本要求和选用原则

在蒸汽压缩式制冷机中,各类制冷机对制冷剂有一些共同的要求。

(1)临界温度要较高,在常温或普通低温下能够发生相变。这是对蒸汽制冷剂的基本要求。

(2)适宜的饱和蒸发压力。蒸发压力最好不要低于大气压力,以免空气漏入制冷系统。冷凝压力也不能过高,以免制冷机和设备过分增大。同时,冷凝压力和蒸发压力之比也不要过大,以免压缩终温过高和压缩机的输气系数降低。

(3)凝固温度低,以免制冷剂在蒸发温度下凝固。

(4)黏度和密度要小,以减小制冷系统的流动阻力损失。

(5)热导率要高,以提高换热器的传热系数,减小传热面积及金属材料消耗量。

(6)绝热指数要小,可使压缩过程耗功减小,压缩终了时气体温度不过高。

（7）液体热容小。可使节流过程的损失减小。

（8）循环的热力完善度尽可能大。

（9）不燃烧、不爆炸、无毒、对金属不起腐蚀作用、与润滑油不起化学作用、高温下不分解及对人体无害。

（10）价格便宜，便于获得。

此外，近代由于环境保护需要，特别强调制冷剂的使用不应破坏大气臭氧层及引起全球气候变暖。

制冷剂选用的基本原则是，在考虑基本要求的前提下，还应该结合考虑制冷压缩机的结构类型及制冷机的用途决定使用哪种工质。如，在封闭式压缩机中，制冷剂与电动机的线圈相接触，故不能使用像氨一类会与铜起作用的制冷剂。家用空调冰箱中的制冷剂希望无毒、不燃烧、不爆炸。因而每一种制冷剂的选用都是综合考虑的结果。

5.2.3　制冷剂的种类和代号

制冷剂是制冷装置中进行制冷循环的工作物质，其工作原理是制冷剂在蒸发器内吸收被冷却物质的热量而蒸发，在冷凝器中将所吸收的热量传给周围的空气或者水，而被冷却为液体，往复循环，借助于状态的变化来达到制冷的作用。制冷剂的种类和品种都比较多，常见的制冷剂见表 5-2。

表 5-2　常见的制冷剂

制冷剂	化学方程式	沸　点/℉	备　注
R-11	CCl_3F	74.9	淘汰
R-12	CCl_2F_2	-21.6	将淘汰
R-22	$CHClF_2$	-41.4	将淘汰
R-134a	CF_3CH_2F	-15.1	替代品
R-123	$CHCl_2CF_3$	82.2	替代 R-11
R-410A	CH_2F_2/CHF_2CF_3	-62.9	替代 R-22
R-717	Ammonia NH_3	-28	工业应用

为了称谓和书写方便，制定了一套代号对制冷剂区分。

（1）制冷剂的代号国际上都用 R 表示，R 是 Refrigerant（制冷剂）的第一个字母，我国以前用代号 F 来表示氟利昂（卤代烃），为了与国际上采用的代号相一致，现已改用代号 R。

（2）对氟利昂制冷剂，代号 R 后面的数字，根据氟利昂的通式：$C_mH_nF_pB_r$ 按下面规则来表示：

1）R 后面第一位数字表示氟利昂分子式中碳原子数目 m 减去 1，即（$m-1$），若 $m-1=0$，则可以不写。

2）R 后面第二位数字表示氟利昂分子式中氢原数目 n 加 1，即（$n+1$）。

3）R 后面第三位数字表示氟利昂分子式中氟原子的数目 p。

4）若氟利昂分子式中有溴原子存在，则在最后增加字母 B，并附以溴原子数目 r，若没有溴原子，则不写这一项。例如 $CFCl_3$-R11，CF_2Cl_3-R12，CHF_2Cl-R22。

（3）对于可作为制冷剂的无机化合物（氨、空气、水等）它们的代号中 R 后的第一个字为 7，其后跟着的数字是该制冷剂分子量的整数部分。当有两种以上的制冷剂分子量整数部分相同时，可以在制冷剂的编号上加上一个 a 或 b 等加以区分。例如 $NH_3 - R717$，空气 $- 729$，$H_2O - R718$。

1)氨($NH_3 - R717$)。

氨最大的优点是单位容积制冷能力大，蒸发压力和冷凝压力适中，另外价格便宜，极易购得，特别是冷藏、冷库等大型制冷设备常采用。但是氨最大的确定就是有强烈的刺激作用，对人体有危害，目前规定氨在空气中的浓度不应大于 $20 \ mg/m^3$。氨是可燃物，氨在空气中的体积百分比达 $16\% \sim 25\%$ 时，遇火焰就有爆炸的危险。

2)氟利昂。

大多数的氟利昂本身无毒、无臭、不燃，适用于工程建筑或者实验室的空调制冷装置。尤其是氟利昂 R22，在我国空调制冷装置中已经广泛采用。其热力学性能与氨不相上下，而且安全可靠，是一种良好的制冷剂，但是目前价格较高，影响大规模的推广使用。致命缺点：温室效应气体，其温室效应值比二氧化碳大 1 700 倍，更危险的是会破坏大气层中的臭氧层。根据国际上《蒙特利尔议定书》规定：R22 于 2020 年将全面禁止，发展中国家可适当延期至 2040 年全面禁止生产。目前国际上一致看好的 R22 的替代物是 R407C，R410A。另外汽车制冷中常用的 R12，采用 R134A 替代。目前国内的一些大中型项目，业主都明确要求采用环保冷媒如 R407C 等。

5.2.4 载冷剂

载冷剂是一种中间物质，如常用的空调冷冻水，其在蒸发器内被冷却降温，然后远距离输送，来冷却需要被冷却的物体。

目前常用的载冷剂有水，它只能用于高于 0 ℃ 的条件，当要求低于 0 ℃ 时。一般采用盐水，如：氯化钠或者氯化钙水溶液或者采用乙二醇、丙二醇等有机化合物的水溶液

5.3 空调系统的主要元件

一般而言，空调系统主要由压缩机、蒸发器、冷凝器和膨胀阀等四大部分组成。当飞机空调车采用 R - 134a 做制冷剂时，其制冷系统由下列零组件组成：螺杆压缩机；油分离器；机油滤清器总成；换向阀；外部盘管总成；制冷剂储液罐；过滤/干燥器总成；膨胀阀；主热膨胀电磁阀；内部盘管总成；供选装的除霜系统；压缩机加载/卸载电磁阀；压缩机液体注入温度导引阀；压缩机气体喷射热膨胀阀；气体喷射过滤器；压缩机吸气过滤器；减震器；泄压阀；单向阀；关闭阀；冷媒窗口；系统维修接头；系统连接直角阀及控制压力开关。飞机空调车(机组)广泛采用的是螺杆式制冷压缩机构成的空气调剂系统，其结构组成如图 5 - 3 所示。

系统制冷循环的工作原理如图 5 - 4 所示。制冷系统是一个封闭的回路。此回路的一半是处在高压下，另一半处在低压下。由压缩机和膨胀阀把回路的高压与低压分开。再加上两个热交换器就构成了一个基本的制冷系统。在系统高压端的热交换器是冷凝器。系统低压端的热交换器是蒸发器。液态冷媒在蒸发器中吸收热量转变成气态。由于压缩机的吸气作用维持蒸发器处在低压下，而且蒸发过程处于饱和状态，因此蒸发器的温度处在相对的低温下。压缩机把蒸发器返回的气体压缩成高压气体，并把它传送至冷凝器。高压气体排出它的热量再转变成液体。这个凝结过程处于饱和状态下，是在相对于高压的高温状态下发生。离开冷凝器的液体处在高压下。当通过膨胀阀时，该压力下降至蒸发器压力。综上所述，系统低压侧低

温时吸收热量,系统高压侧高温时排出热量。

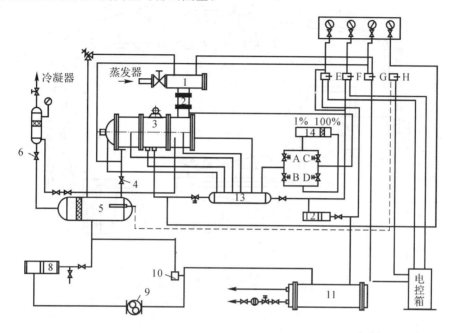

图 5-3　螺杆式制冷压缩机系统及元件

1-过滤器;2-吸气止逆阀;3-螺杆式压缩机;4-排气止逆阀;5-油分离器;6-阀;7-二次油分离器;
8-粗过滤器;9-液压泵;10-油压调节阀;11-油冷却器;12-精过滤器;13-油分配总管;14-液压缸
——油路;—··—电路;—·—气路;———温度

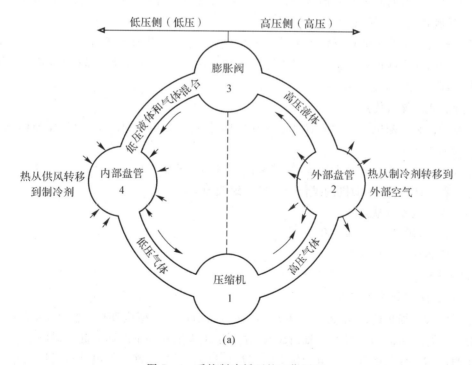

(a)

图 5-4　系统制冷循环的工作原理

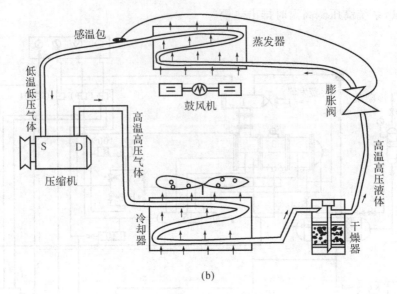

(b)

续图 5-4　系统制冷循环的工作原理

(a):制冷循环工艺流程;(b):制冷过程

5.3.1　制冷压缩机

1.制冷压缩机的分类及工作原理

制冷压缩机是将气体压力提高的一种机械,它在制冷或制热循环中起到了"心脏"的作用。按照压缩机所采取的防止制冷剂泄漏方式和结构可分为开启式、半封闭式、全封闭式。

(1)开启式制冷压缩机。

开启式压缩机曲轴的功率输入端伸出机体外,通过传动装置与原动机相连接,如图 5-5 所示。在轴的伸出部位要用轴封装置来进行密封。由于轴封装置为机械密封,长时间运转就会磨损,因此必须定时进行维修。

1)开启式压缩机优点。

①原动机和压缩机靠传动装置来连接,故原动机可以是电动机或发动机,压缩机也可采用氨气作为工作介质。

②电动机的冷却与制冷系统无关,使制冷剂蒸汽的过热度减小。

③容易拆卸维修,电动机的维修对制冷系统没有影响。

2)开启式压缩机缺点。

①体积大,质量大,占地面积大。

②工质和润滑容易泄漏。

③噪声大。

(2)半封闭式制冷压缩机。

半封闭式压缩机的结构如图 5-6 所示,它的电动机和压缩机连成一整体,装在同一机体内,共用一根主轴,因而可以取消轴封装置,避免了由于轴封的不严而引起的泄漏。

半封闭式压缩机的气体由电动机端吸气法兰进入,经过滤网流经电动机后进入吸气腔,电动机处于制冷剂的包围中,因此电动机的绝缘必须能耐制冷剂和油的腐蚀。它既具有开启式压缩机易于拆卸、维修的优点,同时又取消了轴封装置,其结构紧凑、噪声低。但是机体上仍然与开启式的一样存在许多零部件连接面,靠垫片或垫圈密封连接,所以不能完全消除泄漏。由于电动机是靠吸入的气体来冷却,所以气流经过电动机后增加了工质的过热度,这是它的缺点。

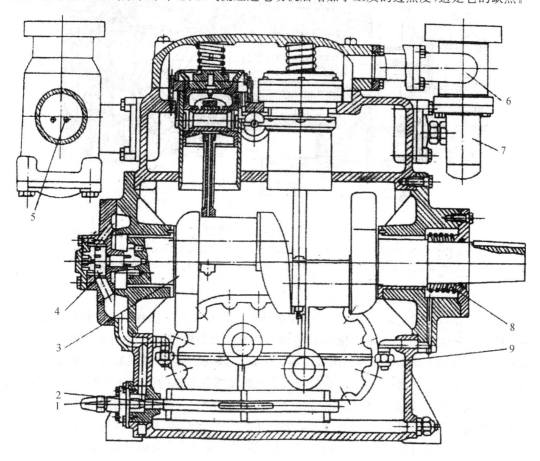

图 5-5　开启式压缩机(往复式)结构图

1-加油三通阀;2-过滤器;3-曲轴;4-液压泵;5-吸气滤网;6-排气集管;7-安全阀;8-轴封装置;9-供油管

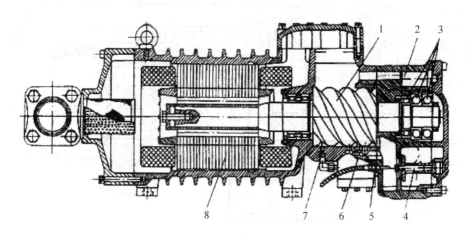

图 5-6　半封闭式压缩机

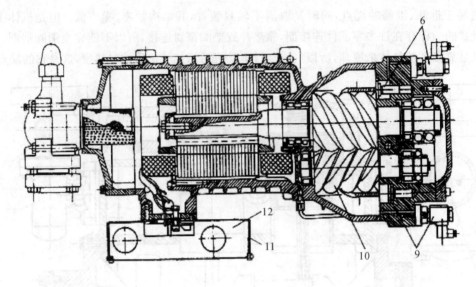

续图 5-6　半封闭式压缩机

1-阳转子;2-安全卸荷阀;3-滚动轴承;4-止逆阀;5-排温控制探头;6-内容积比控制机构;
7-喷油阀;8-电动机;9-输气量控制器;10-阴转子;11-接线盒;12-电动机保护装置

(3)全封闭式制冷压缩机。

全封闭式制冷压缩机是一种将压缩机和电动机一起封装在一圆柱形的壳体中。如图 5-7 所示是一种全封闭式压缩机的剖面图。它的偏心轴垂直布置,压缩机处于机壳的下部,内置电动机在偏心轴的上部。它与半封闭式所不同的在于:连成一整体的压缩机电动机组由几个弹簧弹性地支承在一封闭的钢制薄壁机壳中,大大减小了压缩机的振动。其汽缸体、主轴承座和电动机组成一紧凑的机组,大大减轻了压缩机的质量和尺寸,润滑油储存在薄壁机壳底部,露在机壳外表的只有吸排气管、工艺管等必要的进出管道的连接口和接线柱。全封闭式压缩机提高了机器的密封性能、紧凑性,降低了振动和噪声。由于整个电动机和压缩机是封装在密闭的机壳中的,无法拆卸修理,因而要求这类压缩机的使用寿命长,安装使用要求高。

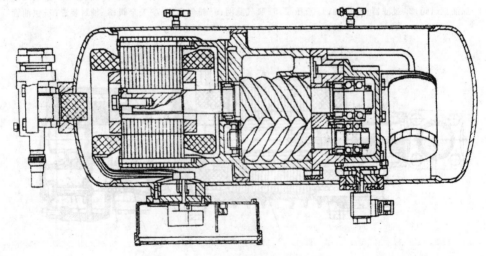

图 5-7　全封闭式压缩机的结构剖面

2. 压缩机的润滑系统

压缩机的润滑系统可采用飞溅润滑或压力润滑或两者兼用之。一般润滑油都储存在压缩机曲轴箱的底部或机壳的底部,因此需要用专门的措施将润滑油输送到压缩机的各润滑部位。压力润滑一般采用将润滑油以一定的压力输送到压缩机的各润滑部位。油泵将曲轴箱中的润滑油通过粗滤器吸入,并加压后经过油冷却器和精滤油器,分两路送到曲轴的轴封和前后轴承。为了维持一定的压力,设有油压调整阀。当油压过高时,通过油压调整阀旁路流回曲轴箱。

3. 螺杆压缩机的结构与工作原理

螺杆压缩机是靠汽缸中一对螺旋形阴阳转子相互啮合旋转,阴阳转子的齿槽在相对齿的填塞下,使容积不断变化,实现了对制冷剂气体的压缩。图5-8是开启式螺杆压缩机的结构图。由图可知,压缩机的汽缸里有一对转子,凸齿的称阳转子,凹齿槽的称阴转子,转子支承在左右的轴承上。转子之间以及转子和汽缸、端盖间留有很小的间隙。在吸气端盖和汽缸上部设有轴向和径向进气口,在排气端盖和滑阀端部设有轴向和径向排气孔口。

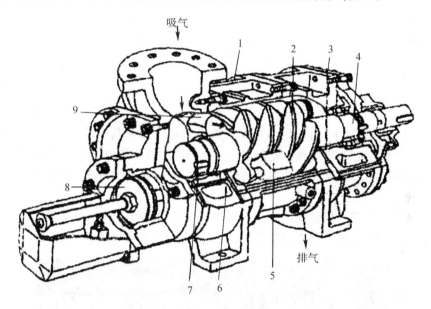

图 5-8　开启式螺杆压缩机的结构

1-机体;2-阳转子;3-滑动轴承;4-滚动轴承;5-调节滑阀;6-密封;
7-平衡活塞;8-调节滑阀控制活塞;9-阴转子

气体由吸气口进入,经螺杆压缩后排出。在阴阳转子间设有调节输气量的滑阀,滑阀由活塞控制。在阳转子轴端,设有平衡活塞,以平衡阳转子的轴向力。

螺杆压缩机的工作原理如图5-9所示。当压缩机运转时,阳转子带动阴转子齿槽形成的基元容积不断展开(见图5-9(a)),基元容积由最小向最大变化时,气体不断吸入,当基元容积达到最大时,便与吸气口隔开,吸气结束,此即吸气过程。基元容积由最大逐渐变小,气体被压缩(见图5-9(b)),基元容积内气体压力升高,当与轴向和径向排气口接通时,压缩过程结束,开始进行排气过程(见图5-9(c)),直到基元容积变为零,排气结束,完成了一个循环。上述过程随着转子连续运转,则重复地进行。

以采用 R-134a 做制冷剂的飞机空调车为例,发动机直接带动取力器输出轴,再以碟形联轴器驱动压缩机。压缩机的运行,可由取力器中的离合器接合或脱开控制。为了在不同而且变化的环境气候下保持所需的送风温度,需要加载控制压缩机每转压缩的制冷剂的量。油压驱动的滑动阀控制传送给转子的冷媒蒸汽量。滑动阀的位置由加载和卸载双线圈电磁阀控制流入滑动阀油缸的压缩机油而决定。电磁阀线圈的通电或断电由可编程控制器(PLC)根据蒸发器压力控制,从而控制压缩机的加载、卸载、保持。

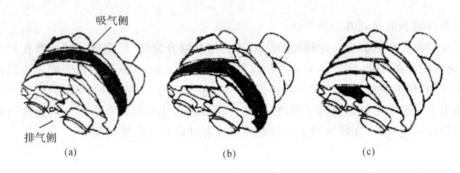

图 5-9　螺杆压缩机工作原理图

(a)吸气过程;(b)压缩过程;(c)排气过程

5.3.2　蒸发器

蒸发器是制冷系统四大部件之一,是专门供液态制冷剂在其中沸腾蒸发的部件或设备。由于蒸发是一个吸热过程,因此蒸发器是制冷系统制冷能力和作用的最终体现。在蒸发器中,由于低压液体制冷剂气化,从需要冷却的物体或空间吸热,从而使被冷却的物体或空间的温度降低,达到制冷的目的。

根据不同的需要,蒸发器被加工成许多不同的形状和类型。其中最常见的类型是盘管式或强制对流式蒸发器,制冷剂在管内蒸发,同时从流过盘管的空气吸收热量,如图 5-10 所示。

图 5-10　盘管式蒸发器

外部盘管是一个空气冷却型的热交换器,如图 5-11 所示。其由铜管和铝质散热片构成。为了获得最大的热量传递效果,管子交错排列并封装在镀锌的钢质箱壳内。在发动机驱动机组时,七排盘管用于制冷,一排盘管用于发动机冷却液的散热。用于制冷的排管为内部散热片结构(管子内壁),提供热的传递量要超过普通的光滑管壁大约 50% 之多。当然,在一些特殊的应用场合,也有使用无散热片的光管、自然对流盘管、平板表面或其他特殊类型的热交换表面。在直接膨胀式蒸发器中,制冷剂通过一个如膨胀阀或毛细管这样的调节装置后直接进入到冷却盘管中,直接通过蒸发器管壁从周围的介质中吸收热量。

一个制冷系统,是使某些物质或某一空间区域的温度下降或维持较低温度,而降温时所放出的热量就全靠蒸发器吸收。因此蒸发器效率的高低,直接关系到整个制冷系统效率的高低。影响蒸发器能力的因素有:

(1)蒸发器的表面积或尺寸大小。

(2)蒸发的制冷剂和被冷却介质之间的温度差。

(3)蒸发器管路中的气流速度,在正常的商用范围内,气流速速越高,热传递率越大。

(4)被冷却介质流过蒸发器表面的速度。

(5)蒸发器的材料。

(6)散热片与管道之间的连接部。没有一个紧固的连接,热传递效率将大大降低。

(7)蒸发器散热片上的霜层。当在低于冰点的温度下运行时,将导致在管路和散热片上结霜,这将同时使通过蒸发器的风量和热传递效率降低。

(8)被冷却的介质类型。对于同一个蒸发器来说液体要比气体的传热效率高出 5 倍。

(9)流入空气的露点温度。如果蒸发器的温度低于流入空气的露点温度,潜热交换和显热交换将同时发生。

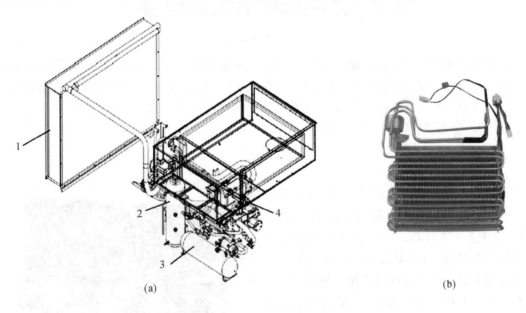

图 5 - 11　外部盘管式蒸发器

1-外部盘管;2-油分离器;3-制冷剂储液罐;4-压缩机

(a)外部盘管布置;(b)外部盘管结构

1.蒸发器的主要指标

衡量蒸发器的主要指标是传热系数和传热面。为了提高蒸发器的效率,首先应提高其传热系数。提高传热系数的关键在于改善制冷剂与传热管壁间的对流换热。由于制冷剂沸腾时的表面传热系数远大于其蒸汽与管壁间的传热系数,所以蒸发器中液体与管壁的接触面要大,并要将沸腾时产生蒸汽快速排走。

2.蒸发器分类

按照被冷却的介质种类,蒸发器通常被分为两类:一类是冷却空气的蒸发器,也叫空气冷却器;另一类是冷却液体的蒸发器,也叫液体冷却器。

冷却空气的蒸发器一般为管内蒸发式,基本结构形式大多为蛇形管,如图5-12所示。由于管外侧空气的导热性能差,表面传热系数小,因此可在管外加工翅片,增大传热面积,从而增强管外壁与空气的换热效果。冷却空气的蒸发器可以是自然对流式的,也可以是强对流式的。采用强对流式空气冷却器,其蒸发管安在一个通道内,空气是用风机输送的。

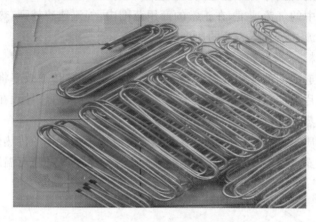

图5-12 蛇形管

冷却液体载冷剂(水、盐水或乙二醇水溶液等)的蒸发器,制冷剂有采用管内蒸发的,也有采用管外蒸发的。常用的有卧管式蒸发器、立管式蒸发器和螺旋管式蒸发器等。根据液体载冷剂在循环中是否直接与大气接触,冷却液体的蒸发器可分为开式和闭式两种。直接与大气接触的为开式,不与大气接触的为闭式。

5.3.3 冷凝器

冷凝器实际上是一个热交换器,其主要作用是将高温制冷剂蒸汽迅速凝结为液体,并对外界放热,如图5-13所示。正如前面所提到的,由于压缩做功的缘故,由冷凝器释放出来的热量总是多于在蒸发过程中所吸收的热量。随着热量从高温高压的蒸汽中释放出来,蒸汽的温度也逐渐下降到饱和点并冷凝成液体,因此取名为冷凝器。对于蒸汽压缩式制冷系统,冷凝器的作用是把由压缩机排出的高温制冷剂蒸汽冷凝为液态制冷剂。冷凝器常用空气、水等常温流体冷却,有时也采用温度较低的其他流体冷却。

一般除了小型家用制冷系统是依靠自然对流来进行热交换外,大多数场合都是通过在紧凑的

图5-13 冷凝器

冷凝器周围进行大量空气的强迫循环来完成热交换的。最常用的冷凝器结构是翅片管式内盘管,如图 5-14 所示。内部盘管为一空气冷却型热交换器,由交错排列的铜管和铝质散热片构成。管子上的铝质散热片增加热传递效率。蒸发器为一直接蒸发式盘管装置,冷媒通过膨胀阀直接喷入冷却盘管。为达到蒸发器的最高效率,冷媒经由分布器平均流入盘管的各回路。盘管安装在一个与鼓风机外壳和空气排出口连接的分隔型金属盘管箱内。鼓风机驱动大量的空气流以达成传热的功能。蒸发器是制冷系统低压侧的一部分,冷媒在蒸发器中蒸发转变为蒸汽,从而吸收热量。蒸发器完成制冷系统的基本功能,使流过的空气冷却。鼓风机的风扇驱动空气通过内部盘管,空气的热量被低温及低压冷媒吸收。

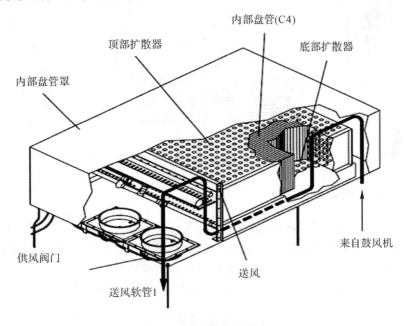

图 5-14　内盘管

冷凝器的热传递能力取决于以下因素:

(1)冷凝器的表面积。

(2)冷却介质与制冷剂蒸汽之间的温度差。

(3)制冷剂蒸汽在冷凝管中的流动速度。在正常的商用范围内,速度越高热传递性越好,效率越高。

(4)冷却工质通过冷凝器的流速。热传递随着气流或水流速度的增加而增大,在冷却介质为空气的情况下,也随着气流密度增大而增大。

(5)冷凝器的材料。因为不同材料有不同的热传递特性,良好热传递特性的金属材料将提高冷凝器的传热效率。

(6)热传递表面的清洁度。污物、结垢或腐蚀都将减小其热传递效率。

对于一个给定的冷凝器,其物理特性是一定的,其主要的可变量是制冷剂蒸汽与冷却介质之间的温度差。

飞机空调车通常采用强迫对流式风冷冷凝器,采用风机等设备加速空气的流动,从而使散热能力和效率都得到很大提高,如图 5-15 所示。和自然对流式冷凝器相比,采用风机后风速和风量成倍提高,可大大提高冷凝器的效率。

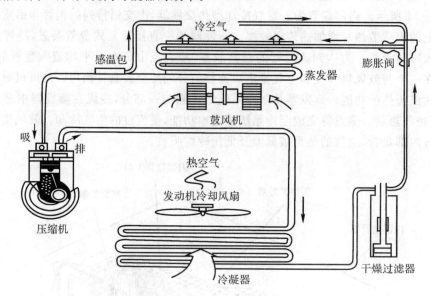

图 5-15 强迫对流式风冷冷凝器

5.3.4 热力膨胀阀

热力膨胀阀又称温度调节阀,是制冷系统的节流装置之一。其工作原理是利用热力膨胀阀的感温包感受蒸发器出口的过热度作为信号,自动调节阀的开启度,达到自动控制液态制冷剂流量的目的,从而使蒸发器的制冷能量适应外界热负荷的要求。

热力膨胀阀的结构如图 5-16 所示。它主要由感温包、毛细管、调节阀等组成。

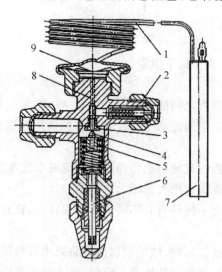

图 5-16 热力膨胀阀结构(内平衡式)

1-毛细管;2-阀体;3-阀座;4-阀芯;5-弹簧;6-调整杆;
7-感温包;8-推杆;9-膜片

热力膨胀阀根据其结构不同,可分为内平衡式和外平衡式两种。

1.内平衡式热力膨胀阀

内平衡式热力膨胀阀的工作原理如图 5-17 所示。

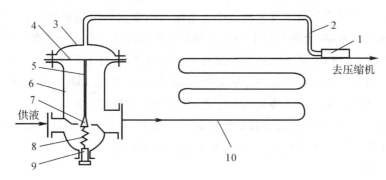

图 5-17　内平衡式热力膨胀工作原理图

1-感温包;2-毛细管;3-阀盖;4-膜片;5-推杆;6-阀体;

7-阀芯;8-弹簧;9-调整杆;10-蒸发器

在阀盖 3 与阀体 6 之间设有波纹膜片 4,阀盖 3 与感温包 1 中充以工质(可用与制冷系统相同的工质,也可用与制冷系统不同的工质)。当蒸发器 10 负荷增大时,蒸发器出口的温度升高,使感温包中的饱和压力相应增大,调节阀的膜片向下,阀芯 7 下移,使节流阀开度增大,制冷剂进入蒸发器的量加大,蒸发器的温度降低,其出口的过热度降低,通过感应作用,感温包的温度也逐渐降低,同时感温包的压力随之减小,这样膜片 4 向下的压力亦减小,膜片向上,阀芯上移,从而使得阀口关小,达到了自动控制温度的目的。

2.外平衡式热力膨胀阀

当蒸发器阻力较大时,顾及制冷剂在蒸发器中的压力损失,可选用外平衡式热力膨胀阀。外平衡式热力膨胀阀的工作原理与内平衡式热力膨胀阀不同之处,是在膜片下部设有隔板,将阀的进、出口相互隔开,在膜片与隔板之间有一个外平衡接口,膜片下部空间通过一根细管与蒸发器出口相连,如图 5-18 所示。这样作用于膜片下面的压力是蒸发器的出口压力,因而膜片上、下的压力差能够反映制冷剂在蒸发器出口的实际过热度。因此,当蒸发器内有较大压力降或蒸发器管路较长时,可选用外平衡式热力膨胀阀。

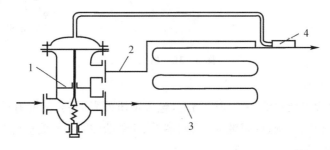

图 5-18　外平衡式热力膨胀工作原理图

1-隔板;2-细管;3-蒸发器;4-感温包

3.毛细管

毛细管被广泛用于液态制冷剂的控制。毛细管是一段内径很小、长度很长的管路。它通过小孔和节流阀一样,把高压和低压分离开来,调整适当的制冷剂流量。蒸发器负荷变化和压缩机背压波动会导致制冷剂流量过大或过小。毛细管的主要优点是在压缩机停止运行后,制冷剂可以继续流入蒸发器,于是系统中的高压侧和低压侧的压力会逐渐平衡,这样就可以使用较小启动扭矩的电机。由于没有储液器来储存过多的制冷剂,对毛细管系统来说,制冷剂充注量的多少是很关键的。太多的制冷剂会引起排气压力过大、电机过载,并且有可能在压缩机停转时液击。制冷剂太少又会使气体进入毛细管,从而导致制冷量的损失。

由于其结构简单,不需要储液器和低的启动扭矩需求,毛细管系统是所有液体控制系统中最经济的。毛细管的尺寸很难精确计算,最好经过系统实验来确定。

4.取力器传动

发动机动力经由含可人工操纵离合器的取力器总成、多条 V 形皮带、联轴器、快速脱开皮带盘及锥形锁轴套传送到压缩机及鼓风基。取力器输出轴经一过载保护联轴器与压缩机输入轴成直线连接,如图 5-19 所示。

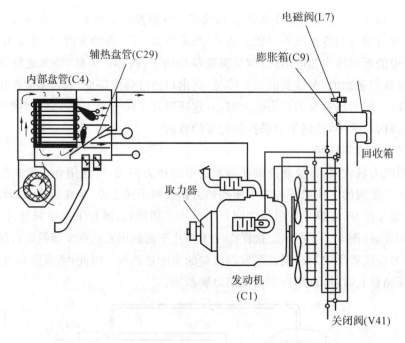

图 5-19　取力器

5.干燥/过滤剂总成

干燥/过滤器总成安装在液态冷媒管路上,包含钢质外壳(外壳上配有外径 15/8 in[①] 软焊接头)、铝质盖板及垫片、滤网、网目滤芯、滤网端盖、干燥器芯,以及盖板螺丝。此总成由干燥器及滤清器总成组成,如图 5-20 所示。

---

① 1 in=2.54 cm。

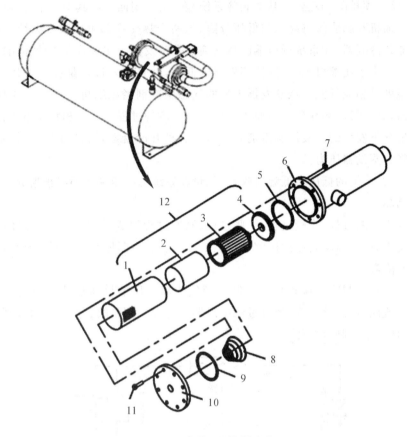

图 5-20 过滤/干燥器总成

1-滤网;2-干燥器芯;3-滤芯;4-滤网盖;5-安全帽垫圈;6-外壳;

7-方螺帽;8-锥形压缩弹簧;9-盖子垫片;10-盖子;11-螺丝;12-过滤器滤芯总成

5.4 飞机空调车(机组)的组成及其特性

　　飞机空调车机组是一个全套自备式装置,适合于单机组安装、拖斗式安装或安装在通用汽车底盘或专用汽车底盘上。机组主体结构为一个钢梁框架、薄钢板外壳、罩门、仪表盘和输气管储存箱等。机组的主要部件如下:大功率柴油发动机、螺杆式制冷压缩机、蒸发器、冷凝器、节流阀、储液罐、风扇和压力式鼓风机。性能可靠的控制系统保证机组正常运转并可避免系统超压、失灵。各操作控制器都集中安装在有灯光照明的仪表盘上,以方便操作。

5.4.1 空调的工作原理

　　制冷的过程是制冷剂从液体转换为气体,再从气体还原为液体的过程。在给定的压力下制冷剂的蒸发与冷凝有其相应的温度。在一特定的压力下,相应的温度就称为饱和温度。在饱和温度下制冷剂可介于液体或气体两者之间。饱和状态下一定质量的液态制冷剂要改变为饱和状态的气态制冷剂,需要一个特定量的热能。尽管没有温度和压力的变化,制冷剂仍然能吸收热量,这种热被称为"潜热"。显而易见,如果将饱和状态的气体制冷剂还原为饱和状态的液体制冷剂,就必须排除"潜热"。基本制冷系统是一个封闭回路。其中一半是高压,另一半是低压。制冷压缩机和膨胀阀将高压与低压分隔,与两个热交换器组成整个系统。在系统高压端的热交换器是冷凝器,在系统低压端的热交换器是蒸发器。在蒸发器中液体制冷剂吸收热,并转变成气体。由于压缩机工作,保持蒸发器内低压,并且蒸发过程是在饱和状态下进行的,因此蒸发器温度是相应低温。从蒸发器出来的气态制冷剂经压缩机压缩后变成高压气体,并被送入冷凝器,高压气体摒弃热量还原为液体。这一冷凝过程是在饱和状态下进行,并在高压相应的高温情况下发生的。液体制冷剂以高压状态离开冷凝器,再通过节流阀、储液罐、膨胀阀后其压力降为蒸发器压力。

综上所述,在系统的低压端低温时吸热,热量在系统的高压端高温时被摒弃。

1.制冷循环

制冷循环由压缩过程、冷凝过程、膨胀过程、蒸发过程组成。就是利用有限的制冷剂在封闭的制冷系统中,反复地将制冷剂压缩、冷凝、膨胀、蒸发,不断地在蒸发器处吸热汽化,对环境空气进行制冷降温。

图5-21所示是制冷的流程模式。制冷剂气体离开压缩机通过油气分离器、制冷/制热阀、冷凝器、节流阀,进入储液罐,经过过滤干燥器、单向阀、膨胀阀、分配器、蒸发器、进气滤,进入压缩机,实现了整个制冷循环。

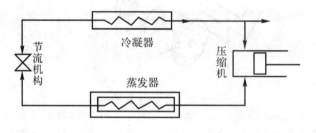

图5-21 制冷原理

2.空气循环

制冷空气回路与制热空气回路都是相同的,周围大气由鼓风机入口的空气滤清器过滤,经鼓风机加压,进入内盘管制冷或制热,然后通过输气管送入飞机内。空气流量由空气调节阀控制。每个输气调节阀设有一个独立的控制器。鼓风机压力表指示输送空气的压力。空气输送压力请参照飞机生产厂商推荐的压力。制冷时所形成的湿气在气室内与空气分离,然后被排出机组外。

3.冷却系统

由于压缩机处在高温高压状态下工作,为了保证其正常运转,对其使用专用冷却油冷却。该冷却油经专用的油泵将其送入一个专用的冷却器中,并经专用的强制风扇对其冷却,从而达到保持压缩机正常工作的目的。

4.飞机空调车制冷/制热工作原理

(1)制冷工作模式。

图5-22所示为飞机空调车采用R-134a做制冷剂时冷媒的循环过程。冷媒气体离开压缩机(C2),通过油分离器(C14)、换向阀(V1)、外部盘管(C5)、单向阀(V25)、阀(V42)、进入制

冷剂储液罐(C3),再从制冷剂储液罐(C3)到关闭阀(V17)、过滤/干燥器(F3)、观察窗(G11)、膨胀阀(V6)、单向阀(V39)、分布器、内部盘管(C4)、单向阀(V35),再回到压缩机(C2)。制冷时,内部盘管(C4)是蒸发器。大部分处于液态的冷媒流经分布器进入底部盘管。冷媒气体则经顶部歧管离开内部盘管,并返回到压缩机(C2)。液态冷媒在低温蒸发时,将通过内部盘管(C4)送风空气的热量吸收。压缩机(C2)再把气态的冷媒加压送至外部盘管(C5)。从压缩机(C2)来的冷媒气体,流入外盘管(C5)的顶部歧管。当气态冷媒凝结成高温液体时,将热量排放至大气中。从外盘管(C5)来的液态冷媒流入制冷剂储液罐(C3)。

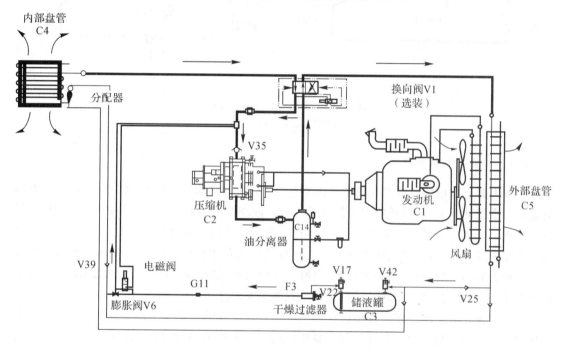

图 5-22　制冷循环

　　内盘管的液态制冷剂在低温时蒸发吸收吹入机组内空气中的热量。压缩机将气态制冷剂排入外盘管即冷凝器。冷媒气体从压缩机流入外盘管的上部歧管。当冷媒气体在高温状态冷凝为液体时,冷媒气体中的热量被摒弃到大气中。液态制冷剂从外盘管流入储液罐。

　　(2)制热工作模式。

　　冷媒气体离开压缩机(C2),通过油分离器(C14)、换向阀(V1)、内部盘管(C4)、分布器、阀(V42),进入制冷剂储液罐(C3),再从制冷剂储液罐(C3)到关闭阀(V17)、过滤/干燥器(F3)、观察窗(G11)、膨胀阀(V6)、外部盘管(C5)、单向阀(V35),再回到压缩机(C2)。

　　制热时外盘管是蒸发器,液态冷媒流入低歧管。冷媒气体通过上部歧管离开外盘管,回到压缩机,如图 5-23 所示。

　　当液体制冷剂处于低温蒸发时,外界大气中的热量在外盘管内被吸收,压缩机把气态制冷剂排入内盘管。冷媒气体从压缩机流入内盘管即冷凝器的上部歧管。当气态制冷剂在高温下冷凝变为液体时,制冷剂气体中的热量被吹入飞机。

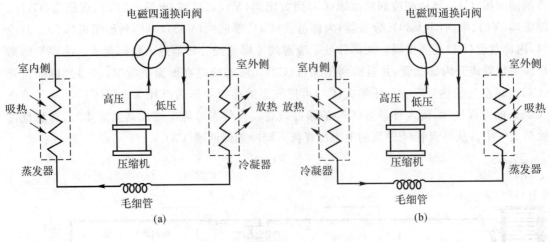

图 5-23 制热与制冷原理对比
(a)制冷工况;(b)制热工况

5.4.2 制冷电路系统

在取力器连接压缩机或电机拖动压缩机后,压缩机与发动机(电动机)一同启动。取力器上装有一个微动开关,用以感应取力器连接与否。微动开关串联在发动机保护电路上,用以保护压缩机。如果 5 个保护开关中任何一个断开,都会导致机组停止工作。如因维护或其他原因分离取力器,压缩机保护系统及制冷系统便与其他电路相分离。制冷系统动力来源于取力器。当取力器结合时,制冷动力源接触,当取力器分离时,制冷动力断开。取力器结合时,容量控制系统、液体喷射电磁阀和膨胀阀、关闭电磁阀都使用这一电力来源。

低油压保护开关用于防止压缩机在油压低于设定要求的情况下工作。低油压保护开关触点接触与否,由高、低压膜盒总成控制。高压一端与压缩机润滑油泵的出口连接,低压一端与压缩机排气连接。当高压与低压的差低于限定的关断压力,低压保护开关关断。高、低压差是润滑油允许量的最低值。低油压开关在"接通"压力时会闭合。低油压保护开关的设定值可根据压缩机生产商推荐而限定。

蒸发器压力限制器,控制膨胀阀关闭电磁阀。当吸气压力低于 401 bar 时,压力限制器闭合,使制冷剂进入蒸发器。当吸气压力超过 451 bar 时,压力限制器断开,电磁阀将膨胀阀关闭。高-低压开关是一个组合开关,此开关连接在吸气管和排气管上,防止系统内压力超过设计压力限制。断电器可保护机组的电器系统,以防超负荷。拔出断电器可作为紧急停车使用。点火开关作为所有电器控制的总开关,同时通过继电器使启动电机获得电能。

在启动机组时,超控开关用于旁路发动机各保护开关。当发动机油压升高时,应松开超控开关。此时如有任何不正常状况发生,保护开关将使发动机停车。

速度调节钮控制发动机调速器,一经使用速度调节钮调到适当的速度,发动机调速器即保持这一速度。

柴油发动机装有一个紧急停车装置,此装置动作将关闭发动机进气道。用手扳动发动机进气阀门杆可使紧急停车装置复原,打开进气阀门。

5.4.3　安全控制及保护

1. 如发生下列情况,发动机将停车

(1)发动机机油压力低于 15 psi(1 bf/in²[①])。

(2)发动机水温超过 210 ℉(98.8 ℃)。

(3)发动机转速超过 2 400 r/min,调速器超速失灵。

(4)压缩机滑油压力差低于生产商推荐的最低限度。

(5)压缩机吸气压力低于 0 in Hg[②]。

(6)压缩机排气压力高于 250 psi(1bf/in²)。

(7)压缩机排气温度高于 210 ℉(98.8 ℃)。

2. 压缩机保护

机组电路中有若干个开关保护压缩机,防止压缩机排气高温、排气高压、吸气低压等。上述开关在正常工作时处于闭合状态。一旦发生故障,相应的保护开关断开,从而停止发动机。

(1)压缩机油压保护开关。压缩机油压保护开关的膜碗使排气压力与机油排放压力总和相平衡,从而决定压缩机的实际油压。当压缩机滑油压力升高到需要的标准时,油压保护开关闭合。当压缩机滑油压力减小到允许的最小限度时,保护开关断开。保护开关设定详见压缩机数据。

(2)高-低压开关。

(3)压缩机油温开关。当压缩机油温升高到 210 ℉(98.8 ℃)时,油温开关断开。

3. 除霜

要使蒸发器除霜,可将温度控制器调到高温输出,并使机组工作几分钟。需要除霜最明显的特征是输送空气温度上升及压力下降。

5.5　飞机空调车的操作规程及注意事项

5.5.1　操作准备

1. 初次启动检查

(1)检查发动机、压缩机润滑油面。

(2)检查发动机皮带松紧度和冷却液面。

(3)检查燃油面。

(4)检查压缩机连接器是否正确。

(5)打开储液罐阀(V17,V42)。

(6)检查制冷剂有无渗漏。

(7)检查制冷剂量。

(8)从发动机排气管拆卸捆带。

(9)检查电瓶液面,安装电瓶电缆。

---

① 　1 bf/in²＝6.895 kPa;

② 　1 in Hg＝3.378 kPa。

2.制冷操作

(1)将制冷、制热选择开关(S18)放置在制冷的位置。

(2)把转向阀(V1)放置在制冷的位置。

(3)按操作说明操作空调机组。把压缩机与发动机动力输出相结合。

5.5.2 操作程序

1.启动及运转

(1)把输气软管连接到飞机上。

(2)把输气控制钮和转速控制钮推入。

(3)选择需要的输气温度,调整红色指针的位置。红色指针所指温度即是调温控制器设定的温度。

(4)将点火开关旋转至(ON)的位置。

(5)按下点火超控开关。

(6)将点火开关旋至启动的位置。

(7)启动后将点火开关复原到"ON"的位置。

(8)最多不得超过90 s,应松开按下的点火超控开关。

(9)把发动机转速调节到1 200 r/min。

(10)拉出输气阀控制钮。

(11)根据飞机类型调整发动机转速,最低为1 500 r/min。

(12)在输气控制钮推入的情况下,仅可使发动机短时以2 000 r/min运转。

2.停机

(1)推入调速控制钮。

(2)将点火开关旋至(OFF)的位置。

(3)推入输气控制钮。

(4)从飞机上拆下软管,并收好软管。

5.5.3 应急操作

1.手动紧急停机

仪表盘上装有一个手柄[电路断电器(E26)],可用于紧急停车,拉出手柄使发动机停转。只能在紧急情况下使用此方法停机。再次启动发动机之前,应手动将进气阀复位。

2.超速停机

一旦出现发动机超速情况,发动机超速调速器将自动停止发动机。超速调速器设定在发动机转速大约2 400 r/min时动作。再次启动发动机时应手动复位进气阀门。

3.发生火灾

当空调机组发生火灾时,要立即停机,用灭火瓶紧急灭火;如果不能及时扑灭,要立即拔下空调软管,将车辆迅速撤离到安全地带,并通知有关部门采取措施。

5.6 飞机空调车的日常维护

日常维护的主要内容是保持机组的清洁。通常经过了清洁的机组其使用寿命更长久、更可靠。虽然很小的故障,如机油渗漏,尽管比较容易去除,但污染了电气触点会造成电路间的短路;而赃物吹入外盘管后会影响气体的流通,影响制冷的效果。

1.鼓风机进气滤

根据要求可从鼓风机上拆下进气滤。用中性皂溶液清洁,并用水冲洗。但不要使用可燃溶剂或有毒溶剂清洗。

2.冷凝器或蒸发器(盘管)

用蒸汽清洗器或压力冲洗器及皂溶剂反向冲洗盘管散热片的表面。但不能使用腐蚀铝或铜的清洗剂,大多数溶剂不适合用于清洗。因为某些溶剂会在散热片上遗留一层油膜,从而大大影响热传导。没有必要从散热片上去除氧化物,但大块阻塞或散热片断裂、肮脏、散热片沾有润滑油等必须拆下盘管清洁维护。

3.电器连接器

电器连接器特别是安装在仪表盘后面的触点应保持清洁,无油污或其他异物。用溶剂如三氯乙烯清洗连接器可收到很好的效果。清洗过后,可在连接器上喷一层保护涂料。

4.开关触点

压力开关时常受到飞机发动机喷起的沙子、积碳或油污的影响。开关触点上过多的污染可降低其可靠性。

为确保工作正常,每 6 个月应清洁触点一次。如工作环境较恶劣应缩短清洁周期。不可用砂纸或锉刀清洁触点,最好用触点清洁剂和软质布进行清洁。

5.发动机

(1)发动机在初始使用 50 h 后应更换润滑油和油滤,以后每使用 150 h 应更换润滑油和油滤。如需延长更换周期,请参见发动机生产商的推荐。

(2)发动机燃油滤每使用 300 h 应更换。

(3)发动机空气滤每使用 100 h 应检查。当空气滤指示器显示高压时应更换或参见生产商的建议。

6.机组一般部位

每使用 180 天,用润滑脂润滑所有活动部件。可按使用情况增加润滑频率。门锁、合页、门轴、连接轴支脚、缓冲器控制拉索和连接端、紧急停车拉索和连接端、超速电磁阀轴、紧急停车装置、空气进气缓冲轴等。

7.渗漏检查

(1)压缩机轴密封圈。压缩机轴密封圈有一个碳精面与轴盘旋转相接,少量的压缩机滑油穿过碳精面润滑密封圈,并渗到压缩机轴周围。正常情况下允许少量滑油渗出,只有当大量滑油渗出或从密封圈处渗出制冷剂时,才需要维修。通常在使用时渗出减少。

(2)发动机。正常情况下,发动机滑油可从发动机通气孔和汽室排孔排出。通常在发动机初使 200 h 期间可明显发现排出滑油,特别是在发动机小负载运转的情况下。发动机长时间低载运转也可造成烧滑油的现象,发动机排气系统连接部位可出现滑油燃烧后的残迹。确定发动机各种使用情况下正常滑油消耗量。

8.风机 V 形皮带张力

V 形皮带的磨合需要几天时间,若在使用过程中,皮带松弛时,则须调节张力,皮带张力的最佳状态是在即使施加最大的负荷,也不会打滑的程度下,尽可能地松弛;

张力的调节次数:若是新皮带,第一天是 2~3 次,前几天是每天 1 次,以后每月调整 1 次,若在皮带或皮带轮上有油或水等将会造成皮带打滑,请务必谨慎维护。

9. 维护项目及其操作

在使用季节到来时,应进行以下维护保养。具体操作见表5-3和表5-4。

表5-3 维护保养类别、步骤及检查项目

分类	步骤及检查项目
预检查	(1)V形皮带是否松弛或磨损,松弛则张紧;过度磨损则更换 (2)蒸发器或空气滤网是否过脏,过脏则用压缩空气吹净 (3)压缩机是否很脏(如灰尘及油垢等),若有脏物及时清洗 (4)安装螺栓和螺母是否松动,若有松动则应紧固 (5)用气体泄露探测器检查各部件、管路及接头是不是有气体泄露情况,必要时进行紧固和补充制冷剂 (6)冷凝器是否脏、堵,若有上述现象则必须清洗
试运转	(1)风道出口是否有风? 风机启动运行时,注意倾听电机是否有异响,气流噪声是否比正常情况偏大 (2)低压是否正常(压力报警灯是否作用正常?)压力报警灯亮,则须先检查蒸发器是否处于制冷状态 (3)处于制冷状态时,则表明是高压报警;若不制冷,则检查制冷剂量是否充足(观察视液镜)
停机	将运行开关关闭,检查各部件是否正常执行切断功能

表5-4 空调系统的日常维护及保养

项 目		方 法	维护间隔周期			
			每日	每周	每月	一个季度
制冷循环	制冷剂量	视液镜是否有气泡	√			
	管路	检查软管是否损伤、老化				√
		检查连接处是否漏气				√
		检查卡箍是否脱落				√
压缩机	支架	检查固定状态及拧紧				√
	运转情况	运转空调机,检查是否正常	√			
	电气元件	检查工作情况				√
冷凝器总成	冷凝器	用压缩空气或水清洗翅片		√		
	冷凝风机	检查运转情况及扇叶是否损伤		√		
蒸发器总成	支架	检查固定状态及拧紧			√	
	滤尘网	用压缩空气或水清洗		√		
	蒸发风机	检查工作情况		√		
	膨胀阀	检查工作情况		√		
其他	压力开关	检查工作情况			√	
	电气元件	检查工作情况				√

5.7　冷凝器的拆装与检修

5.7.1　器材设备准备

需要维修的飞机空调车整车、检漏仪、歧管压力表组件、冷媒回收与充注机、专用工具等。

1.检漏灯

飞机空调车使用的制冷剂都含有氟、氯卤素元素,因此当它遇火焰时会发生分解,分解出的氟、氯元素与铜化合生成卤素铜的化合物,使火焰呈现出特有的绿紫色。人们利用这个原理制成了卤素检漏灯。卤素检漏灯按使用燃料可分为酒精、乙炔、丙烷以及石油气卤素检漏灯等。图 5-24 所示为丙烷气体检漏灯,使用时在气瓶内充入丙烷气,打开调节手轮,在点火孔处点着检漏灯,旋动调节手柄,使火焰伸出反应铜环约 6 mm,保持检漏灯直立,待铜环烧红后,手拿吸入管使其端头对准各检测部位仔细检查,从火焰颜色的变化就可以判断出漏气量的多少,漏气量与火焰颜色的关系见表 5-5。需要说明的是,卤素检漏灯使用的燃料不同,检漏时火焰颜色也有所不同,一般,制冷剂泄漏量越大,火焰颜色越深、越浓。

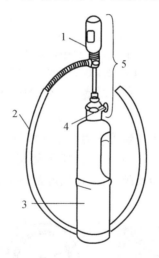

图 5-24　丙烷气体检漏灯

1-燃烧器;2-绞索软管;3-气罐;4-阀门;5-测量单元

表 5-5　漏气量与火焰颜色的关系

漏气量	火焰颜色
无漏气	火焰为橙红色
微量漏气	火焰为浅绿色
漏气量较多	火焰为浅蓝色
漏气量很多	火焰为紫色

2.电子检漏仪

电子卤素检漏仪是根据卤素原子在一定的电场中发生电离而产生电流的原理制成的。电子卤素检漏仪的工作原理如图5-25所示。电子卤素检漏仪使用十分简单,使用时只需将电源开关打开,经短时预热后将探头伸入需要检测的部位即可,通过声音或仪表指针便可方便地判断出泄漏量多少。电子卤素检漏仪与卤素检漏灯相比,检测灵敏度大大提高,它可检测出年泄漏量5g的泄漏部位,并且使用方便、安全,但价格相对较高。

电子检漏仪分为3种:R12检漏仪、R134a检漏仪和可检测R12和R134a的两用电子检漏仪。常用电子检漏仪有手握式和箱式两种。

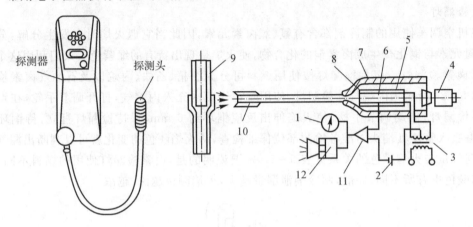

图5-25 电子检漏仪

1-电流计;2-阳极电源;3-变压器;4-风扇;5-阳极;6-阴极;7-外壳;

8-电热器;9-管道;10-吸嘴;11-放大器;12-音程振荡器

3.歧管测试表

歧管测试表也称为歧管检测表或歧管压力表组或歧管压力计,是空调检测维修必不可少的专用工具,它由低压表(LO)、高压表(HI)、低压手动阀(LO)、高压手动阀(HI)、软管接头(一个接低压检修阀,一个接高压检修阀,一个接制冷剂罐或真空泵吸入口)和歧管座组成,如图5-26所示。

图5-26 歧管测试表

1-低压表(蓝);2-高压表(红);3-高压手动阀;4-高压侧软管(红);

5-维修用软管(绿);6-低压侧软管(蓝);7-低压手动阀

歧管测试表用检修软管与空调系统连接,在检修软管末端接头上带有顶销,用于顶开压缩机上的气门阀。检修软管耐油、耐压并有多种颜色,通常,蓝色软管用于低压侧,红色软管用于高压侧,绿色、白色或黄色软管用于连接歧管测试表上的中间接口。

歧管测试表组可用于空调制冷系统的全部检测、诊断和维护。如用于对空调系统抽真空、充入或放出制冷剂以及测试判定空调制冷系统故障等。

当低压手动阀(LO)开启,高压手动阀(HI)关闭时,可以从低压侧向制冷系统充注气态制冷剂。当低压手动阀(LO)关闭,高压手动阀(HI)开启时,可使系统放空,排出制冷剂,也可以从高压侧向制冷系统充注液态制冷剂。当两个手动阀均关闭时,可用于检测高压侧和低压侧的压力。当两个手动阀均开启时,内部通道全部相通。如果接上真空泵,就可以对系统抽真空。压力表上标出的压力一般为表压力,为抽真空时应用方便,压力表上还标有真空刻度。

歧管测试表组分 R12 系统的和 R134a 系统的,它们的区别在于软管的材料、接口的螺纹以及压力表的测量范围不同,更重要的是 R12 和 R134a 不能混用。

4. 制冷剂回收设备

制冷剂回收设备(系统)也叫制冷剂回收/循环/充注机,它有不同商家生产的多种型号,多数回收装置只能单独回收 R12 或 R134a,建议配备两种回收设备(系统)。选择设备的型号应由维修便利的需要而定。如偶尔进行空调制冷系统的维修,则人工回收设备就够了,尽管回收工作十分烦琐。电子回收设备在回收系统制冷剂时,技术人员可以不必理会它而去干别的事情。这种设备的价格也较高。回收的制冷剂一般不能再用,需进行处理。

制冷剂回收设备(系统)使用时应按照制造商给的说明和方法进行。

如果制冷剂回收系统出现意外泄漏,在维修工作前,先给作业区通风。安装或维修时,务必使用适合制冷剂类型的维修设备,必须借助制冷剂回收/循环/充注机进行抽真空。如果系统已经在大气中放置了几天,必须更换干燥器,而且应当对系统抽真空若干小时。

制冷剂回收/循环/充注机,如图 5-27 所示。使用时,按照设备制造商的说明,连接制冷剂回收/循环/充注机(A)与高压检维口(B)和低压检维口(C),如图 5-27 所示。在抽真空时,如果在 15 min 之内,低压不能在 93.3 kPa(700 mmHg)以下,否则很可能系统发生泄漏。需给系统充注,并检查泄漏情况。打开高压阀,给系统加压到规定容量,然后关闭供给阀,断开充注装置接头。进行检漏操作。

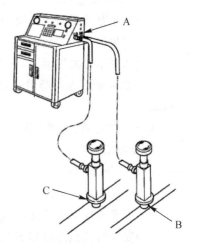

图 5-27　制冷剂回收设备

5. 气焊设备

飞机空调车系统的维修经常会用到气焊设备,它包括燃料瓶、氧气瓶、氧气减压阀、氧气连接管、燃料连接管、焊枪等。

气焊采用的燃料一般为乙炔(也有用液化石油气或汽油等),使用的燃料不同,所用的焊枪也不同。氧气主要用来助燃。乙炔焊枪有两个针阀调节开关,可调节氧气与乙炔的比例,点燃后产生需要的高温,调节两针阀的开启度,可以调节火焰大小。顺时针旋转调节钮时,针阀关闭,逆时针旋转调节钮时,针阀开启。当氧气、乙炔按一定比例混合时,可以形成高温火焰,按火焰形态可分为中性焰、氧化焰、碳化焰。

5.7.2　冷凝器的拆装与检修

1.冷凝器的检查

用检漏仪检查冷凝器总成泄漏情况。

检查时如发现压缩机排气压力过高,不能正常制冷,导管外部有结霜、结冰现象,说明冷凝器导管内部脏堵或外部折瘪。

检查时如发现冷凝器散热不良,则说明冷凝器导管及翅片外表有污垢、残渣。

2.冷凝器的拆解

(1)使用专用冷媒回收加注设备将制冷剂抽空。

(2)拆下蓄电池负极接头。

(3)拆下散热风扇电源插头,然后拆下散热风扇组。

(4)拆下散热器进水管和出水管,将端口用干净的棉纱塞住,以免冷却液流溢;也可以先用容器收集冷却液,等散热器安装完毕后再行倒入补充液箱,重复使用。

(5)拆下散热器,拆下后请妥善放置,勿在散热管带上放重物或磕碰。

(6)拆下冷凝器至储液干燥器管路,拆下后封闭管口,防止异物侵入。

(7)拆下压缩机至冷凝器,拆下后封闭管口,防止异物侵入。

(8)拆下前保险杠托架。

(9)旋出 4 个螺栓,拆下导向件。

(10)旋出固定螺栓,从车身上拆下冷凝器。

3.冷凝器的检修方法

(1)如仅仅是外表脏污而造成冷凝器的散热片被堵塞,应用水清洗,或用压缩空气吹。注意不要损伤冷凝器散热片,如发现散热片弯曲,使用起子或手钳加以矫正,不必拆卸冷凝器。

(2)如果是冷凝器散热风扇的问题,也不必拆卸冷凝器,可修理风扇。

(3)如果属于冷凝器漏气或内部脏堵,应拆开冷凝器出口和入口的接头,并封闭管路。

(4)如果是冷凝器泄漏,可在泄漏处焊补。

(5)如果是冷凝器导管脏堵,或导管外部折瘪,可将该处剖开修理,然后进行焊补或更换总成。

(6)修理完毕装配时,注意出口和入口,切勿接错,并且要加入一定量的冷冻机油。

4.冷凝器的安装

顺序与拆卸相反。

5.注意事项

(1)安装前应充分清洗冷凝器,确保管路通畅,充分散热。

(2)安装时注意冷凝器下部的正确位置,上端与发动机罩的间隙不小于 25 mm。

5.8　蒸发器的拆装与检修

与冷凝器相同,需要维修的飞机空调车整车、检漏仪、歧管压力表组件、冷媒回收与充注机、专用工具等。

1.蒸发器的检查

(1)蒸发器外表是否有积垢、异物。

(2)蒸发器是否损坏。

(3)用检漏仪检查是否泄漏。

(4)观察排气管路是否洁净、畅通。

2.蒸发器的拆卸步骤

(1)拆卸仪表板。

(2)拆卸进风罩。

(3)旋出紧固螺母,拆下 S 管(蒸发器至压缩机管路),封住已经拆下的管子端口。

(4)旋出紧固螺母,拆下 L 管(储液干燥器至蒸发器管路),封住已经拆下的管子端口。

(5)拆下连接螺栓。

(6)拔下感温管插头,小心取出蒸发器。

3.蒸发器的检修方法

(1)清除外表积垢、异物。

(2)清洁排气管路,并清除积聚底板的水分。

(3)如有泄漏,应对泄漏处进行焊补。

4.蒸发器的安装

顺序与拆卸相反。

5.注意事项

修理完毕后进行装配时,注意入口和出口,切勿接错,温度控制元件或感温包要牢固地安装在合适的位置,膨胀阀和感温包要包好保温材料,蒸发器内要加注一定数量的冷冻机油。

5.9　飞机空调车的常见故障排除

5.9.1　空调系统中的故障判断及排除(见表 5 - 6)

表 5 - 6　飞机空调车常见故障及排除方法

故障现象	故障可能的原因	排除方法
高压太高	(1)制冷剂加注过多 (2)冷凝器翅片堵塞或不干净 (3)冷凝器风扇故障或破损 (4)环境温度过高	排放多余的制冷剂 用压缩空气吹或用水冲洗 修理或更换 在通风条件好的地方运行
高压太低	(1)加制冷剂不足或泄漏 (2)膨胀阀故障(开启状态) (3)过滤网堵塞	检查视液镜和管路接头是否松动 检查与更换阀 检查及清洁滤网
低压太高	(1)膨胀阀故障 (2)压缩机吸气阀片泄漏	检查更换阀 检查与更换压缩机

续表

故障现象	故障可能的原因	排除方法
低压太低	(1)管道干燥器、膨胀阀等部件部分堵塞 (2)制冷剂不足或膨胀阀间隙过小或泄漏 (3)蒸发器上结霜过多 (4)回风口过滤器被灰尘和脏物堵住 (5)蒸发器上存有脏物和灰尘 (6)蒸发风机电线接触不良	拆开检查部件 检查气体泄漏情况,调整膨胀阀,然后加注制冷剂直至在观察镜里看不见气泡为止 暂时停止运转 清洁过滤器(用水或压缩空气) 清洁蒸发器(用水或压缩空气吹) 检查修正或更换
蒸发风机或冷凝风机不工作	(1)方式控制开关失灵 (2)电路连接断开或松动 (3)控制盒内空调继电器失灵 (4)保险片烧毁 (5)风机马达故障	检查运行 维修 检查运行、维修 更换 修理或更换
空调系统不制冷	(1)制冷剂加注过少或全部泄漏 (2)系统内有空气或未冷凝气体 (3)系统内制冷剂过多 (4)压缩机或离合器损坏	检修气体泄漏部位,加注适量制冷剂 排出空气或未冷凝气体 检查压缩机冷冻油 维修或更换
压缩机吸气压力过高	压缩机处于卸载状态:卸载阀关闭,负载电磁阀不能接合,膨胀阀调整不当	打开,关闭卸载阀,反复两次。检查维修电磁阀电路,检修调整膨胀阀
排气压力低	周围大气温度低,制冷剂不足	检查有无渗漏,充加制冷剂
压缩机停转或以低吸气压力运转	大气温度太低,储液罐阀开度小,制冷剂不足,卸载阀关闭,卸载,加载电磁阀不工作,膨胀阀不正常,吸气过滤器或干燥器阻塞,进口压力低	开大阀门,检查充加制冷剂,打开,关闭卸载阀反复3次,检修调整电磁阀和膨胀阀,更换吸气过滤器和干燥器
压缩机润滑油温度过高	液体喷射温度开关失灵,液体喷射电磁阀失灵	更换开关,检修或更换电磁阀
输出空气压力低	输气阀门没完全打开,发动机转速低,鼓风机空气滤阻塞	完全打开阀门,提高发动机转速,清洁或更换空气滤芯
空调机组制冷能力低	大气温度太高,制冷剂不足,膨胀阀调整不当,散热器太脏,干燥器失效,压缩机故障	添加制冷剂,调整膨胀阀,清洗散热器,更换干燥器滤芯,检修压缩机

续表

故障现象	故障可能的原因	排除方法
启动机不正常工作	蓄电池电压低,启动机本身故障,启动电路故障	更换蓄电池,更换启动机,检修启动电路
发动机冒黑烟	油大混合气过浓;空气滤脏进气不畅;喷油嘴雾化不好;高压油泵故障;发动机故障;喷油时间过早;负荷过大	清洁或更换空气滤;检查修理喷油嘴和高压油泵;检修发动机,调整校正喷油时间,查明负荷过大原因
发动机排白烟	喷油时间过迟;各缸喷油间隔角度不一致;喷油器喷油时滴油,雾化不良,压力低;油中有水或空气	调整校正喷油时间;检查各缸喷油间隔角度;检查喷油器的工况,必要时效验或更换;排除油中的水和空气
发动机启动困难	油箱内无油;油管破裂、堵塞或接头松动;油中有空气或水;空气滤堵塞;柴油滤堵塞;冬天柴油结蜡;高压油泵故障;喷油压力或雾化不好;发动机故障	检查油箱内油量;检查油及接头;排除油中的水和空气;清洁或更换空气滤、柴油滤;冬天更换柴油;检查排除高压油泵故障、喷油器和发动机故障

5.9.2　安全维修注意事项

(1)尽量在干净、通风室内进行操作。

(2)为防止火灾,不要将明火带入室内,禁止吸烟。

(3)工作时要做一些安全准备。确保保护装置无裂痕,内部无破损或断带。

(4)为防止电击火灾等,不要让不熟练工人拆卸和修理。

(5)工作时若制冷气体泄漏,切记要通风。

(6)启动空调机组之前,先要确认工具,测量器具和其他零部件没有忘记在运动、转动和电流流过的部件上。

(7)检查电气线路时,小心不要触摸端子、记录器等电流流过的部件,否则可能会由身体或其他部件引起短路。

(8)使用额定的保险丝,防止烧坏继电器和引起火灾。

(9)在电流流过的部件、空调系统部件上,使用电钻时要小心,防止电击、过热和火灾。

(10)对管道、管道连接处和管道内的尘土去除要小心,防止损坏管道,造成泄漏。

(11)压缩机油必须免于灰尘、金属屑等的侵蚀。

(12)不要将制冷剂气罐储存在阳光直射处、潮湿处和超过 40 ℃高温处,以防止严重事故。应储存在阴凉和干燥处。

(13)操作制冷剂气体时,要戴防护眼镜以防止受伤,如果制冷剂气体进入眼睛,要迅速用水冲洗眼睛。

(14)在空调运行时或刚刚停止时不要有明火,防止烧伤和火灾。

复习思考题

1.简述飞机空调车的功用及类型。
2.常用的制冷方法有哪些？对制冷剂的基本要求是什么，如何选用？
3.空调系统主要由哪些元件组成，各自的功用是什么？
4.简述飞机空调车的组成及工作原理。
5.简述飞机空调车的操作规程。

第6章 电 源 车

6.1 概 述

6.1.1 电源车的类型

航空地面交/直流电源车或机组(以下简称电源车)是为飞机提供机场地面保障服务的特种车辆。当飞机在地面进行通电检查、维修保养、航前航后、清洁或加油、装卸货物时,需要由地面的外接电源为机上部分(或全部)电气负载供电。

航空地面电源主要有两种:一种是柴油发电机组,即由柴油发动机带动三相交流发电机,可以发出 115 V/400 Hz 的三相交流电,属于可移动电站。它的移动也有两类方法,一类是将电源机组安装在通用二类汽车底盘上,由汽车底盘负责其移动,如图 6-1 所示。还有一类是将电源机组安装在专用底架上,再由拖头车带动其移动,如图 6-2 所示;另一种是中频电源,由静止变频器把机场的 220 V/50 Hz 的工频交流电变换为 115 V/400 Hz 的航空三相交流电,中频电源可以直接安装在廊桥上,如图 6-3 所示;也可以安装在专用底架上,由拖头车带动,如图 6-4 所示。

图 6-1 柴油发电机组(汽车底盘带动)

图 6-2 拖车式柴油发电机组

图 6 - 3　固定在廊桥上的变频器

图 6 - 4　拖车式变频器

地面电源车分为两种:交流型电源车和交直流两用型电源车。交流型电源车输出中频400 Hz,115 V/200 V 三相交流电源,可以用于主电源为交流电源的大中型运输机;交直流两用型电源车输出 400 Hz,115 V/200 V 的三相交流电源和 28.5 V/57 V 的直流电源,主要用于主电源为直流电源或采用电启动的中小型飞机和军用飞机,也可用做飞机制造厂、维修厂、试飞站、研究所的试验电源。

交流电源是指额定电压为 115 V/200 V,额定频率为 400 Hz,额定功率因数为 0.8(滞后),相序为 A→B→C 的三相四线制星形连接的供电系统或单相交流供电系统。交流电压特性是指三相交流供电系统中任意一相的相电压或单相交流供电系统中的相电压特性,线电压特性由相电压值确定后计算求得。直流电源是指额定电压为 28.5 V/57 V 双线制供电系统。所有的交流电压均指电压有效值,直流电压均指电压平均值;所有的电压指标均在其电缆末端考核。

6.1.2　电源车的主要技术参数

操作人员一般要掌握以下电源车的主要技术参数:电源车型号、整车外形尺寸、电源车(机组)总质量、机组发动机型号、电器控制系统工作电压、机组燃油箱容积、发电机额定功率、发电机额定功率因数、发电机额定输出电压、发电机额定频率、发电机额定负载电流、发电机额定工作转速、过压保护、欠压保护、欠频保护和过载保护等。以 HOBART 140DT24 型电源机组为例说明的其主要技术参数,见表 6 - 1。HOBART 140DT24 型电源机组的相关参数可以由具体铭牌识读,如图 6 - 5 所示。

表 6-1　HOBART 140DT24 型电源机组技术参数

电源机组型号	HOBART l40DT24 型
整车外形尺寸(长×宽×高)	3 759 mm×1 956 mm×1 549 mm
机组总质量	3 039 kg
机组发动机型号	S40-7.6 LT
电器控制系统工作电压	12 V
机组燃油箱容积	250 L
发电机额定功率	140 kV·A[①]
发电机额定功率因数	0.8
发电机额定输出电压	115 V/220 V
发电机额定频率	400 Hz
发电机额定负载电流	404 A
发电机额定工作转速	2 400 r/min
过压保护(当相电压为 126 V 时)	215 V 断开
欠压保护(当相电压为 100 V 时)	185 V 断开
过频保护	420 Hz 断开
欠频保护	380 Hz 断开
过载保护	125%,5 min 断开

输出功率　140 kV·A
输出电压　115 V/200 V
额定负载　404 A
频率　　　400 Hz
输出功率　112 kW
功率因数　0.8
额定转速　2400 r/min
发动机　　底特律

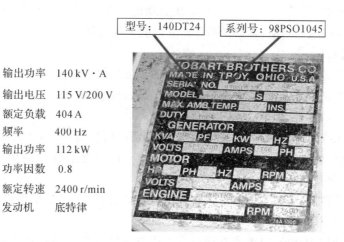

型号：140DT24　　系列号：98PSO1045

图 6-5　HOBART 140DT24 型电源机组的铭牌参数

①1 V·A=1 kW。

6.1.3 电源系统指标

1.交流电源系统电压指标

(1)稳态电压范围为113~117 V:在功率因数0.8(滞后)到1.0、空载至额定负载的任一对称负载和(3)规定的不对称负载下,各相的稳态电压范围应为113~117 V。

(2)空载电压整定范围:下限不大于104 V,上限不小于127 V。

(3)三相电压不平衡不大于3 V:在额定电流的15%的不对称负载下,各相电压之间的最大差值不大于3 V。

(4)瞬态电压范围为90~140 V:当功率因数为1,由空载突加至额定电流的80%,再突减至空载时,任一相的瞬态电压在最大极限值140 V和最小极限值90 V范围内,恢复到稳态电压范围的时间小于0.2 s。

2.交流电源系统频率指标

(1)稳态频率范围396~404 Hz:在各对称负载条件下,稳态频率范围为396~404 Hz。

(2)瞬态频率范围380~420 Hz:当功率因数为1,由空载突加至额定电流的80%,再突减至空载时,瞬态频率在380~420 Hz范围内,恢复到稳态频率范围的时间小于1 s。

(3)频率漂移量不大于±5 Hz:在稳态下,因漂移引起的受控频率值在稳态频率范围内变化,其变化量不大于5 Hz。

3.直流电源系统主要电气参数指标

(1)稳态电压范围为26~30 V:在0~400 A工作电流范围内,直流输出电压在26~30 V范围内;当电源车启动飞机发动机时,直流输出电压不低于19 V,此时最大瞬时电流为1 600 A或1 800 A,维持时间为3 s。

(2)瞬态电压为17~35 V:当负载由额定负载的5%突加至85%,再突减至5%时,瞬态电压应在最大极限值35 V和最小极限值17 V范围内,恢复到稳态电压范围的时间小于0.2 s。

4.机械性能

启动性能:常温(不低于-5 ℃)下经3次启动能成功;低温(-25 ℃)时,用低温启动措施可保证在30 min内顺利启动,且启动后3 min内能负载运行。

5.公害抑制指标

(1)有减振装置:电源车在机组运行时振动的单振幅值不大于0.5 mm。

(2)有噪声抑制措施:电源车在额定负载工况运行时,轮廓外7 m处的噪声声压级不大于85 dB。

(3)有抑制无线电干扰措施:无线电干扰抑制装置,可抑制由发电机引起的无线电干扰,使发电机端子干扰电压和辐射干扰场强符合GJB 549—88(国家军用标准)的有关规定。

6.电源车保护性能

(1)机械保护性能:电源车设有下述多种机械保护装置,也可根据用户要求或所选用柴油机的配置选择机械保护措施。设有紧急手动停机装置。

(2)电气自动保护性能:电源车在运行当中机组参数变化或给飞机供电时电气参数变化,超过一定范围,电源车将自动保护,切断电源与飞机的联系,并声光报警,甚至停机。

电源车的保护功能及参数见表6-2。

表 6-2　电源车保护动作参数表

保护功能	保护动作值	动作延时时间	保护结果
过压保护	135±2(V)	1～1.5 s	声光报警,灭磁,分闸
欠压保护	100±2(V)	2～4 s	
过频保护	430 Hz	2～7 s	
欠频保护	370 Hz	2～7 s	
过流保护	125％额定	15～30 s	
超速保护	≥115％额定转速(450 Hz)		停机
机油压力低	≤0.4 bar		声光报警,灭磁,分闸,停机
机油温度高	≥130 ℃		声光报警(风冷机)
缸头温度高	≥150 ℃		
冷却水温高	≥95 ℃		声光报警(水冷机)
风扇皮带断			停机(风冷机)

6.1.4　地面电源的控制

1.地面直流电源的控制

地面直流电源插座有 3 个插钉,如图 6-6 所示。两个大插钉分别为直流电源的"＋""－"端,另一个细而短的插钉是控制插钉,也是直流电源的"＋",主要控制外电源接触器的通断。由于控制插钉比较短,插上电源时,只有插紧后,外电源接触器才能吸合;而拔出时,保证先断开外电源接触器,防止拔出时产生火花。

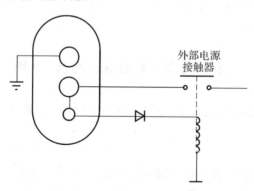

图 6-6　地面直流电源控制示意图

2.地面交流电源的控制

交流电源插座有 6 个插钉,如图 6-7 所示。其中 4 个大插钉分别为三相四线制电源的ABC 三相和零线 N。两个小插钉 E,F 起控制作用。E,F 插钉比主插钉细,而且短很多,只有当插紧后,E,F 才能和外部电源插头形成通路。在外部电源插头中,E,F 是短接的。拔出时,先断开 E,F 插钉,保证主插钉拔出时先断开外部电源,以免产生火花。

飞机上装有外电源控制组件 EPCU(如 B 737-200),用于检测外部电源的相序、电压、电流及频率是否符合要求,如果符合要求,EPCU 发出信号。

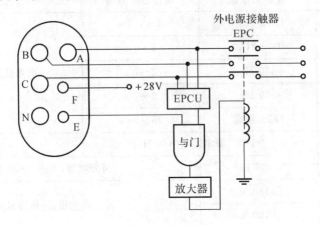

图 6-7　外部交流电源控制示意图

外部电源接触器吸合工作须有两个条件:一个条件是 E,F 已插好并形成通路,另一个条件是 EPCU 或 BPCU 发出信号,如所有 GCB 处于"OFF"位。两者缺一不可,从而体现外电源也是单独供电的控制特点。B 737-500 以后的飞机,EPCU 的功能由汇流条控制组件 BPCU 完成,E,F 不直接接在外部接触器工作线圈回路中,而是提供一个逻辑信号,如图 6-7 所示。

在飞机外部电源插座上有两个指示灯,分别是"AC CONNECT"灯和"NOT IN USE"灯。在外部电源插好后,"AC CONNECT"灯亮;"NOT IN USE"灯亮时,允许拔下插头,而"NOT IN USE"灯灭时,说明飞机正在使用地面电源,如要拔下插头,必须先到驾驶舱断开地面电源开关。

地面电源向飞机供电后,BPCU 或 EPCU 监控地面电源质量,当发生过流、过压、欠压、过频、欠频等故障时,就会断开外部电源接触器。当 APU 发电机或主发电机向飞机电网供电时,自动断开外部电源。

6.2　电源车的组成及功用

电源车主要由车辆底盘、发电机组、电源控制系统和保护系统组成。

6.2.1　汽车底盘

汽车底盘由通用的二类底盘车辆构成,均选用符合国家技术标准的货车底盘,并按照电源车的设计要求选择相适应的型号。底盘主要由传动系、行驶系、转向系和制动系等部分构成。

6.2.2　发电机组的组成及功用

发电机组主要有柴油发动机、动力传动装置、中频无刷交流发电机及电气控制部分,如图 6-8 和图 6-9 所示。交直流两用电源车还配备了变压整流器和航空蓄电池。以上几部分组成了电源车的中枢,通常简称"机组"。

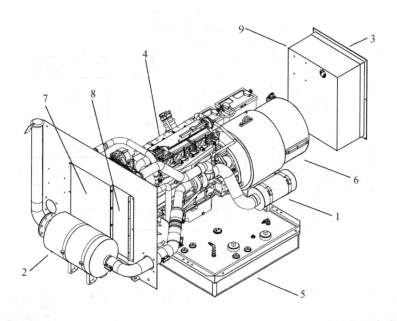

图 6-8　发电机组主要组成

1-空气滤清器;2-消声器;3-操作面板;4-柴油发动机;5-油箱;

6-发电机;7-散热器;8-中冷器;9-电器箱

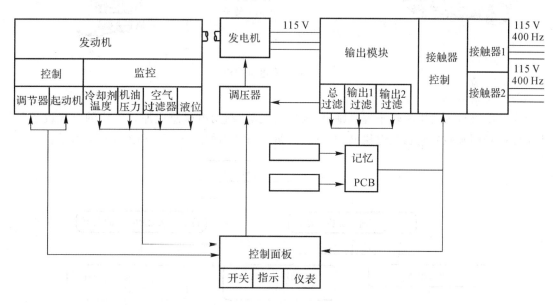

图 6-9　发电机组组成及电气控制

1. 发电机

发电机的组成及功用如图 6-10 所示,具体结构如图 6-11 所示。

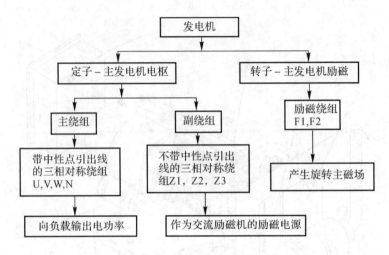

图 6-10　发电机的组成及功用

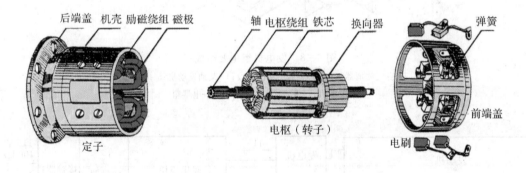

图 6-11　发电机结构

2. 交流励磁机

交流励磁机为发电机转子提供励磁(为发电机等"利用电磁感应原理工作的电气设备"提供工作磁场叫励磁),它与发电机同轴装配,其组成与功用如图 6-11 和图 6-12 所示。

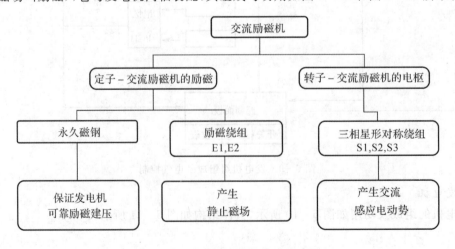

图 6-12　交流励磁机的组成及功用

3.旋转整流器

旋转整流器是将交流励磁机转子上产生的三相交流电整流成直流,并向发电机转子绕组提供直流电流,如图 6-13 和图 6-14 所示。

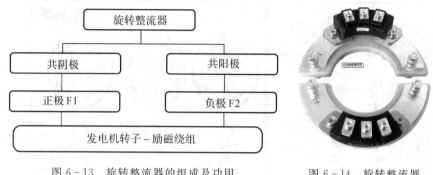

图 6-13　旋转整流器的组成及功用　　　　图 6-14　旋转整流器

6.2.3　电气控制系统的组成及功用

电源车电气控制系统主要由电源电控箱、电路板、电子调速器、调压装置等组成。

1.电源电控箱

电源电控箱是电源机组的中心控制装置,主要由仪表盘、配电板组成。仪表盘上装有照明灯、各种保护信号灯、频率表、交流电压表、交流输出电流表、计时表、发动机充电电流表、燃油表、油压表、油温表、水温表、输出按钮及信息灯、停止输出按钮、充磁按钮、紧急停机按钮、启动和停机开关、保险和开关等控制装备,用于控制和监视电源机组工作状态,如图 6-15 所示。配电板上装有各种控制继电器、电压互感器、保护电路系统及部分开关。

2.电路板

电路板是电源机组的主输出电路装备。电控箱通过电路板控制主回路的工作状态来决定电源机组是否向负载提供电源。

3.电子调速器的组成及基本调速原理

电子调速器主要由磁性传感器、转速控制器、电磁执行器等三个部分组成,此外,还需要一个电压为 24～28 V、输出电流为 2～4 A 的直流工作电源。电子调速器是一个按转速偏差调节原理组成的速度负反馈调节系统。系统主要由速度给定、速度反馈、模拟放大、脉冲功率放大及电压反馈、保护、执行等环节组成;系统的结构方框图如图 6-16 所示,电子调速器结构如图 6-17 所示。

由图 6-16 可见,发动机转速的变化由装在飞轮壳上与飞轮齿面相垂直的磁性传感器敏感,由传感器输出一个频率与转速成正比的交流电压信号,其频率变化范围在 3 000～6 000 Hz 之间。该信号经过频-压转换后变成与速度成比例的模拟电压 V_f,该电压与速度给定环节中的基准电压 V_g 相比较,输出的偏差信号经比例-积分-微分(PID)运算放大后按预定的规律变化。放大器输出的电压 V_k 控制脉冲功率放大器的脉冲宽度,该脉冲信号加在电磁执行器线圈上,执行器输出轴的角位移正比于脉冲电压的平均值。执行器输出轴的角位移以负反馈方式去推动油泵齿条,使供油量改变,从而改变发动机的转速。

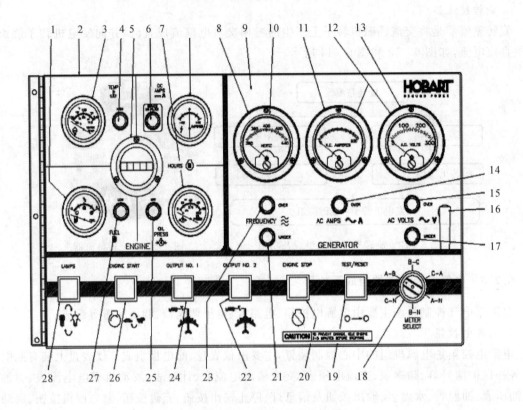

图 6-15 电源电控箱的组成

1-燃油表;2-前面板;3-发动机冷却液温度表;4-过温指示灯(红色);5-发动机时间记录表;

6-指示灯(空气滤清器堵塞;红色);7-润滑油油压表;8-发动机电流表;9-频率表;

10-控制盒标牌;11-环形灯(3);12-发电机电流表;13-电压表;14-过载指示灯(红色);

15-过压指示灯(红色);16-可调门螺钉;17-欠压指示灯(红色);18-仪表选择开关;

19-测试/复位开关;20-发动机停止开关;21-欠频指示灯(红色);22-2 号接触开关;

23-过频指示灯(红色);24-1 号接触器开关(黄色);25-润滑油油压过低指示灯(红色);

26-发电机启动开关(绿色);27-燃油油位过低指示灯(红色);28-面板灯开关(黄色)

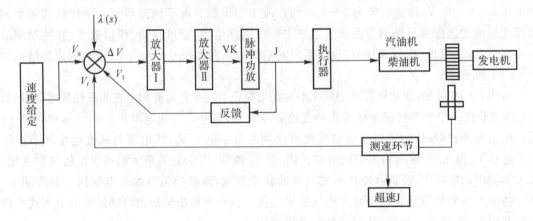

图 6-16 电子调速器结构框图

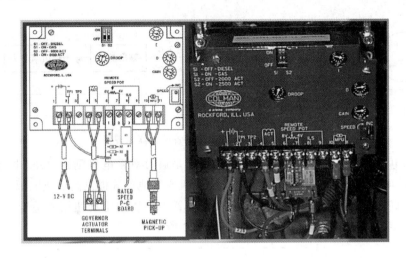

图 6-17　电子调速器结构

4.调压装置

调压装置内一般装有两套自动电压调节器,如图 6-18 所示;其中一套工作,另一套备用,靠选择开关控制。自动电压调节器是根据发电机输出端大小,为交流励磁机提供直流励磁电流,使发电机电压有一个稳定的额定值。

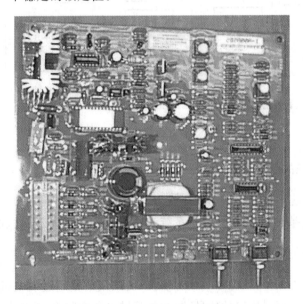

图 6-18　自动电压调节器 PC 板

(1)调压的基本原理。电源车中电压调节器的主要功能是,当发电机负载或转速发生变化时,自动使发电机输出电压稳定在规定范围内。

随着电子技术的发展,在飞机电源和地面电源中多采用体积小、质量轻、调压精度高的晶体管调压器。它是以大功率晶体管作为开关元件来控制发电机的励磁电流,从而达到自动调压的目的的。目前普遍采用的是脉冲调宽(PWM)式晶体管调压器,其组成方框图如图 6-19 所示。

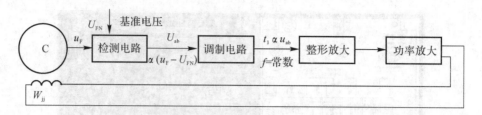

图 6-19 脉冲调宽式晶体管调压器原理框图

(2)自动电压调节器。电源车输出电压的稳定是通过对发电机励磁电压(电流)的控制来实现的。自动电压调节器是用来保证发电机向飞机或其他负载提供高品质电源的自动控制系统,它的性能直接影响到电源的技术指标。调压装置中电压整定旋钮用来整定发电机输出电压,补偿整定旋钮用来调整线压降补偿,如图 6-20 所示。

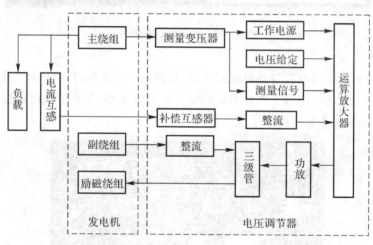

图 6-20 自动电压调节器功能框图

6.2.4 保护系统的组成及功用

电源机组保护系统主要有过载、过压、欠压、过频、欠频及短路保护等,如图 6-21 所示。当其中任一指标超过保护整定值时,保护系统先断开励磁电路灭磁(过载,短路保护除外),然后切断机组负载,达到保护飞机和电源机组的目的。

1.过载保护

过载保护也称过流保护,如图 6-22 所示,当负载用电量超过发电机组的额定输出时,过载继电器接受从电流互感器传递的信号,断开故障继电器常闭点,并使负载接触器断开。一般达到额定输出 125% 时断开。

2.过压保护

当输出电压超过设定值时,过压继电器将信号传到故障继电器,断开输出接触器,中断向飞机供电。一般过压设定在 130 V 或 225 V 断开,125 V 或 215 V 复位。电压断开复位设定值是可调整的,但必须用校准设备。

3.欠压保护

当输出电压低于设定值时,欠压继电器将信号传到故障继电器,断开输出接点,中断向飞机供电。一般欠压设定在 100 V 或 185 V 断开,110 V 或 190 V 复位。

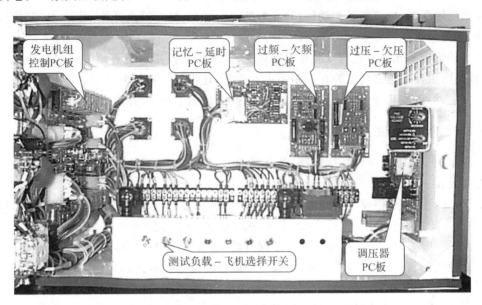

图 6 - 21 电源机组控制盒内主要部件

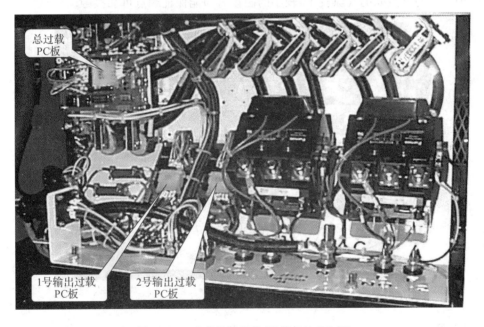

图 6 - 22 功率控制组件(过载保护 PC 板)

4.过/欠频保护

当发电机组频率超过或低于设定值时,过/欠频继电器将信号传到故障继电器,断开输出继电器,中断向飞机供电。一般过频设定在 420 Hz 断开,410 Hz 复位,欠频设定在 380 Hz 断开,385 Hz 复位。

5.短路保护

当发动机水温高于设定值或机油压力低于设定值时,短路保护装置中继电器,控制电子调速器切断油路,使柴油机停止工作。

风扇皮带断时,皮带断开关动作,除皮带断指示灯亮、蜂鸣器报警外,灭磁、分闸、停机继电器动作,同时停机。

所有传感器和保护触点均安装在发动机上,监视仪表及指示装置均安装在发动机操作面板上,预热电阻及继电器均安装在控制柜内。此外,还设有"自检测"按钮。当机组未开机时,按下该按钮,可以使几种保护电路都接地,使所有保护指示灯亮,并使蜂鸣器鸣响。

6.2.5　电源车的主要电气附件

电源车主要电器附件包括接触器、继电器、电流互感器、传感器等。

1.接触器

电源车的主电路,根据不同的需要采用不同的接触器,用以控制主电路的通断,起开关作用,其结构主要由吸引线圈、保持线圈、主触点、辅助触点及弹簧等组成,如图 6-23 所示。接触器的线圈一般分为一个吸引线圈和一个保持线圈,吸引线圈与保持线圈串联连接,且保持线圈与辅助触点并联;当接触器没工作时,保持线圈被辅助触点短接;接触器通电瞬间,电流只通过吸引线圈,由于其电阻小,通过电流大,磁拉力强,活动铁芯被拉下,主触点接通,辅助触点断开,保持线圈被串入,使流过线圈的电流显著减小,从而使接触器长时间工作;此时线圈电流虽然较小,但铁芯与触点间的气隙较小,较小的磁拉力即能保证触点可靠接触。

图 6-23　电源车电器附件-接触器

2.继电器

电源车采用的继电器多为控制继电器,如图 6-24 所示,其基本结构与接触器类似,由电磁系统、触头系统和反力系统 3 部分组成,在电路中起转换、组合控制、放大及保护等作用。

3.电流互感器

电流互感器作电流、电能测量及继电保护用。其结构原理是,电流互感器相当于一只升压变压器。正常运行时,其一次磁动势与二次磁动势基本平衡,励磁磁动势很小,铁芯中的磁通密度和二次绕组的感应电动势都不高;在二次回路发生开路故障时,一次磁动势全部用于励磁,铁芯深度饱和,磁通为平顶波,感应电动势为尖峰波,二次绕组两端将出现危险的高电压,因此,电流互感器严禁在二次开路情况下运行。其接线方式为,电流互感器的一次绕组与线路串联或贯穿,二次绕组与测量仪表或继电器的电流线圈连接,其一次电流取决于线路的负荷,与二次负荷无关。

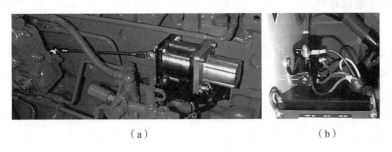

（a）　　　　　　　　　　（b）

图 6 - 24　电源车继电器

（a）油门执行器;（b）启动继电器

4.传感器

传感器将被测信号通过测量敏感元件转换为电信号输出。传感器按测量敏感元件通常分电阻式、电容式、电感式、磁电式、光电式、压电式等类型,如图 6 - 25 所示。电源车采用的压力、温度、速度传感器分别检测机油压力、水温（油温、缸温）及转速,大都属电阻式。

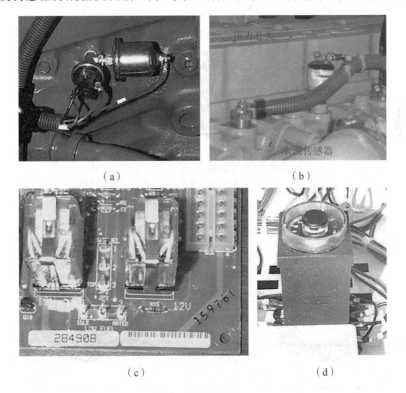

（a）　　　　　　　　　　（b）

（c）　　　　　　　　　　（d）

图 6 - 25　电源车传感器

（a）机油压力开关和压力传感器;（b）水温传感器和压力开关;

（c）燃油液位低控制跳线;（d）发动机熄火延时继电器

6.3 电源车电源系统

6.3.1 直流电源系统

1.直流发电机

常用的航空直流发电机有两种形式:一种是直流发电机(DC Generator),另一种是交流-直流发电机(DC Alternator)。

(1)直流发电机(DC Generator)。

典型的飞机直流发电机如图 6-26 所示,其结构主要由定子、转子、整流子(换向器)、电刷组件等部分构成。

1)结构。

①定子。定子主要由磁极、励磁线圈、电刷组件和壳体组成。磁极和励磁线圈用来产生磁场;壳体的作用有两个:一是为磁极产生的磁场提供磁通路,二是作为发电机的机械结构,用于安装其他部件和固定发电机。壳体由铁磁材料构成。图 6-27 (a)(b)所示分别为两极电机和四极电机的定子结构图。

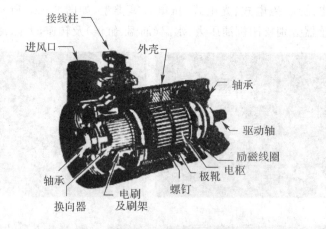

图 6-26 直流发电机构造

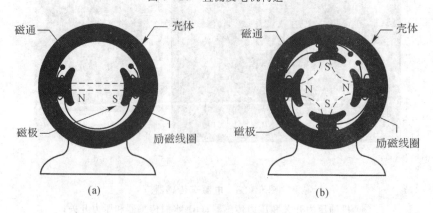

(a) (b)

图 6-27 定子结构图

(a)两极电机;(b)四极电机

②转子。转子由铁芯、电枢线圈、换向器和转轴组成,如图 6 - 28 所示。电枢线圈在转子转动时,切割磁力线,产生交流电动势。每个电枢线圈的两端按规定的顺序连接在换向器上。

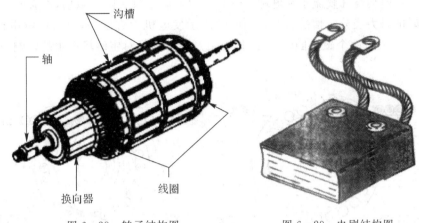

图 6 - 28　转子结构图　　　　图 6 - 29　电刷结构图

③换向器和电刷组件。换向器和电刷组件的作用是将电枢线圈产生的交流电转换成直流电,由电刷输出。电刷结构如图 6 - 29 所示,电刷表面在弹簧的作用下与换向器表面紧密接触。电刷装在刷架上,刷架安装在定子上。

2)励磁方式。

根据励磁线圈的接线不同,直流发电机可以分为串励式、并励式和复励式,如图 6 - 30 所示。

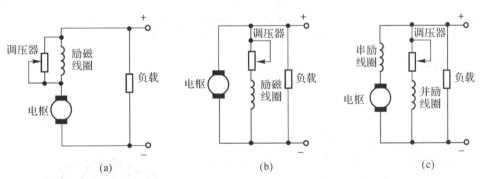

图 6 - 30　直流发电机的励磁方式
(a) 串励式;(b)并励式;(c) 复励式

串励式电机的励磁线圈与负载电路串联,励磁电流随负载的增加(电阻减小)而增大,使发电机输出电压上升。要维持电压不变,可在励磁线圈两端并联一可变电阻(调压器)分流一部分励磁电流。这种发电机多用在恒速恒负载或负载启动电流大的情况下。其缺点是电压调整困难,因此飞机上一般不使用。并励发电机的励磁电流小,电压调整相对容易,一般小型飞机都采用这种发电机。复励发电机兼有串励和并励发电机的特点,常用于直流启动发电机。

3)电枢反应。

当接通发电机负载时,电枢线圈中就有电流流过。根据电磁定律,在电枢线圈中就会产生磁场,该磁场称为电枢磁场。电枢磁场与主磁场(由励磁线圈产生)相互作用,使主磁场发生扭曲,如图 6-31 所示。磁场扭曲程度随发电机输出电流的增大而增大。主磁场畸变除了降低发电机效率外,还使换向时(电枢线圈中的电流随转子旋转而快速改变方向的现象称为换向)产生火花,严重时会烧坏整流子和电刷。图 6-31(a)表示只有励磁磁场,没有电枢电流(发电机不输出)时的磁力线分布情况;图 6-31(b)表示发电机没有励磁,只有电枢电流产生的磁场;图 6-31(c)表示两个磁场同时存在时,电流产生的磁场对主磁场产生的影响,这种影响称为电枢反应。

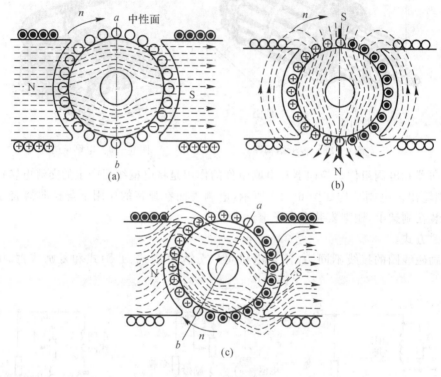

6.31 电枢反应
(a) 励磁磁场;(b) 电枢磁场;(c) 合成磁场

解决电枢反应的方法有两种:一种方法是电刷架可调,使电刷安装在合成磁场的中性面上(见图 6-31 (c)中 ab 线)。但当发电机输出电流变化时,产生的磁场强度也改变,磁场中性面的位置也会发生变化。一般将电刷调定在发电机输出额定电流时的中性面位置上,但当发电机的负载电流偏离额定值时换向会产生火花。小型发电机一般采用调整电刷位置的方法。另一种是增加换向磁极,换向磁极线圈与电枢线圈串联。输出电流越大,产生的换向磁场就越强(见图 6-32),用于抵消电枢反应的影响。较大的发电机一般采用换向磁极的方法或两种方法都采用。

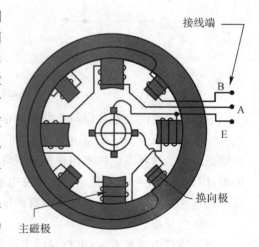

图 6-32 换向磁极

2.交流-直流发电机

为了克服直流发电机换向困难、换向时产生火花及换向器和电刷维护工作量大的缺点,可以采用交流-直流发电机,如图 6-33 所示。交流-直流发电机由转子(见图 6-34)、定子(见图 6-35)和整流器(见图 6-36)组成。

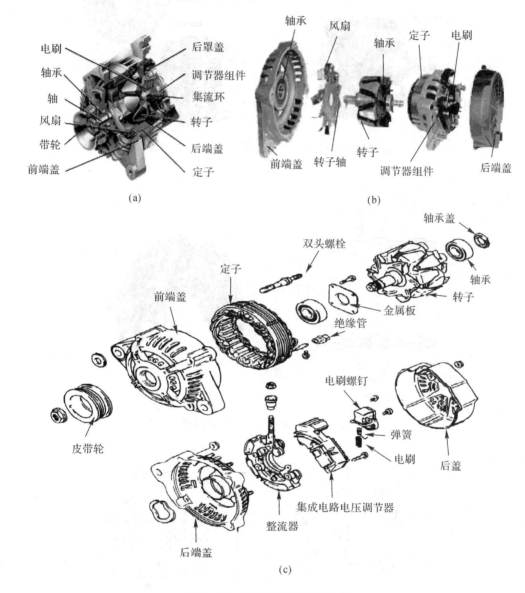

图 6-33　交流-直流发电机结构

交流-直流发电机基本原理是采用交流发电机发出的交流电经二极管整流后变成直流电,再输送到飞机电网供负载使用。与直流发电机相反,交流-直流发电机的励磁线圈装在转子上,励磁电流通过电刷和滑环(见图 6-34)加到励磁线圈上,因此磁场是转动的。由于输入的是直流电,所以没有换向问题。三相星型连接的电枢线圈装在定子上,三相交流电通过 6 只整流二极管全波整流成直流电后输出(见图 6-37)。图中 F_1 为励磁线圈,装在转子上,三相电枢线圈和整流二极管装在定子上。

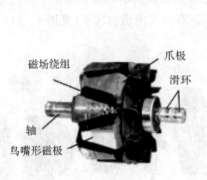

图 6-34　交流-直流发电机转子

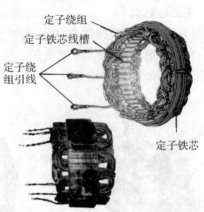

图 6-35　交流-直流发电机定子

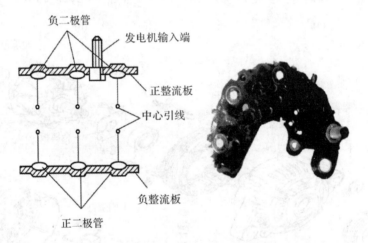

图 6-36　交流-直流发电机整流器

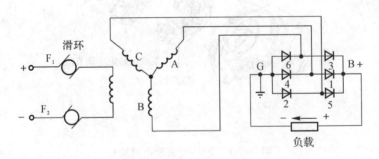

图 6-37　交流-直流发电机的全波整流电路

3.调压器

　　飞机直流电源的额定电压为 28 V，但当负载变化或发电机转速改变时，电压将偏离额定值，因此，必须由调压器来自动调整发电机的励磁电流，以保持输出电压恒定。增加发电机的励磁电流，发电机输出电压增高，反之则减小。

　　常用的调压器有振动式调压器、晶体管调压器和炭片调压器等。

（1）振动式调压器。

振动式调压器如图 6-38 所示。主要由以下几部分组成：

1）电磁铁——用于敏感发电机的电压。电磁线圈并联在发电机输出端,电压越高,电磁铁产生的电磁吸力越大。电磁铁的作用是要拉开触点。

2）弹簧——弹簧的作用是要使触点闭合。

3）触点——触点闭合,使电阻短路,励磁电流增大,发电机电压升高。

4）电阻——触点断开时,将电阻串入励磁线圈,使励磁电流减小,发电机电压下降。

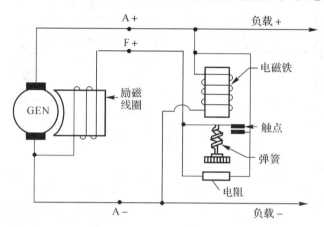

图 6-38　振动式调压器

振动式调压器的工作原理简述如下。

当发电机开始转动时,发电机自激发电。此时,由于发电机电压低,电磁铁吸力小,弹簧的拉力大于电磁铁的吸力,故触点闭合,励磁电流上升,发电机输出电压上升。当发电机电压上升到一定值（大于额定值）时,电磁铁吸力大于弹簧拉力,触点打开,这时电阻串入励磁线圈中,使励磁电流下降,发电机电压下降;当发电机输出电压下降到一定值（小于额定电压）时,弹簧拉力又大于电磁铁吸力,触点合上,将电阻短路,发电机电压上升。如此循环,使发电机电压恒定在 28 V。调整弹簧拉力,就能调整发电机的输出电压值。

这种调压器主要用于小型发电机,其优点是结构简单,质量轻。缺点是触点频繁开合,容易磨损和产生干扰;发电机输出电压有微小波动。

（2）晶体管调压器。

为克服振动式调压器机械触点开合引起的问题,可以采用无触点开关,即用大功率晶体管代替机械触点。典型晶体管调压器原理如图 6-39 所示。

电路主要由以下两大部分组成

1）电压敏感电路——由电阻 R_3,R_4,R_5 和电容 C_2 组成。

2）开关放大电路——由三极管 T_1,T_2 和二极管 D_1,稳压管 Z_2 及电阻 R_1,R_2 组成。

晶体管调压器的工作原理与振动式调压器基本相同。当发电机电压低于一定电压时,稳压管 Z_2 截止→T_1 截止→T_2 导通,电源"＋"端通过 D_1,T_2 加到励磁线圈的 F_2 端,再回到电源的"－"端,使发电机电压上升;当电压上升到一定值时,Z_2 击穿导通→T_1 导通→T_2 截止,励磁线圈断电（励磁线圈中的反电势通过续流二极管 D_3 释放）,发电机输出电压下降;当电压下降到一定值时,Z_2 又截止。如此循环,使发电机输出电压保持在额定值上。当负载增大时,T_2 导通时间变长，截止时间变短，以维持输出电压不变。调整 R_4，就能调定发电机的输出电压值。

C_1 为负反馈电容，用于提高调压的稳定性。二极管 D_4 的作用是防止调压器或发电机极性接反，起到保护调压器的作用。

晶体管调压器具有调压精度高、体积小、质量轻、工作可靠等优点，目前被大多数飞机所采用。

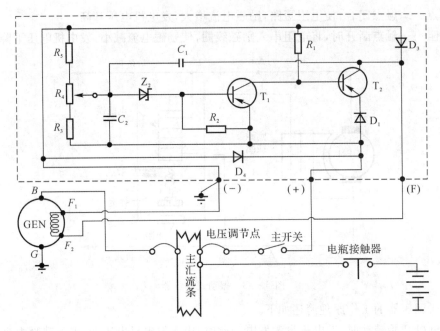

图 6-39　晶体管调压器

（3）炭片调压器。

晶体管调压器和振动式调压器都采用通断励磁电流来调节发电机电压，这会引起发电机电压在小范围内波动，从而影响动态稳定性。是否能在励磁电路中串联一个可变电阻，通过改变可变电阻值来改变励磁电流，从而使发电机输出端电压的波动减小呢？回答是肯定的，炭片调压器就是采用了上述原理（见图 6-40）。

炭片调压器各组成部分及功用如下：

1）炭柱——由一片一片炭片叠成，炭柱电阻的大小与加在炭柱上的压力成反比。压力越大，电阻越小。炭柱上所受的压力等于弹簧反力减去电磁吸力。

2）弹簧——弹簧的作用是压紧炭柱，使炭柱电阻减小。

3）电磁铁——电磁铁产生的电磁力的作用是拉松炭柱，使炭柱电阻增加。

4）调节电位器或调节螺钉——用于调整电磁铁的电流，从而调整发电机的额定输出电压。

炭片调压器的工作原理简述如下：

当电压升高时→电磁拉力增大→炭柱被拉松→电阻增大→励磁电流减小→电压下降；当电压下降时→电磁拉力下降→炭柱被压紧→电阻减小→励磁电流增大→电压升高。这样就可以使电压保持恒定。

炭片调压器一般用于大功率直流发电机中。

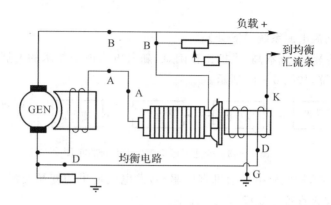

图 6 - 40　炭片调压器

6.3.2　交流电源系统

1. 交流电源系统的分类

航空交流电源系统主要有 3 种形式：变速变频交流电源系统（VSVF），恒速恒频交流电源系统（CSCF）和变速恒频交流电源系统（VSCF）。

（1）变速变频交流电源系统（VSVF）。

在变速变频交流电源系统中，交流发电机是由发动机通过减速器直接驱动的，如图 6 - 41 所示。这种电源输出的交流电的频率随发动机转速的变化而变化。

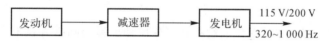

图 6 - 41　变速变频电源系统方框图

这种系统不需要恒速传动装置，结构简单，可靠性高，维护工作量小，质量轻。不足之处是，由于频率的变化，对电机类用电设备的要求随之提离。需要恒频交流电的场合，由逆变器提供。随着飞机用电量的增加，变速变频系统将成为飞机电源的主要形式，目前已被 A380 等飞机采用。

变速变频电源系统比较适合于装有涡轮螺旋桨发动机的飞机或直升机，因为涡轮螺旋桨发动机转速变化范围小，交流电的频率变化在 400～600 Hz 范围内。

（2）恒速恒频交流电源系统（CSCF）。

在恒速恒频交流电源系统中，发电机是通过恒速传动装置（CSD）驱动的，因此发电机输出恒频交流电，如图 6 - 42 所示。

图 6 - 42　恒速恒频电源系统方框图

恒速恒频电源系统的优点：恒频交流电对飞机上的各种负载都适用，配电简单；恒频交流电源系统可以单台运行，也可以并联运行，以提高供电可靠性和供电质量。不足之处：CSD 增加了质量和成本，功率/质量比小于变速变频电源系统。为进一步减轻质量，提高可靠性，可将 CSD 和发电机组合在一起，组成整体驱动发电机（IDG）。这一构型已在现代飞机上得到了广泛应用。

(3)变速恒频交流电源系统(VSCF)。

由于 CSD 结构复杂,成本高,维护比较困难,随着电力电子技术的发展,目前已研制成功了变速恒频电源系统,如图 6-43 所示。

图 6-43　变速恒频交流电源系统方框图

该系统不用 CSD,发电机由发动机直接驱动,发电机输出的变频交流电经整流器整流成直流电,再由逆变器将直流电变成恒频交流电。

变速恒频交流电源系统的主要优点:取消了 CSD,质量有所减轻。不足之处:允许的工作环境温度比较低,过载能力差,结构复杂,可靠性相对较低,维护比较困难。目前该系统已在飞机上得到了应用。

2.交流发电机的结构和工作原理

在交流电源中,普遍采用同步发电机。同步发电机类型可以根据其励磁方式来划分。按励磁系统结构中是否有电刷,可分为有刷交流发电机和无刷交流发电机两大类。每一类中又包含自励和他励两种方式。由于有刷交流发电机存在输出功率小、可靠性差、维护工作量大等缺点,所以目前飞机上大多采用无刷交流发电机。

对飞机交流发电机励磁系统的基本要求:起激可靠,短路时具有瞬时强激磁能力,从而保证保护装置可靠动作。

下面重点介绍无刷交流发电机的结构和工作原理。根据励磁方式不同,可分为自励和他励两种方式,又称为二级式和三级式无刷交流发电机。

(1)二级式无刷交流发电机(自励)。

二级式无刷交流发电机主要由交流励磁机、主交流发电机和旋转整流器组成。结构示意图如图 6-44 所示。图中,ABC 为三相输出,AF 接调压器。原理电路如图 6-45 所示。

交流励磁机的励磁线圈和主交流发电机的三相输出线圈装在定子上。交流励磁机的三相输出线圈、旋转整流器和主交流发电机的励磁线圈装在转子上。

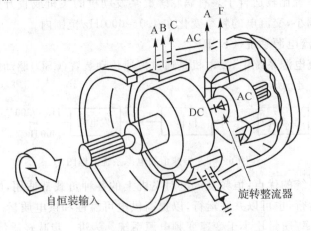

图 6-44　二级式无刷交流发电机结构示意图

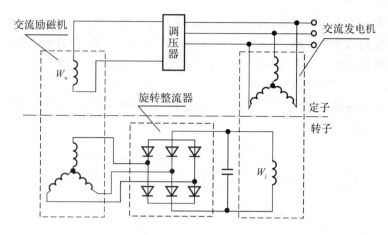

图 6-45　二级式无刷交流发电机原理电路

二级式无刷交流发电机的发电原理分析如下：

在发动机带动发电机转子转动后，交流励磁机的转子电枢绕组切割剩磁产生剩磁电压，经旋转整流器整流后输送到主交流发电机的转子励磁线圈上，从而产生磁场。主交流发电机定子电枢绕组切割磁力线，也产生一个剩磁电压，剩磁电压大约为 15 V。该电压通过调压器使交流励磁机的磁场增大，交流励磁机的输出电压增加。当电压增加到额定电压时，调压器限制交流励磁机的励磁电流，使主发电机输出电压保持恒定。由以上分析可知，二级式无刷交流发电机是靠剩磁起激发电的。在发电机振动、受干扰等情况下，剩磁会消失，必须进行充磁。为保证起激可靠，可以在交流励磁机的磁极中嵌入永久磁铁。

另外，当交流发电机输出端短路时，也会导致励磁消失，也就是说没有了强激磁能力。为了克服这个缺点，可以采用复励或相复励电路。相复励电路有电压相加型、电流相加型和磁势相加型 3 种。

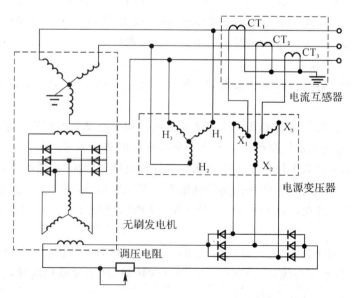

图 6-46　二级式无刷交流发电机的相复励电路

下面以电压相加型相复励电路为例，说明其工作原理，原理电路如图 6-46 所示。它由一组电流互感器和一个降压变压器组成,励磁电源除了与发电机电压有关外,还与发电机输出电流有关。即使发电机输出短路,励磁电源仍可由电流互感器提供,即具有强激磁能力,使发电机保护装置能可靠动作。同时这种励磁方式可以改善发电机的外特性。

(2)三级式无刷交流发电机(他励)。

三级式无刷交流发电机增加了永磁式副励磁机,使激磁更加可靠,其余部分与二级式基本相同,如图6-47所示。

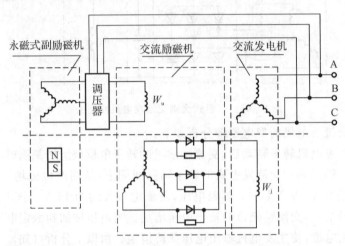

图6-47　三级式无刷交流发电机原理图

永磁式副励磁机给调压器和控制保护装置供电,和飞机电网无关,因此飞机电网故障不会影响调压器和故障保护装置的工作。

3.调速器

恒速传动装置(CSD)的核心元件是恒装调速器。恒装调速器敏感恒装输出转速,并改变液压泵可变斜盘的偏转角和方向,从而改变液压马达的转速和转向,以补偿发动机转速的偏离。

恒装调速器有离心飞重式调速器和电子式调速器两种。

(1)离心飞重式调速器。

离心飞重式调速器是目前广泛采用的一种调速器,它利用离心飞重来测量CSD的输出转速,如图6-48所示。

离心飞重的位置控制着伺服作动筒的运动方向。伺服作动筒的位置确定液压泵可变斜盘的角度和方向,从而决定液压泵的输出压力和液压马达的转速和转向。

图6-48所示为恒装工作于零差动方式。当发动机转速增加时,离心飞重向外运动,直到离心力与弹力达到平衡为止。液压作用使伺服作动筒向左运动,可变斜盘向右倾斜,使液压马达反方向转动,抵消发动机转速的增加,使CSD输出转速恒定。此后恒装将工作在负差动方式。

当发动机转速减小时,离心飞重向内运动,因为此时弹力大于离心力。液压油使伺服作动筒向右运动,可变斜盘向左倾斜,使液压马达正方向转动,抵消发动机转速的减小,使CSD转速恒定。此后恒装工作在正差动方式。

当发电机的输出频率偏差在±20 Hz以内时,可以通过调速器中的调节螺钉来改变弹簧的弹力,从而调整发电机的频率。一般调整一整圈大约相当于3 Hz。在调整时,根据频率的偏差,计算出必要的螺钉旋转圈数,然后关闭发动机,再进行调节。**注意**:只有在发动机停转时,才能在恒速传动装置上进行调整。

当发电机的输出频率偏差在 ±20 Hz 以外时,需要更换恒速传动装置并送修理厂检修。

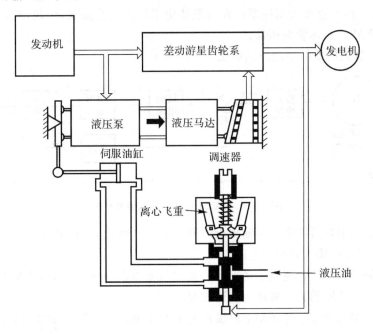

图 6 - 48　离心飞重式调速器

(2)电子式调速器。

在一些现代飞机上也采用电子式调速器,如图 6 - 49 所示。

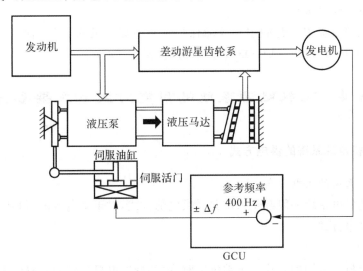

图 6 - 49　电子式调速器

电子调速器利用发电机控制组件 GCU 中的频率控制电路,将发电机的输出频率与基准频率 400 Hz 进行比较,将检测到的频率差信号进行放大后驱动伺服活门,从而使伺服作动筒左右移动。其他部分与离心飞重式调速器相同。

4.调压器

现代飞机的交流电源系统都采用晶体管调压器。晶体管调压器有两种,一种是直放式调压器(调压器功率管工作在放大状态),另一种是脉冲调宽式(PWM)调压器(调压器功率管工作在开关状态)。由于直放式调压器存在功率管功率消耗大的缺点,因此,现代飞机上采用的调压器都是 PWM 式晶体管调压器。

PWM 晶体管调压器的原理框图如图 6-50 所示。

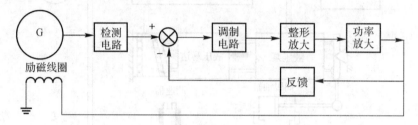

图 6-50 PWM 式调压器的原理框图

检测电路的功用是将发电机的输出电压进行降压和整流,并将整流后的脉动成分进行部分滤波而形成三角波,输入到调制电路。

调制电路的功用是将检测电路送来的三角波与基准电压进行比较,产生 PWM 波。发电机输出电压随 PWM 波的脉冲宽度改变而改变。

整形放大电路的功用是将调制电路输出的 PWM 波进行整形和放大,以便推动功率放大电路工作。

功率放大电路的功用是推动发电机励磁线圈工作,调节发电机的励磁电流,从而调节发电机的输出电压。反馈电路的功用是增加调压器的调压稳定性,减少超调量和调节振荡次数。

5.交流电源的故障保护

飞机交流电源系统中设置的主要故障保护项目有以下几种:过压保护(OV)、欠压保护(UV)、欠频保护(UF)、过频保护(OF)、过载(过流)保护(OC)等。

6.4 飞机电源系统的供电方式和主要参数

6.4.1 飞机电源系统的供电方式

1.飞机电源系统的供电方式

多电源直流供电系统一般都是采用并联供电的方式,对于多电源的恒频交流电源系统,一般可分为两种供电方式。

(1)单独供电。

这是大部分机型采用的方式。正常供电时,由各台发电机分别向各自的汇流条供电,发生故障时才相互转换。如 B737,B757,B767,MD82 和 A310 等飞机的交流电源系统均采用单独供电方式。其特点是控制简单,但故障转换时存在供电中断的问题。

(2)并联供电。

将多台同频率的交流发电机并联起来,共同向机上负载供电的方式称为并联供电,如

B707和 B747 等飞机的电源就属于这种类型。并联供电的优点是供电质量高,系统工作可靠,当一台发电机因故障退出电网时,其上的负载供电不会中断;缺点是电源的控制及保护装置较复杂。

2.飞机电网的连接方式

飞机直流电源系统采用单线制,直流发电机的负线接到机体,使馈线质量减轻。现代大中型飞机上普遍采用的是三相交流供电系统,其电网连接方式主要有两种。

(1)以机体为中线的三相四线制。

以机体为中线,可以省去一根馈线,有利于减轻电网的质量。这种供电方式可以提供两种规格的电压,即相电压和线电压,同时机上人员也比较安全。这种形式是现代飞机普遍采用的供电形式。

(2)中点不接地的三相三线制。

这种连接方式负载只能得到一种电压,即线电压。正常情况下比较安全,但若发生一相对机体的短路故障,则会危及机上人员的安全。

6.4.2　飞机电源系统的主要参数

低压直流电源系统的调定电压为 28.5 V,其电流根据发电机型号的不同而不同,如100 A,200 A,400 A 等,相应地航空直流发电机的容量有 3 kW,6 kW,12 kW 等多种。

飞机交流电源系统的参数主要有电压、频率和相数。目前飞机上普遍采用的是 115 V/200 V,400 Hz 的三相交流电源系统。这些参数的选择与交流电源系统及用电设备的质量、体积及性能等有关。

1.电压

额定电压值的选择与很多因素有关,需要考虑发电设备及配电系统的质量,馈线的长度及电网允许的电压降等因素,其中电源功率的大小和电网的质量是确定电网电压的主要因素。

从电路的功率计算公式可知,在相同的传输功率下,提高电网电压,即可减少输电线路上的电流,从而减轻电网质量。但导线截面积受到机械强度的限制,因此电压也不能太高。

另一方面,电压太高,会影响机上人员的安全。综合各种因素并考虑到继承性,目前普遍采用 115 V/200 V 的额定电压。

2.频率

频率的高低与电磁元件的质量、尺寸及性能等因素有关。如图 6-51 所示,频率取 400 Hz 较为合适。

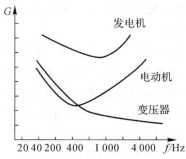

图 6-51　频率 f 与各部件质量功率比的关系曲线

因为对变压器、互感器等静止电气设备来说,提高频率可以减小铁芯体积,从而减轻质量。同理,对航空电子设备,提高频率也可以减小其中的变压器、电容器等元件的体积和质量。对发电机、电动机等旋转电机,提高频率一方面可以减小铁芯体积,另一方面也使旋转电机的转速升高。但转速的升高受机械强度的限制,因此只能提高电机的磁极对数来限制转速,这又会使电机的结构变得复杂,体积反而增大;同时频率升高还会使铁芯的损耗加大,所以对旋转电机有一个最佳频率值。

3. 相数及波形

现代大中型飞机上普遍采用三相制交流电源系统。与单相制相比,三相制有很多优点:在输送相同功率的条件下,三相交流发电机的质量比单相交流发电机轻;三相电源有线、相两个电压值可供选择;三相供电系统可靠性较高,不会因为一相故障而使整个供电系统瘫痪;在用电设备中,三相异步电动机比单相异步电动机性能好等。

单相制的主要优点是配电系统简单,用机体作中线时,馈线只有一根,电网质量轻,在某些采用交、直流混合电源系统的飞机上,如 A - 24,EL - 18 等飞机上就是采用单相交流电源的。

飞机交流电源均采用正弦波,这样电磁元件的损耗小,电磁干扰小。

6.4.3 直流/交流电源系统的特点

随着机上用电设备的增多,电源系统的容量也在成倍地增长。低压直流电源系统已不能满足容量及飞行性能的要求,因此低压直流电源系统已逐步被交流电源系统取代。

1. 低压直流电源的特点

(1)随着电源容量的增加,低压直流电源系统的质量也在增大。

现代大中型飞机上的电源容量增加了几百倍,如果仍采用低压直流电源系统,则发电系统和配电系统的质量将会增大很多。对发电机来说,由于受换向条件的限制,使得有电刷的直流发电机电压及转速都不能太高。因此只能以加大电枢电流的方式来提高容量,从而导致了发电机的体积和质量的增大。例如,功率为 18 kW 的航空直流发电机质量为 41.5 kg,而喷油冷却的 60 kV·A 航空交流发电机,其质量只有 17 kg 左右。

(2)飞行高度和速度的不断提高,使低压直流电源系统的工作条件恶化。

现代大型喷气式飞机的飞行高度达 $1×10^4$ m 以上。随着高度的增加,空气变得稀薄,水蒸气含量急剧减少,使直流发电机的电刷磨损加剧,换向条件恶化。同时在高速飞行条件下,直流发电机的冷却问题也难以解决,因为直流发电机常采用迎面气流风冷,而当飞机高速飞行时,迎面气流温度高达 $100～200 ℃$,所以这时发电机的散热条件恶化,发电机的实际容量下降。而直流发电机由于电刷与换向器的存在,也不能用油冷。因此其冷却问题较难解决。

(3)功率变换设备复杂,效率低。

在以直流电为主电源的飞机上,需要把相当一部分低压直流电变换为不同电压等级的直流电及交流电,这就需要通过频率变换装置或变流机组进行变换,而这些装置的效率低,体积大、质量大。尤其是现代大型飞机上使用交流电的设备越来越多,若仍采用低压直流电源作主电源,变换设备也将增多,会使电源设备质量大大增加。

2. 飞机交流电源系统的主要优缺点

(1)可以提高额定电压,使供电系统质量减轻。

交流电源系统大多采用无刷交流发电机,没有换向问题,因而发电机的额定电压可大大提高,从而使发电及配电系统的质量大大减轻。

(2)能适应高空、高速飞行的要求。

无刷交流发电机没有电刷和换向器,因而在高空飞行时不存在电刷磨损问题。同时无刷交流发电机可以采用喷油冷却方式,能够适应高速飞行的要求。

(3)交流电能容易变换

在交流电源系统中,利用变压器及变压整流器可以方便地得到不同等级的交流电和直流电。这些变换装置没有旋转部件,质量轻,体积小,效率高,工作可靠。而且现代飞机上的直流电容量只占总容量的 5%～10%,因此所需的变换装置少,损耗小。

总之,交流电源系统比低压直流电源系统更能适应现代大中型飞机的要求。目前采用较多的是带有恒速传动装置的恒速恒频交流电源系统。

但交流电源系统也有缺点,主要是:

(1)恒速恒频交流电源系统中的恒速传动装置(CSD)结构复杂,造价高,故障多,维护困难,是交流电源系统中故障较高的一个部件;

(2)交流电源系统的控制与保护设备复杂,特别是并联运行时的控制保护更为复杂;

(3)恒速恒频交流电源系统由于有 CSD,无法用来启动发动机,必须另设启动设备。

因此,低压直流电源系统在小型及轻型飞机上仍在广泛使用。目前正在研制的高压直流电源系统及变速恒频交流电源系统有望克服以上缺点,成为飞机电源的发展方向。

6.5　发电机的结构维修

本节以交流-直流发电机为例对发电机结构进行维修讲解。

6.5.1　发电机检修工具、设备与器材

(1)飞机电源车用发电机 1 台;

(2)万用表、感应式电流表、游标卡尺、可调直流稳压电源;

(3)拆装工具(含发电机专用拆装工具)和维修工具;

(4)拆装工作台;

(5)干净的毛布若干;

(6)清洗剂、柴油、润滑脂、0 号砂纸、机油若干。

6.5.2　发电机就车检查

飞机电源车发电机就车检查主要通过发电机无负荷测试发电机电压是否保持在一恒定的水平、发电机带负荷测试发电机输入电流和功率。

提醒:在做发电机无负荷测试和发电机带负荷测试之前。先检查发电机驱动连接、蓄电池和充电电路。

1. 发电机无负载测试

(1)如图 6-52 所示连接电流表和电压表。

(2)关闭所有的用电设备。

(3)起动发动机保持转速 2 000 r/min。

(4)查看电流表电流。

(5)检测电压表电压。

(6)如果电压大于额定值可能 IC 调节器有故障。

如果电压小于额定值可能出 IC 调节器外发电机元件有故障。

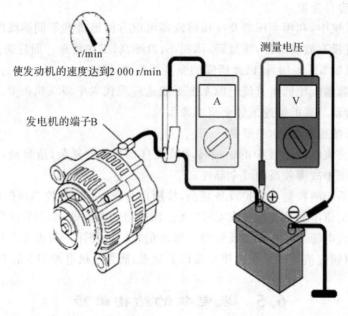

图 6-52 发电机无负载测试

2.发电机满载测试

无负荷测试后继续进行发电机满载测试。

(1)打开飞机电源车用电设备,增大发电机负荷。

(2)观察电流表电流。随着用电设备增多,发电机输出电流将逐步达到最大输出电流。达到最大输出电流后,电流基本不变。

(3)电流不能达到发电机最大输出电流,可能发电机的发电和整流部分有故障。

3.记录检测结果

将检测结果记录在表 6-3 上。

表 6-3　发电机就车检测表

序　号	检测项目		检测情况	可能故障
1	无负载测试	蓄电池静态电压		
2		发电机输出电流		
3		蓄电池电压		
4		发电机电压		
5	满载测试	发电机输出电流		
6		蓄电池电压		

6.5.3　从飞机电源车上拆下发电机

（1）断开蓄电池的负极电缆。

提醒：断开蓄电池的负极电缆之前，对存储在 ECU 等器件内的信息做笔记。（诊断故障代码）

（2）拆下发电机防短路盖和发电机电缆。

1）拆下发电机防短路盖；

2）拆下发电机电缆定位螺母；

3）断开发电机端子的发电机电缆。

（3）拆下发电机连挂器。

压下或拉起连接器的卡爪，握住连接器拔出。

提醒：注意不要用力过大，可能卡爪没有分离，会损坏连接器。

（4）拆下发电机。

1）拧松发电机安装螺栓然后拆卸传动皮带。

提醒：拉动传动皮带来移动发电机，将损坏皮带。

2）先拆卸所有的发电机安装螺栓，如图 6-53 所示，然后拆卸发电机。

提醒：由于发电机的安装零件带有用于定位的轴套，所以连接紧密。由于这个原因，上下摇动发电机来进行拆卸。

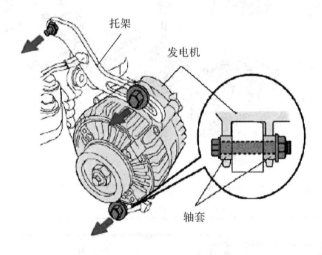

图 6-53　拆卸发电机

6.5.4　发电机的分解

1. 发电机解剖图

发电机解剖图和零件名称如图 6-54 所示。

2. 发电机电器

发电机内部零部件和外部电路连接电路如图 6-55 所示。

3. 发电机解体

发电机解体前应清洁外部的油污和灰尘，然后按下列步骤进行解体。

（1）拆卸发电机皮带轮。

1)在皮带轮轴的末端安装专用工具 SST1 发电机转子扳手(有 SST1 - A 和 SST1 - B)。

2)将 SST2 卡到台钳上,然后在 SST1 安装到发电机上的情况下,将皮带轮锁止螺母插入 SST2 的六角部分,如图 6 - 56 所示。

3)将 SST1 - A 顺时针旋转来拧松皮带轮锁止螺母。

提示:使 SST2(皮带轮锁止螺母)保持不动,相对顺时针旋转 SST1 - A 来旋松皮带轮锁止螺母。

4)从 SST2 上拆卸发电机,然后拆卸 SST1。

5)拆卸皮带轮螺母和发电机皮带轮。

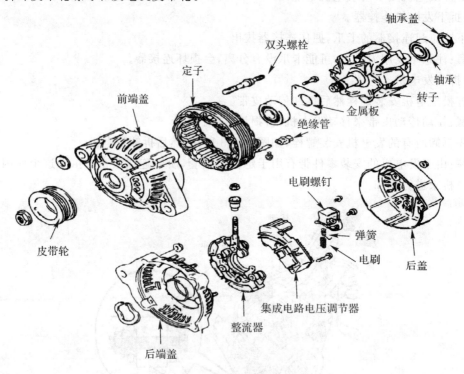

图 6 - 54　发电机解剖图

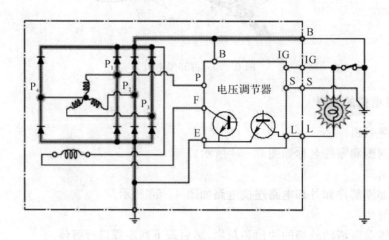

图 6 - 55　发电机电路连接图

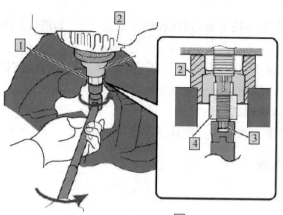

1 1SST1（发电机转子轴扳手）　3 3SST1-A（发电机转子轴扳手-A）

4 4SST1-B（发电机转子轴扳手-B）

2 2SST2（发电机皮带轮定位螺母扳手）

图 6-56　发电机皮带轮拆卸

(2)拆卸发电机电刷座总成。

1)拆下 B 端子螺母和绝缘座。

2)拆下后盖 3 个螺栓,取下后盖。

3)拆下两个电刷座螺栓,取下电刷座。

(3)拆卸发电机调节器总成。

1)拆下发电机调节器螺母。

2)取下发电机调节器。

(4)拆卸整流器。

1)拆下整流器螺母和电枢连接线。

2)取下整流器。

(5)拆卸后端盖。

①拆下后端盖与前端盖连接的 3 个螺母。

②用两爪拉马扣在后端盖轴承座上,拉出后端盖,如图 6-57 所示。

图 6-57　发电机后端盖拆卸

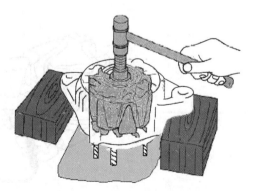

图 6-58　发电机转子拆卸

(6)发电机转子总成。

把前端盖放在木块上,下方垫一块毛布,用橡胶榔头敲出转子,如图6-58所示。

(7)零件清洗。

将已解体的机械部分侵入清洗液中清洗,电气部分用棉纱沾少量汽油擦拭干净。

(8)零部件认识。

观察发电机各零部件结构,认识其作用。

画出发电机内部连接电路图。并对照实物认识各连接点。

6.5.5 发电机的解体后检测

(1)检查发电机转子总成。

1)目视检查。

检查滑环变脏或烧蚀的程度,如图6-59所示。

图6-59 发电机滑环烧蚀　　　　图6-60 发电机滑环和转子清洁

2)清洗。

用布料和毛刷清洁滑环和转子,如图6-60所示。如果轻微脏污和烧蚀用0号纱布打磨。脏污和烧蚀严重,更换转子总成。

3)检查滑环之间是否导通。

使用万用表,检查滑环之间是否导通,如图6-61所示。

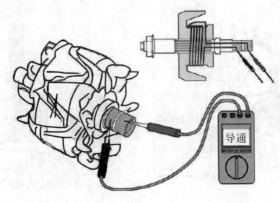

图6-61 发电机滑环之间是否导通

4)检查滑环和转子之间的绝缘。

用万用表,检查滑环和转子之间的绝缘,如图 6-62 所示。

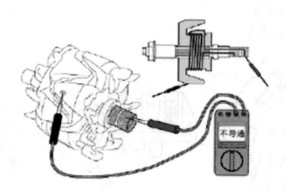

图 6-62　发电机滑环和转子之间的绝缘

5)测量滑环直径。

用游标卡尺测量滑环的外径,如图 6-63 所示。如果测量值超过规定的磨损极限,更换转子。

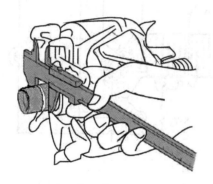

图 6-63　测量滑环直径

(2)检查整流器。

1)使用万用表的二极管测试模式。在整流器的端子 B 和端子 P1 到 P4 之间测量正极管是否只能单向导通,如图 6-64 所示。

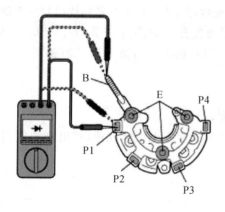
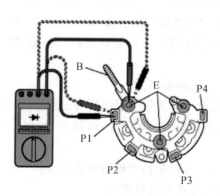

图 6-64　检查整流器一　　　　　图 6-65　检查整流器二

2)在整流器的端子 E 和端子 P1 到 P4 之间测量负极管是否只能单向导通,如图 6 - 65 所示。

(3)检查集成电路调节器。

1)按图 6 - 66 所示连接线。

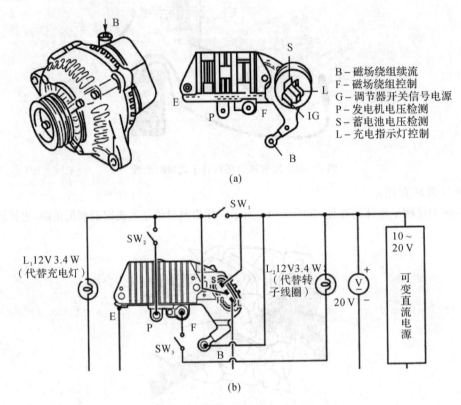

B - 磁场绕组续流
F - 磁场绕组控制
G - 调节器开关信号电源
P - 发电机电压检测
S - 蓄电池电压检测
L - 充电指示灯控制

(a)

(b)

图 6 - 66　检查集成电路调节器

(a)调节器集成电路触点;(b)调节器集成电路检测过程

2)把可变直流电源调到 12 V,SW1,SW2 置在 OFF 状态,SW3 置在 ON 状态。

3)SW1 置 ON(点火开关 ON 状态),这时 L1(充电指示灯亮;L2(磁场绕组)微弱点亮(初期充磁)。

4)SW2 置 ON(发动机运转状态),这时 L1(充电指示灯)灭;L2(磁场绕组)亮(充磁)。

5)SW1,SW2 置 ON 不动,把电压从 12 V 慢慢提升,当电压上升到(14.5±0.6) V 时 L1(充电指示灯)保持灭,L2(磁场绕组)灭(退磁)。同时将电压稍微下调,L2(磁场绕组)亮(充磁)。

(4)发电机电刷座。

1)用游标卡尺测量电刷中间突出部分的长度,如图 6 - 67 所示。

提示:在电刷的中部测量(电刷的)长度。如果测量值小于标准值,将电刷和电刷座一起更换。

2)用手下压碳刷检查碳刷弹簧弹性。

(5)检查发电机电枢绕组。

1)电枢绕组断路故障的检查。

用万用表测量电枢绕组各引线应导通,如图 6－68 所示。

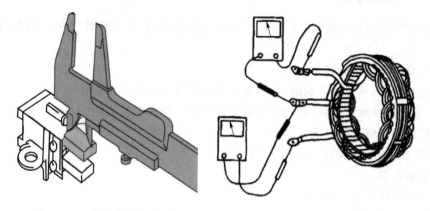

图 6－67　检查发电机电刷　　　　图 6－68　检查电枢绕组

2)电枢绕组搭铁故障的检查。

用万用表测量电枢绕组引线与铁芯应不导通,如图 6－69 所示。

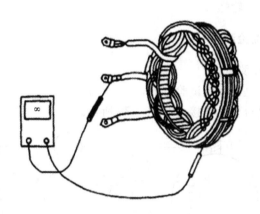

图 6－69　检查电枢绕组搭铁

(6)检查发电机轴承。

轴承不得有麻点,可感觉到的间隙,转动不得有异响。

(7)检测后将结果记录在表 6－4 中。

表 6－4　发电机解体检测数据记录表

序　号	检测项目		检测情况	结　论
1	磁场绕组	磁场绕组断路的检查		1)合格;2)不合格
		磁场绕组搭铁的检查		
2	电枢绕组	电枢绕组搭铁的检查		1)合格;2)不合格
		电枢绕组断路的检查		
3	电枢轴弯曲度			1)合格;2)不合格
4	换向器同轴度			1)合格;2)不合格

6.5.6　发电机的装复

发电机的型式不同,具体装复的步骤不可能完全相同,但基本原则是按分解时的相反步骤进行的。

(1)安装发电机转子总成。

1)在发电机前轴承加适量润滑脂,用橡胶榔头将转子敲入前端盖。

2)在发电机后轴承加适量润滑脂,用橡胶榔头将后端盖安装到转子上。

注意:位置和电枢引线对正。

3)按规定扭力拧紧后端盖上 3 个螺母。

(2)安装整流器。

(3)安装发电机调节器总成。

(4)安装发电机电刷座总成。

依次安装电刷座、后端盖、发电机端子绝缘体。

(5)安装发电机皮带轮。

按规定扭力拧紧皮带轮螺母

6.5.7　发电机性能检测

(1)发电机调节电压测试。

1)将发电机固定在电器万能试验台上。

2)按电器万能试验台要求连接,如图 6-70 所示。

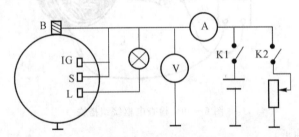

图 6-70　发电机调节电压测试

3)闭合 K1,充电指示灯亮。

4)让发电机转速慢慢升高。当充电指示灯熄灭、电流表指示有充电电流时闭合 K2。

提醒:这时先将电器万能试验台上可变电阻置于最大值。

5)调整发电机转速和负载电流达到基准值。

(2)发电机无负荷测试。

接发电机调节电压测试后继续进行。

1)保持 K1 闭合,打开 K2。

2)调整(降低)发电机转速,当输出电流接近 0 A 时打开 K1。

3)调整发电机转速使电压达到基准值。

(3)发电机输出测试。

接发电机无负荷测试后继续进行。

1)升高发电机转速,闭合 K1 和 K2。

2)同时调整发电机转速和负载电阻使发电机转速和电压达到基准值。

6.5.8 将发电机安装到飞机电源车上

(1)安装发电机。

将发电机吊耳安装到发动机和托架上,并调整皮带松紧度。

(2)连接发电机电缆和连接器。

(3)连接蓄电池负极端子电缆。

(4)启动发动机进行运转实验。

6.6 电源车的操作规程及注意事项

6.6.1 电源车作业前对车辆和操作人员的要求

(1)车辆设备的技术状况应合适飞机保障任务的要求。

(2)B737,A320 等机型应使用输出功率为 90 kV·A 的交流电源车供电。

(3)B767,A300 等机型应使用输出功率为 120 kV·A 的交流电源车供电。

(4)B747,B777,A340 等机型应使用输出功率为 120～140 kV·A 双电缆插头的交流电源车供电。

(5)车上不能装载外来物品和乘坐除机务以外的人员。

(6)车内外要清洁,车上应配有合格有效的灭火瓶及轮挡。

(7)应将车辆年检合格证贴在正前风挡玻璃的右上角。

(8)驾驶员应携带机动车驾驶证、民航特种车辆驾驶证和客机坪通行证。

(9)驾驶员应明确飞机保障任务,掌握航班动态信息。

6.6.2 电源车作业到位时间

(1)出站的 B747 等大型货机,按规定离站时间提前 180 min 到位。

(2)出站的 B747,A340 等大型客机,按规定离站时间提前 120 min 到位。

(3)出站的中小型货机,按规定离站时间提前 120 min 到位。

(4)出站的中小型客机,按规定离站时间提前 90 min 到位。

(5)进站和过站飞机,在飞机到达停稳前 5 min 到位。

(6)航班以外飞机使用电源车,在要求到位时间 30 min 以上通知的,按通知要求时间到位。在要求到位时间 30 min 以内通知的,接到通知后 15 min 内到位。

6.6.3 电源车作业操作程序

(1)当电源车按客机坪行车规定行驶至距飞机 20 m 处应停车,重新起步,以不超过 5 km/h 速度靠近飞机。应在飞机挡好轮挡、发动机灭车和航行灯关闭后靠近飞机。

(2)距飞机 5 m 处,在机务人员的指挥下以不超过 2 km/h 速度接近飞机,停放在规定的工作位置。电源车与飞机任何部位之间的距离不应小于 1.5 m,直流电源车不得小于 1 m,确保飞机供电安全。

(3)将变速器置于空挡位置,关闭发动机,拉紧手制动,下车挡好轮挡。

(4)接通电源开关,启动电源机组,观察仪表指示是否正常,使机组处于怠速工作状态。

(5)由机务人员从车上取下电缆后把电缆展开,打开飞机插座舱盖,并将电缆插头插到飞机电源插座上。再检查连接情况,等待供电指令。

(6)得到机务人员供电指令后驾驶员将电源机组的转速提高到额定转速。在输出电压达到 115 V/200 V,频率达到 400 Hz,并运转稳定后,接通供电开关向飞机送电。

(7)在供电期间要随时监控设备工作情况,不得擅自中断供电或更换电源车。严禁供电时插拔电缆插头。

6.6.4　电源车供电完成后操作程序

(1)接到机务人员停止供电的指令后,关闭供电开关,将电源机组由高速运转降为怠速运转。

(2)由机务人员拔下电缆插头,将电缆放到车上盘好。拔电缆插头时须双手握住插头用力拔下,禁止拽电缆线。

(3)待发动机怠速运转 5 min 后,按下灭车按钮,停止发动机运转,关闭电源开关(有的电源机组装有延时装置,一般为 3~5 min 停机)。

(4)驾驶员收起轮挡,绕车一周检查确认安全后,上车发动车辆准备撤离。如果使用机组供电,须确认牵引车与机组牵引杆连接牢固后,方准拖拉机组。

(5)在机务人员的指挥下,以不超过 5 km/h 速度撤离作业区。飞机出站时先将车辆撤到不影响飞机滑行的位置,待飞机起飞后再撤离工作现场。

(6)按规定路线将车辆开回车库或指定停车位置,拉紧手制动,关闭发动机,切断电源。驾驶员离开车辆时要拔下钥匙,锁好车门。

6.6.5　电源车检查注意事项

(1)车身清洁,无破损开裂现象,车门打开灵活,门锁、拉手、玻璃、升降器、后视镜、雨刷器、车牌齐全有效,安装牢固,灭火瓶齐全有效。

(2)车架、车梁、车厢门、保险杠、减震器、油箱架、电瓶架连接牢固,无断裂变形现象。

(3)车桥、车轮安装牢固,无渗漏缺油,轮胎无损伤,无严重磨损,气压正常,双轮胎气门嘴应相隔180°。

(4)传动轴各部连接牢固,万向节润滑良好,运转平稳无异常。

(5)转向系统操纵灵活可靠,转向节、球头销、横直拉杆连接牢固,润滑良好,转向器无渗漏,行驶时方向不打摆。

(6)电瓶表面清洁,极柱无氧化物,电线连接牢固,液面符合标准。

(7)各种仪表、开关、指示灯、照明灯、雾灯、转向灯、倒车灯、刹车灯、喇叭齐全有效,线路连接牢固无破损。

(8)前、后发动机润滑油、冷却液量符合要求,无渗漏,传动皮带无破损,发动机每次能在 15 s 内顺利启动,怠速运转平稳,加速性能良好,无异常响声,机油压力正常。

(9)离合器分离彻底,结合平稳,不打滑,无异响,各部连接牢固;油缸、油管无渗漏,踏板自由行程符合要求。

（10）手动挡变速箱换挡顺畅，不掉挡，无异响。自动挡变速箱怠速运转时变速箱油应在油尺上下刻度之间，无渗漏，无异响。

（11）制动系统各部连接牢固，无渗漏，刹车总泵液面符合要求，车速 30 km/h 时制动距离符合该车设计要求，不跑偏，无卡滞现象，制动踏板自由行程符合要求，手刹制动灵活可靠。

（12）发电机组各部连接牢固，运转平稳，无渗漏、无异响；仪表指示正常，各项保护有效。输出电压（115 V/200±2）V，频率（400±40）Hz，在加载输出额定电流时运转 10 min 不断电。温度正常。

（13）电缆绝缘良好，无破损，插头无明显烧痕。

6.6.6　电源车的应急操作

电源车应急情况处理程序：

（1）电源车在作业过程中发现设备不正常工作或危及安全的情况，应立即通知机务人员和有关部门，并采取措施防止事故发生。

（2）在供电过程中发现发动机漏油，有异常响声，仪表指示不正常等情况时，应立即向机务人员报告，经同意后方可停止供电或更换车辆。

（3）在供电过程中发动机发生飞车，机件损坏等严重故障时要立即通知机务人员停止供电，并按下紧急停机按钮关闭发动机。

（4）当供电机组发生火灾时，要立即通知机务人员停止供电，拔下电缆插头，用灭火瓶紧急灭火。如果不能及时扑灭，应将车辆迅速撤离到安全地带，并通知有关部门采取措施。

6.7　电源车的维护与常见故障排除

6.7.1　电源车的维护

1. 电源车的日常维护

（1）检查添加前后发动机润滑油、冷却液，必要时清除水箱外部油泥和水箱内部水垢。

（2）检查添加自动变速油、刹车油、转向助力油、燃油，放掉油水分离器中沉淀物。

（3）检查紧固润滑前后发电机、水泵、起动机等各连接部位。

（4）检查调整传动皮带松紧度，清洁空气滤清器。

（5）检查清洁前后电瓶和紧固极柱连接线，添加电解液。

（6）检查各部灯光、仪表、开关、指示灯、保险及用电设备是否工作正常。

（7）检查紧固轮胎螺栓和半轴螺栓，补充轮胎气压，必要时更换轮胎。

（8）检查转向、传动、脚制动、手制动是否灵活可靠。

（9）检查清除电源机组内外杂物，吹净发电机、配电箱上的灰尘。

（10）检查发电机组电压、电流和频率输出及各项保护是否正常。

（11）检查输出电缆有无破损，整理清洁电缆。

（12）检查灭火瓶有效期。

2.电气部分的维护

电气部分的维护主要是防尘及定期检查各部位的紧固螺钉接触是否良好,有无松动,并观察线路磨损情况。除尘时应使用压缩空气吹净尘土,必要时可以用酒精擦洗。机组不工作时,应将所有开关放到断开位置,并将电气部分箱门关好。如机组较长时间不用,可在各电气部分裸金属件上涂以防锈油脂。在运输时,要严防强烈震动,猛烈冲击,切勿受潮。

3.柴油机的维护

每季度必须更换柴油、机油及机油滤清器,向水泵加注润滑油,汽车及机组水箱在冬季必须加适合温度的防冻液。柴油机的维护周期见表 6-5。

表 6-5　柴油机维护的周期

维护间隔 维护项目	30~50 h	250 h	500 h	1 000 h	2 000 h	4 000 h
第一次检查	▲					
例行检查(P)		▲				
一级维护(WD1)			▲			
二级维护(WD2)				▲		
三级维护(WD3)					▲	
四级维护(WD4)						▲

表 6-5 中所列维护周期为每年工作 1 500 h 的柴油机。如果柴油机每年工作时间不到 500 h,其维护周期为以上周期的一半;如果柴油机每年工作时间超过 1 500 h,其维护周期为以上周期的 1.5 倍。

检查和维护发动机时,需要更换的物品及所需做的工作见表 6-6。

表 6-6　发动机检查和维护所需更换物品及所需做的工作

工作项目	第一次检查	P	WD1	WD2	WD3	WD4
更换发动机机油	▲	▲	▲	▲	▲	▲
水泵	▲	▲	▲	▲	▲	▲
更换机油滤清器	▲	每次更换发动机机油时				
检查、调整整气门间隙	▲		▲	▲	▲	▲
检查喷油嘴开启压力					▲	▲
更换燃油泵滤清器				▲	▲	▲
检查冷却液容量并加足	▲	▲	▲	▲	▲	▲
更换冷却液		每隔 24 个月				
紧固冷却管路管夹	▲					
紧固进气管路、软管和凸缘连接件	▲		▲	▲	▲	▲
检查空气滤清器保养指示灯			▲	▲	▲	▲

续表

工作项目	第一次检查	P	WD1	WD2	WD3	WD4
清洗空气滤清器的集尘环		▲	▲	▲	▲	▲
清洗空气滤清器主滤芯	当指示灯亮时					
更换空气滤清器主滤芯	参看整车说明					
更换空气滤清器安全滤芯	清洗 5 次主滤芯以后					
检查紧固三角皮带	▲	▲	▲	▲	▲	▲
检查增压器轴承间隙						▲
在专门车间检查喷油泵						▲
检查、调整离合器行程和钢丝绳状况	▲	▲	▲	▲	▲	▲
调整怠速转速	▲					

6.7.2　电源车的常见故障排除

电源车常见故障现象、可能原因及排除方法见表 6-7。

表 6-7　电源车常见故障、可能原因及排除方法

故障现象	可能原因	排除方法
起动机工作正常,但发动机不能启动	燃油供给系统故障,启动保护开关失效,发动机有故障	检修油路,紧固接头,排除空气,检修或更换开关,检修发动机
发动机达不到额定转速	额定转速继电器故障,调速器执行器失灵,加速装置调整不当	检修或更换继电器,检修调试电子调速执行器,调整加速装置
发电机组工作时自动停车	燃油系统故障,发动机温度过高或机油压力过低,电子调速器故障	检修燃油系统,检修测试水温,油压保护装置,检修或更换调速器
电源机组供电时自动断电	燃油系统故障,发动机超载,供电保护装置故障,电子调速器故障	检修燃油系统,降低用电载荷,检修保护装置及电子调速器
电源机组工作时无输出	输出继电器故障,保护系统误动作,发电机或调节器故障,电缆插头故障	检修供电线路和保护系统,检修发电机、调节器、电缆插头
电源机组供电时电压,频率不稳定	发动机转速不稳,控制电路调整不当,线路板或调压器故障	检修发动机及电子调速器,调整控制电路,检修线路板、调压器
发动机达不到额定转速	调速器执行器失灵,加速装置调整不当	检修调试调速器和执行器,调整加速装置
发动机不能正常停机	断油电磁阀不断电,执行器拉杆卡滞,油门不能回到停机位	检修控制线路,检查调整执行器拉杆及油门

续表

故障现象	可能原因	排除方法
电源车供电正常,但与飞机用电设备接不通电	电源车发电机的相序错误	检查调整发电机的相序
发电机不能建立电压	发电机剩磁不够,励磁线路断,调压器故障,发电机整流器坏	按充磁按钮建压,检查励磁线路,检修调压器及发电机
发动机超速(飞车)	电子调速器失灵,超速保护失效,执行器与油泵之间拉杆卡死或松脱	检修调速器和超速保护装置,检查油门拉杆
发动机温度过高	缺冷却液;冷却系统不循环;散热器不良	检查添加冷却液;检修水泵和节温器;清洗散热器水垢和油污
起动机不正常工作	蓄电池电压低,起动机本身故障,启动电路故障	检查添加冷却液;检修水泵和节温器;清洗散热器水垢和油污
发动机冒黑烟	混合气过浓;空气滤脏进气不畅;喷油嘴雾化不好;高压油泵故障;发动机故障;喷油时间过早;负荷过大	清洁或更换空气滤;检查修理喷油嘴和高压泵;检修发动机;调整校正喷油时间,查明负荷过大原因
发动机排白烟	喷油时间过迟;各缸喷油间隔角度不一致;喷油器喷油时滴油,雾化不良,压力低;油中有水或空气	调整校正喷油时间;检查各缸喷油间隔角度;检查喷油器的工况,必要时校验或更换;排除油中的水和空气
发动机启动困难	油箱内无油;油管破裂、堵塞或接头松动;油中有空气或水;空气滤堵塞;柴油滤堵塞;冬天柴油结蜡;高压油泵故障;喷油压力或雾化不好;发动机故障	检查油箱内油量;检查油及接头;排除油中水和空气;清洁或更换空气滤、柴油滤;冬天更换柴油;检查排除高压油泵故障、喷油器和发动机故障
机组输出正常,但与飞机接不通电源	插头没有插好或插头太松	重新插好插头或更换插头

复习思考题

1.简述飞机电源车的类型及飞机电源系统的指标。
2.简述地面电源的传输与控制。
3.简述直流电源的主要组成元件及功用。
4.简述交流电源的主要组成元件及功用。
5.简述交流电源的故障保护类型及工作原理。
6.简述飞机电源车的组成及功用。

第7章 飞机充氧车

7.1 概 述

7.1.1 充氧车的功用

人进行正常呼吸,要求空气中有足够的氧气。氧气含量不足时,会导致人体不适及产生病变。人体轻度缺氧会出现疲劳、气喘、头晕、视力下降等症状;严重缺氧会导致失去知觉、脑神经损坏、窒息甚至死亡。氧气在空气中约占空气总量的20%。随着高度增加,空气越来越稀薄,空气压力下降、浓度减小,空气中的氧气也越来越少。

飞机在高空飞行,其座舱增压可以保证机上人员的正常呼吸,可是一旦座舱增压失效,机上人员便会出现呼吸困难。现代的飞机都装有供特殊情况下使用的氧气设备,氧气设备中储存有一定量的氧气,供座舱增压失效等特殊情况下机上人员使用。

充氧车就是一种将地面储存的氧气转移到飞机上供机上人员使用的特种车辆,如图7-1所示。它通过车载充氧设备将地面氧气站的氧气灌充至车内,在飞机需要时,再将车内储存的氧气灌充到飞机上的氧气设备中,保证飞机在航行前氧气设备中有足够量的氧气,如图7-2所示。

图7-1 航空充氧车

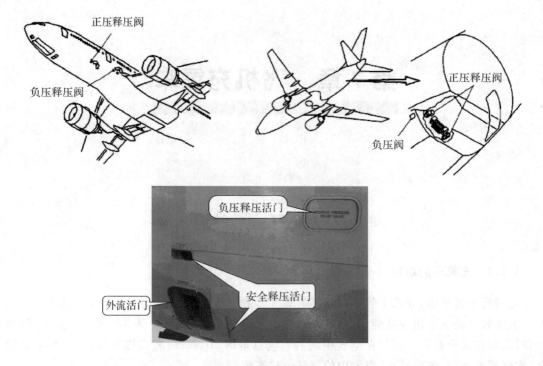

图 7 - 2　飞机活门

7.1.2　充氧车的主要技术参数

充氧车的主要技术参数有充氧车型号、整车外形尺寸、充氧车(机组)总质量、机组发动机型号、灌充工作介质、氧气瓶容积、氧瓶最高储气压力、压缩机型号、压缩机功率、压缩机排气量、压缩机排气压力等。以 CYC - 1.25/6 - 20 型航空充氧车为例说明其主要技术参数,见表7 - 1。

表 7 - 1　CYC - 1.25/6 - 20 型航空充氧车的主要技术参数

产品型号	CYC - 1.25/6 - 20
底盘型号	JX1040DL2
装备总质量	4 210 kg
汽车外形尺寸	长×宽×高＝5 830 mm×1 946 mm×2 205 mm
允许行驶速度	二级公路≤50 km/h,三级公路≤40 km/h
最大爬坡度	不少于 27%(在干硬路面上)
灌充工作介质	航空呼吸用氧和医用氧气
储气量	≈128 m³(标准状态)
氧气瓶容积及数量	40 L,16 个

续表

产品型号	CYC - 1.25/6 - 20
氧瓶最高储气压力	50 MPa
工作噪声	≤85 dB(A)
使用温度	-40~45 ℃
适用海拔高度	≤4 000 m
相对湿度	≤95％(25 ℃)
压缩机型号	ZW - 0.027/60 - 200
压缩机形式	二列立式单动水冷
压缩机功率	7 kW
压缩机转速	680~750 r/min
压缩机排气量	75 m^3/h(进气压力 6 MPa,温度 20 ℃时)
压缩机排气压力	20 MPa
压缩机进气温度	≤30 ℃
压缩机排气温度	≤160 ℃
汽缸	无油润滑
曲柄连杆	"FL - 10# 氟氯油脂"封闭润滑
允许连续工作时间	水温≤50 ℃情况下,允许一直连续工作
装备对外灌充接头规格	锥体密封　　连续螺纹 M14×1

7.2　充氧车的组成

7.2.1　充氧车组成

充氧车的充氧设备部分由氧气增压压缩机(简称增压机或氧压机)、操作仪表板及其控制管路、分离器、干燥器、传动系统及操作机构、调压系统、冷却系统、电气照明、信号线路、氧气瓶组和车厢等组成,充氧车的充氧设备装置在一辆二类汽车底盘改装的厢式车上。本节以CYC -1.25/6 - 20 型航空充氧车为例进行介绍,充氧车整车分为驾驶室、设备舱、氧瓶舱三大部分,如图 7 - 3 所示。

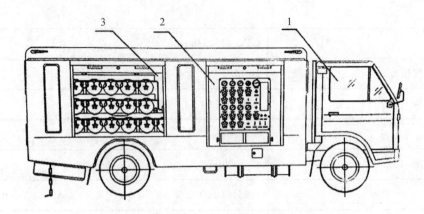

图 7-3 CYC-1.25/6-20 型航空充氧车示意图

1-驾驶室;2-设备舱;3-氧瓶舱

充氧车通过外连"高压充氧软管"与飞机上充氧接头相连,如图 7-4 所示。

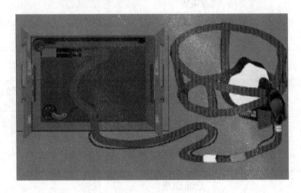

(a)

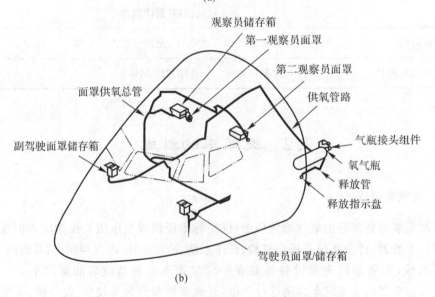

(b)

图 7-4 充氧车高压充氧软管与飞机相连

(a)高压软管;(b)飞机驾驶室供氧气路

充氧车工作时,汽车发动机经传动系统带动氧气设备舱内的氧压机运转,氧压机通过控制管路,先将地面氧气站储存的氧气吸入车内氧气瓶组,再将车内氧气瓶组的氧气压缩至飞机上,完成氧气从地面到飞机上的转移,供飞机上人员使用,如图 7-5 所示。

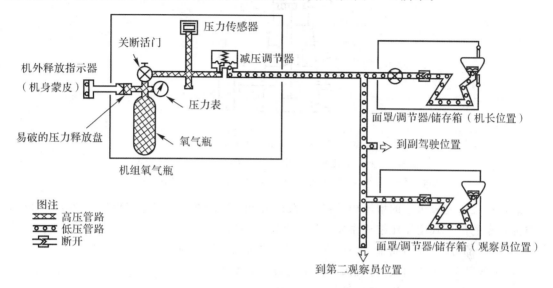

图 7-5　航空充氧车充氧过程

7.2.2　氧气增压压缩机

按排气压力不同压缩机可分为低压压缩机:排气压力小于 1.0 MPa;中压压缩机:排气压力为 1.0~10 MPa;高压压缩机:排气压力为 10~100 MPa;超高压压缩机:排气压力大于 100 MPa。按压缩介质的不同,一般压缩机还可称之为空气压缩机、氧气压缩机、氮气压缩机、氢气压缩机等等。按压缩气体的工作方式可分为活塞式、离心式、回转式三种基本类型。

航空充氧车的氧气增压压缩机简称增压机或氧压机,是充氧车集中供氧的关键设备,如图 7-6 所示,其结构示意图如图 7-7 所示。

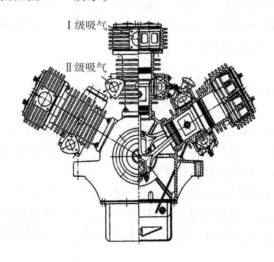

图 7-6　CYC-1.25/6-20 型航空充氧车的活塞式增压压缩机

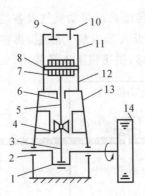

图 7-7 增压压缩机结构示意图

1-曲轴；2-轴承；3-连杆；4-十字头；5-活塞杆；6-填料盖；7-活塞；
8-活塞环；9-进气阀；10-排气阀；11-汽缸；12-平衡缸；13-机体；14-飞轮

装用在飞机充氧车上的增压压缩机，一般以机械增压压缩机为主。CYC-1.25/6-20型航空充氧车的活塞式增压压缩机主要由以下几部分组成：

（1）运动部分：主要由曲轴、连杆、活塞十字头、联轴器等组成；

（2）配气部分：主要由吸、排气阀，吸、排气通道等组成；

（3）密封部分：主要由活塞环、轴封、垫片、填料等组成；

（4）辅助系统：主要由润滑系统、冷却系统、调节系统等组成。

压缩机驱动力来自发动机曲轴。通过氧气增压压缩机向飞机提供完全不含油的纯净氧气；能实现可靠的余气回收，并且压力自动控制，操作简单。

1. 机体

机体就是压缩机的机身，它由汽缸体、曲轴箱、汽缸盖等组成。吸气腔就是汽缸体的内腔，吸入气体通过吸气腔时可以冷却汽缸套，散热条件好。排气腔在汽缸体上端，吸、排气腔之间有隔板分开。汽缸盖对汽缸上部起着密封作用，它和机体、缸盖一起形成了高压蒸汽的排气腔。在拆卸汽缸盖时，应防止缸盖弹簧将汽缸盖弹出砸伤人。汽缸盖螺栓中有两个长螺栓，在拆卸时先松开短螺栓，再松开长螺栓，慢慢释放弹簧的弹力。汽缸体下部是曲轴箱，内装曲轴和冷却液以及粗油过滤器，曲轴箱与低压级吸气腔相通。曲轴箱两侧有开孔，方便拆装连杆。机体前后端开有两个轴承座孔，安装前后轴承座。

2. 汽阀、缸套部件

大中型压缩机的汽缸工作表面不是和机体铸在一起的，另配有可单独装配的汽缸套，这样做有以下几点好处：

（1）汽缸套耗材少，可以采用优质材料或表面镀铬，来提高汽缸表面的耐磨性；

（2）如汽缸不面磨损到超过允许范围，只要更换汽缸套，节省修理费用，又简单省时；

（3）可以简化汽缸体、曲轴箱结构，便于铸造。

汽缸套内腔是气体在其内压缩、膨胀的部位，对活塞起导向作用，直接承受气体压力和活塞的侧压力，是压缩机最重要的摩擦面之一，其内径尺寸及椭圆度超过规定尺寸就需要更换。汽缸套通过螺钉或定位销固定在机体上，可以通过汽缸垫片的厚度来调整活塞上死点间隙（余隙）。

汽阀是控制汽缸中依次进行压缩、排气、膨胀、吸气的控制机构。其性能的好坏直接影响压缩机的制冷量、功耗和运转的可靠性,如图 7-8 所示。它是由阀座、阀片、升程限制器、汽阀弹簧等组成的。它的开启和关闭主要靠阀片两侧的压力差来实现,因此,这种阀又称为自动阀。汽阀按其作用不同,分为排气阀和吸气阀。排气阀的阀座分为内、外阀座两部分。外阀座用螺钉与汽缸套在一起固定在机体上,而内阀座用螺钉和缸盖固定在一起。因为吸、排气压力不同,吸、排气阀片弹簧的弹力也不同,装配时应注意区分。

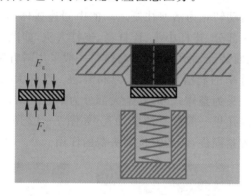

图 7-8　汽阀

3. 活塞部件

活塞在汽缸内往复运动,压缩由汽缸、阀片等组成的封闭容积内的气体。为减少往复运动的惯性力,活塞常用铝合金制成,并做成中空形式。它由顶部、环部、裙部和销座四部分组成,如图 7-9 所示。活塞顶部呈凹形(与缸盖凸起相配合),上面有起吊螺孔。环部开有环槽,在其中放置活塞环。活塞环分为汽环和油环两种。汽环的作用是密封蒸汽,减少汽缸内的高压气体通过活塞与汽缸的间隙泄漏到曲轴箱中。油环的作用是将汽缸内壁的油刮下流回曲轴箱。为保证活塞环在汽缸中有足够的弹力,在自由状态时,它的直径比汽缸直径大。在压入环槽并进入汽缸后,锁口间隙及其与环槽的轴向间隙有严格要求,过大或过小都会影响压缩机的正常工作,必须更换。油环槽的内壁圆周上开有很多回油孔,油环从汽缸壁上刮下的润滑油可通过它流回曲轴箱。活塞销座位于裙部,装配活塞销使活塞与连杆小头相连。

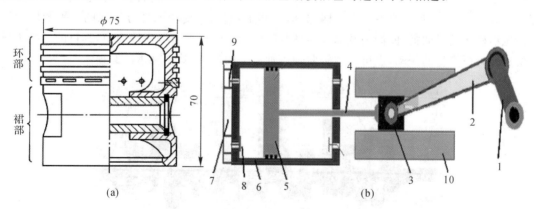

图 7-9　活塞

1-曲轴;2-连杆;3-十字头;4-活塞杆;5-活塞;6-汽缸;7-缸头;

8-进气阀;9-排气阀;10-机体

活塞销是活塞与连杆小头的连接体。当活塞往复运动时,它在活塞销座和连杆小头衬套中相对转动而承受磨损。为减少活塞销的磨损,常采用浮动式配合方式,即活塞销在销座和小头衬套中都没有固定,可自由转动。为防止浮动活塞销轴向窜动伸出活塞擦伤汽缸,在销座两端的环槽内装上弹簧挡圈予以阻挡。

4.连杆部件

连杆是将曲轴的旋转运动转化为活塞往复运动的中间连接体,把动力传给活塞对蒸汽做功。连杆结构一般可分为3部分:连杆小头、连杆身、连杆大头,如图7-10所示。连杆小头一般都是整体式结构,内摩擦面装配轴承衬套,衬套材料一般采用磷青铜。小头轴承的润滑一般是靠从连杆体内钻孔输送过来的润滑油进行压力润滑的。连杆大头是连杆与曲轴连接的一端。除小型压缩机连杆的大头为整体式外,其余大部分为剖分式结构,如图7-11所示。在与曲轴销相配合的连杆大头内孔里一般装有薄壁轴瓦,如图7-12所示。连杆螺栓是剖分式连杆大头中用以连接大头盖的紧固件,起着定位大头盖的作用。

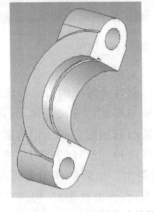
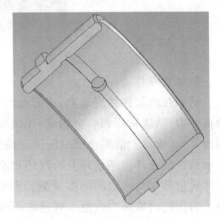

图7-10 连杆　　　　图7-11 连杆大头剖分式结构　　　　图7-12 轴瓦

5.曲轴

曲轴是压缩机的一个重要零件,压缩机消耗的功率就是通过曲轴输入的,它是主要的受力部件,如图7-13所示。曲轴是由曲柄、曲柄销和主轴颈、平衡块四部分组成的。平衡块用以平衡压缩机运转时曲柄、曲柄销及部分连杆所产生的旋转惯性力和惯性力矩,其目的是减小压缩机运转时所产生的振动,也可以减轻曲轴主轴承上的负荷,减小轴承的磨损。

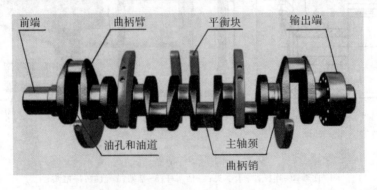

图7-13 曲轴

6.轴封

对于开启式压缩机,驱动轴的一端要伸出机体外部,为了防止制冷剂向外泄漏或空气渗漏入系统,必须在轴的伸出部位及机体之间设置轴封装置。如图 7-14 所示的弹簧式轴封,是由动环、静环、弹簧、弹簧座、压环和"O"形密封圈组成。为了润滑动、静环之间的密封面,减少渗漏并带走热量,轴封室内充满润滑油,通过油泵把油不断地输送到轴封,然后通过曲轴上的油孔流向主轴颈及曲柄销。

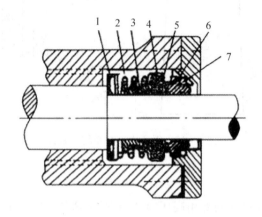

图 7-14　弹簧式轴封
1-弹簧托板;2-弹簧;3-橡胶圈;4-套环;5-动摩擦环;6-静摩擦环;7-O 形环

7.辅助系统

(1)油泵及润滑系统。

1)飞溅润滑:借助曲轴连杆机构的运动,把曲轴箱中的润滑油甩向需要润滑的表面,或是让飞溅起来的油按设定的路线流过需要润滑的表面。

2)压力润滑:利用油泵加压的润滑油通过输油管路输送到需要润滑的摩擦面。这种供油方式油压稳定,油量充足,润滑安全可靠。

3)油泵:常用内啮合转子式油泵(简称转子泵),由曲轴驱动,对旋转方向有要求。压缩机电机的旋转方向是由油泵转向决定的。曲轴箱压力过低(汽蚀)或油泵磨损过大,都会影响油压的建立,蒸发温度低于-45 ℃时常采用外置油泵。

(2)安全阀。

安全阀设置在吸气腔与排气腔之间,是一种压差式安全阀。当排气压力与吸气压力的差值超过规定值时,阀芯自动起跳,使吸、排气腔相通,高压气体泄向低压腔,起保护压缩机的作用;当压差减小低于规定值时,阀芯自动关闭。

(3)能量调节机构。

能量调节装置由能量控制阀和卸载机构两部分组成,两者之间通过油管相连,并用油泵输出的压力油作为动力。压缩机能量调节的方法主要有:①改变压缩机转速——需要变频器,影响油压;②压缩机间隙运行——温度、压力变化大,操作麻烦;③压缩机吸气节流——压缩机经济性降低;④顶开吸气阀片——方便,经济,可实现卸载启动。

顶开机构的工作原理:通过顶杆将部分汽缸的吸气阀片顶起,这几个汽缸在吸气之后进行压缩时,吸气阀片不能关闭,汽缸中压力不能建立,排气阀片始终不能打开,被吸入的气体没有得到压缩就经过打开的吸气阀片又排回吸气腔中。因此,这部分汽缸不能实现排气,达到改变压缩机排量的作用。

(4)冷却系统。

氧气增压压缩机的循环水冷却系统如图7-15所示。

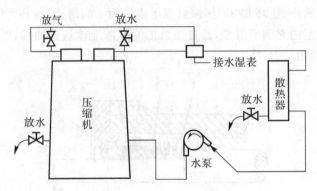

图7-15 循环水冷却系统流程图

7.2.3 氧气瓶组

氧气瓶是储存和运输氧气的专用高压容器,它是由瓶体、瓶箍、瓶阀和瓶帽4部分组成的,如图7-16所示。由于氧气瓶是一种盛装助燃压缩气体的移动式容器,压力高,装卸运输频繁,使用环境杂乱,往往使氧气瓶的使用处于不安全的状态,一旦发生气瓶爆炸事故,将给人民生命财产造成巨大损失。所以航空充氧车的氧气瓶组的连接、开与关由机务指定的人员来操作,并对氧气瓶组的充氧全程进行监控。

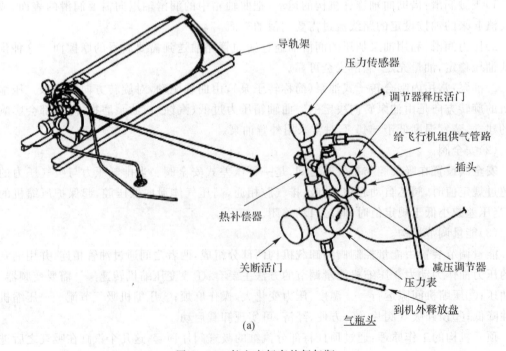

(a)

图7-16 航空充氧车的氧气瓶

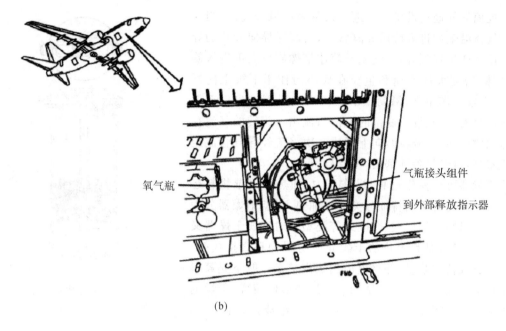

（b）

续图 7 - 16　航空充氧车的氧气瓶

（a）氧气瓶接头组件；（b）氧气瓶安装位置

7.2.4　分离器和干燥器

分离器是决定航空充氧车的氧气压缩机压缩空气品质的关键部件。分离器是把混合的物质分离成两种或两种以上不同的物质的机器。分离器要能保持良好的分离效果,需对其液位和压力进行控制。对航空充氧车来说,分离器的作用就是用来把地面氧气中的杂质气体分离,得到纯净氧气,如图 7 - 17 所示。现代的机组中一般采用旋风分离法来进行粗分离,其设备布局一般采用立式圆筒结构,内部沿轴向分为集液区、旋风分离区、净化室区等。

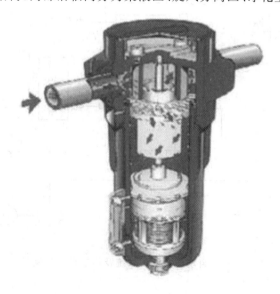

图 7 - 17　分离器

地面氧气通过设备入口进入设备内旋风分离区,当含杂质气体沿轴向进入旋风分离管后,气流受导向叶片的导流作用而产生强烈旋转,气流沿筒体呈螺旋形向下进入旋风筒体,密度大的液滴和尘粒在离心力作用下被甩向器壁,并在重力作用下,沿筒壁下落流出旋风管排尘口至设备底部集液区,从设备底部的出液口流出。旋转的气流在筒体内收缩向中心流动,向上形成二次涡流经导气管流至净化室区,再经设备顶部出口流出。

干燥器可按操作过程、操作压力、加热方式湿物料运动方式或结构等不同特征分类。按加热方式,干燥器分为对流式、传导式、辐射式、介电式等类型。对流式干燥器又称直接干燥器,是利用热的干燥介质与湿物料直接接触,以对流方式传递热量,并将生成的蒸汽带走。航空充氧车的干燥器主要采用干燥瓶结构。干燥瓶由储液罐、干燥剂2、细滤器1、引出管3、易熔塞、观察孔等组成,如图 7-18 所示。

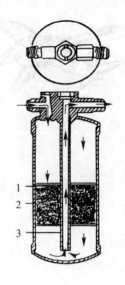

图 7-18 干燥瓶
1-细滤器;2-干燥剂;3-引出管

7.2.6 充氧车传动系统

氧压机由汽车发动机挂空挡经取力器、万向节,传动轴、减速齿轮箱、弹性联轴器驱动工作,如图 7-19 所示。在设备舱内,设有汽车发动机点火开关以及调节压缩机转速的旋动式调节手柄,汽车发动机离合器操纵踏板设在设备舱下方,取力器操纵手柄设在仪表板右侧。车上装载的氧气瓶额定储气压力为 20 MPa。车厢顶棚四角设有红色信号角灯,车内设有照明等电控设备。

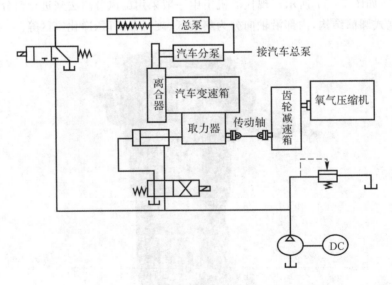

图 7-19 自动连机液压系统及传动系统原理图

7.2.6　充氧车气体管路

充氧车为自行式设备,由隔膜压缩机、高压氧气瓶组、管路控制系统、电气控制系统、传动装置和汽车底盘等部分组成,压缩机通过传动装置由汽车的发动机带动。其气体管路流程如图 7-20 所示。

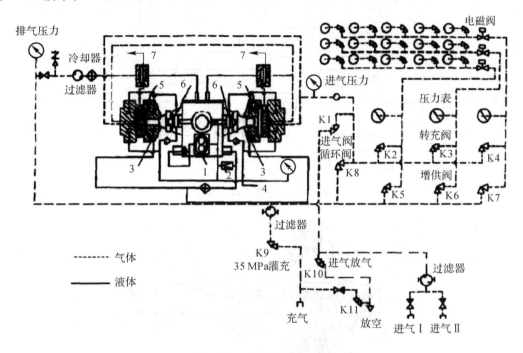

图 7-20　充氧车气体管路

向飞机增压灌充氧气时,气瓶组内的氧气经任一转充阀(K2,K3,K4)进入隔膜压缩机增压,由 35 MPa 灌充阀 K9 控制,经充气嘴向飞机灌充。

7.2.7　充氧车液压系统

压缩机工作时,活塞由下止点上行的过程中,液压缸中的液体压力逐渐升高,不可避免地会通过活塞环泄漏,因而每个循环都需要液压系统补入一定的液体。隔膜式压缩机的液压系统由齿轮泵、补偿泵和放液阀等组成,其工作过程如图 7-21 所示。曲轴箱中的工作液经增压泵后分为 3 部分,其中一部分经补偿泵向液压缸充补液体,以弥补液体泄漏造成的活塞行程等效减小现象,有效地将活塞力传给膜片;一部分供曲轴摇拐机构润滑,保证压缩机高效工作;一部分经调压阀回流到曲轴箱,以保证液压系统的压力在规定的范围内。

其中,补偿泵将齿轮泵送来的工作液体加压后,向液压缸补充大于活塞环处泄漏的液体量,以弥补泄漏掉的液体量,多余的液体通过放液阀排出。补偿泵的结构如图 7-22 所示,由排油阀、进油阀、弹簧、钢珠、泵体、柱塞和柱塞套等组成。

补偿泵工作时,柱塞在曲轴上偏心安装的轴承的作用下,克服弹簧力沿泵内柱塞套作往复运动,使位于柱塞顶部的工作容积作周期性增大缩小的变化。在增大过程中,该工作容积压力降低,齿轮泵出口液体压力大于进油阀内弹簧弹力和工作容积压力之和时,进油阀打开,部分液体进入泵腔;在缩小过程中,该工作容积压力升高,工作容积压力高于排油阀内弹簧弹力和液压腔液体压力之和时,排油阀打开,部分液体进入液压腔。通过调节压紧螺杆,改变弹簧预紧力,达到调节进、排油压力的效果。

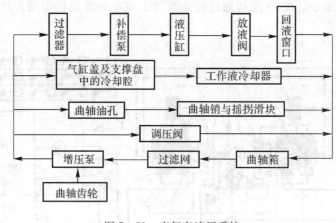

图 7 - 21　充氧车液压系统

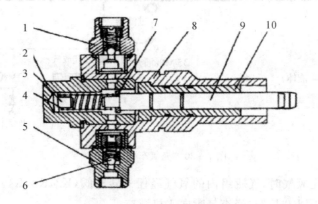

图 7 - 22　补偿泵结构

1-排油阀;2-端螺母;3-端塞;4-弹簧;5-进油阀;6-钢球;

7-弹簧垫;8-泵体;9-柱塞;10-柱塞泵

7.3　充氧车增氧压缩机的检修

7.3.1　检修准备

(1)技术资料准备:深入现场,全面了解充氧压缩机的运行状况,收集相关资料,编制详尽的检修方案并报审批。

(2)材料准备:将充氧压缩机在检修、拆除和安装过程中所需的各种材料准备好,包括汽油、密封胶、纱布等;对准备更换的备品配件进行检验,并做好记录。

(3)工机具准备:检修所需各种机械(包括叉车等)及工器具准备到位。

(4)作业现场准备:根据任务,认真察看作业现场,确定备品备件、工器具及材料摆放点。

（5）人员组织准备：依据审核方案将所需的人员安排组织好，对施工人员进行安全技术交底，并做好记录。

7.3.2　检修内容

1. 小修

（1）检查并紧固各连接螺栓、地脚螺栓和十字头销。

（2）检查及清除气阀部件上的污垢。

（3）检查或更换填料函密封圈。

（4）检查或更换阀片、弹簧、阀座及升高限止器。

（5）检查及修理逆止阀、油过滤网、油管接头等润滑系统。

（6）检查调整联轴器。

2. 中修

（1）包括小修内容。

（2）清除气室、水夹套内污物，测量汽缸内壁磨损情况。

（3）检查修理或更换活塞、活塞环、导向环及活塞杆。

（4）检查、刮研连杆大头瓦和小头瓦，调整间隙或更换。

（5）检查、调整主轴瓦间隙或更换主轴瓦。

（6）检查和调整活塞死点间隙。

（7）检查、修理或更换全部的压力表、温度计、安全阀和循环阀。

（8）检查、清洗或更换逆止阀。

（9）检查清扫冷却水系统。

（10）更换润滑油。

3. 大修

（1）包括中修内容。

（2）解体、清洗整台压缩机。

（3）检查十字头部件、曲轴部件、十字头滑道的磨损情况，必要时修理或更换。

（4）修理或更换汽缸套，并进行水压试验，未经修理过的汽缸使用 6 年后需试压一次。

（5）校正各部件的中心与水平。

（6）检查、修理或更换各级冷却器、缓冲器，并进行水压试验、气密性试验。

（7）曲轴、十字头销、连杆、连杆螺栓、活塞杆进行探伤检查。

（8）检查调整飞轮跳动量。

（9）检查及修理基础。

（10）防腐刷漆。

7.3.3　检修合格标准

1. 机座

（1）机座的纵向和横向水平度偏差不得超过 0.05 mm/m。

（2）机座存油处进行煤油试漏，2～4 h 不得有渗漏。

2. 曲轴

(1)曲轴进行探伤或放大镜检查,不允许有裂纹等缺陷。

(2)与轴瓦配合面擦伤面积不得大于 2%,深度不得大于 0.1 mm,超过者须进行修理,小范围的轻度擦伤也须磨光。

(3)主轴颈中心线与曲柄销中心线不平行度不大于 0.02 mm/100 mm,各主轴颈的不同轴度不大于 0.03 mm。

(4)主轴颈与曲柄销修复后的圆柱度及椭圆度小于公差之半。

(5)曲柄销和主轴颈因磨损变形而需机械加工的,其加工减小量不得超过原轴颈的 1%。

(6)曲轴安装的水平度不大于 0.10 mm/m。

(7)曲轴安装时的曲臂差应不大于 $0.000\ 1\ S$(S 为压缩机的行程),联轴器联上原动机后其曲臂差为 $0.000\ 25\ S$,测量处为离曲柄销中心线 $1/2(S+d_1)$ 处(d_1 为主轴颈的直径)。

(8)曲轴键槽损坏后,可根据损坏的情况适当加大,最大可按标准尺寸增大一级,结构和受力情况允许时,可在距离原键槽 120° 位置上另加工键槽。

3. 轴瓦

(1)轴承合金与瓦壳结合必须良好,不应有裂纹、气孔和分层,表面不允许有碰伤、划痕等缺陷。

(2)轴承合金的磨损量不得超过原厚度的 1/3。

(3)轴瓦与轴、瓦壳与机体或连杆大小头体应均匀接触,用涂色法检查时,轴瓦与轴不小于 $2\sim3$ 个印/cm^2,瓦壳与机体或连杆大小头体接触面积不小于 70%。

(4)连杆小头衬套如采用铜合金直接压入时,其间隙为 $(0.000\ 6\sim0.001\ 2)d_2$;如采用轴承合金时其间隙为 $(0.000\ 4\sim0.000\ 6)d_2$($d_2$ 为十字头销的直径)。

4. 连杆

(1)连杆大小头瓦中心线的不平行度不大于 0.03 mm/100 mm。

(2)连杆螺栓必须用放大镜或探伤检查是否有裂纹,连杆螺栓拧紧时的伸长不超过原有长度的千分之一,残余伸长超过原有长度的千分之二时应更换。

(3)连杆螺栓与螺母拧紧后,作好防松措施。

5. 活塞销、十字头、十字头销和滑道

(1)活塞销、十字头和十字头销用放大镜或探伤检查有无裂纹。

(2)十字头滑板与滑道的间隙应尽量留在十字头不受力侧或少受力侧。

6. 活塞杆

(1)活塞杆应进行探伤或放大镜检查不允许有裂纹。

(2)活塞杆的不直度不大于 0.05 mm/m。

(3)活塞装在压缩机上后,用盘车的方法测量活塞杆的摆动量,其值不得超过 0.10 mm/m。

7. 填料与密封

(1)密封原件不允许有划痕、损伤等缺陷。

(2)密封原件安装前均需研磨刮配,平面和径向密封面应均匀接触;不少于 $5\sim6$ 个色印/cm^2,接触面积不少于 80%。

8. 汽缸

(1)汽缸内表面应光洁,无裂纹、砂眼、锈疤和拉毛;运转后发现拉毛出现沟槽,其超过 1/4

圆周或沟槽深度超过 0.2～0.5 mm 时,应镗缸或镶缸套。

(2)检查汽缸的圆度、圆柱度,均匀磨损值超过 0.5 mm 时,应镗缸或镶缸套。

(3)汽缸经过多次镗缸后,其缸径的扩大值不得超过原缸径的 1‰,但如比原汽缸内径超过 2 mm 时,应另外配制活塞及活塞环。

(4)汽缸的水平度或垂直度偏差不得超过 0.05 mm/m。

(5)汽缸与滑道的不同轴度不得大于 0.05 mm/m。

(6)汽缸水压试验压力为操作压力的 1.5 倍,汽缸冷却水套的试验压力为 0.5 MPa,不允许渗漏。

9.活塞与活塞环

(1)活塞与活塞环表面应光滑无裂纹、砂眼、伤痕等缺陷。

(2)测量活塞与汽缸的安装间隙,铸铝活塞为 $(1.6～2.4)D/1000$(D 为汽缸直径)。活塞中心与活塞杆孔中心的不同轴度不大于 0.02～0.05 mm,活塞杆孔中心与活塞轴肩支承面的垂直度不大于 0.02 mm/100 mm,活塞环槽两端面应垂直于活塞杆孔,其不垂直度不大于 0.02 mm/100 mm。

(3)活塞环用灯光检验时整个圆周上漏光不多于两处,总长不超过 45°,且距开口处不小于 30°。

(4)活塞环装于活塞环槽内应能灵活转动一圈,活塞环安装时其相邻活塞环的接口应错开 120°,且尽量避开进气口。

10.阀片与阀座

(1)阀片表面应平整光洁,不允许有裂纹、伤痕、麻点等缺陷。

(2)阀座结合面不应有划痕、麻点,阀片与阀座应接触良好。

(3)气阀弹簧不允许倾斜,同一阀片的弹簧自由长度的相差不超过 1 mm。

(4)气阀组装完毕后用水试漏,5 min 不超过 5 滴。

7.4　充氧车的操作规程及注意事项

7.4.1　操作须知

(1)充氧员必须是经过专业培训的合格人员。操作前必须详细阅读所操作车型的使用说明书,掌握规定的操作方法,充氧员衣帽应洁净、无油污,操作前用无脂肥皂洗手。

(2)保持车内整洁,随车工具及备件齐全并摆放整齐,以便随时取用。

(3)禁止将油污抹布、工具、物件等带入操作室和氧气瓶室。

(4)设备舱内严禁烟火。

(5)充氧员工作时应聚精会神、精心操作,不得擅离工作岗位。

(6)当气路系统有漏气现象时应立即停车排除,并且系统内有压力氧气时不得扳动接头。

(7)禁止压缩机,传动机构带故障工作。

(8)冷却水温度超过 50 ℃时,应部分或全部更换之。

(9)环境温度低于 2 ℃时,采用静水冷却系统。

(10)凡与氧气接触的机件,均须采用"四氯化碳"脱脂。

(11)如充氧员兼驾驶员时,在驾驶室内工作应着专用外衣和手套,同时严禁穿戴有油污的衣物和手套进行充氧操作。

7.4.2 开机前的准备工作

(1)换洁净、无油的衣帽,用无脂肥皂洗手。

(2)检查车内设备应完好无缺损,管路连接紧密。

(3)检查并加满循环水冷却系统(如使用静水冷却系统,压缩机水腔内应灌满防冻水甘油溶液),打开压缩机汽缸头上的放水开关待冒出水时,说明缸头水腔内已充满冷却水,即应关闭。并检查各连接处密封情况,不得有渗漏现象。

(4)盘动压缩机飞轮 1～2 r,不得有金属敲击的异常声响。

(5)检查仪表操作板上的按钮、开关,电路应工作正常,如遇夜航,则应接通车内照明灯,打开夜航信号灯。

(6)完全打开循环开关15,关闭其他开关和分离器、干燥器的放空、吹除开关。

(7)开启氧气瓶,逐组检查各组瓶内的氧气压力,一般均应保持在 13～20 MPa。检查完毕,关闭氧气瓶开关,打开各组增压开关 1～4,用无脂肥皂水对氧气瓶管路各部接头进行一次气密性检查,事毕,则可开启灌充开关 8 或 10,放掉氧气瓶连接管内的有压氧气,然后全部关闭所打开的开关。

注意:当汽车发动机需带动压缩机转动时,汽车变速器排挡手柄应挂在空挡位置。

7.4.3 开机

(1)充氧员踩下设备舱下踏板,使发动机离合器脱开,随后按仪表板右侧手柄上箭头所示"充氧"方向推动手柄,使取力器轴套与其传动轴啮合。

(2)缓慢松开发动机离合器踏板,带动氧压机运转;视环境温度和冷却水温情况,决定是否启动散热器风扇。

(3)在增压机空车运转后,充氧员操纵调速手柄朝油门"+"方向旋转,观察转速表指针变化,使压缩机转速稳定在 680～800 r/min 内。同时检查冷却系统工作是否正常,运转机构有无异常声响。

(4)确认各部运转正常后,即可转入灌充。

7.4.4 灌充

灌充分车内灌充和车外灌充两种情况。车内灌充是指车内氧气瓶之间的相互灌充,有直流灌充和通过压缩机增压灌充两种形式。车外灌充是指车内氧气瓶与车外氧气瓶之间的灌充,分三种情况:一是车上氧气瓶向地面氧气瓶或飞机上氧气瓶的灌充;二是地面氧气瓶向车上氧气瓶灌充;三是车上氧气瓶向地面用气点恒压供气。

下面介绍灌充操作方法,充氧车的操作面板如图 7-23 所示。

充氧车充氧操作流程如图 7-24 所示。

1.车内灌充操作方法

(1)选定灌充组次,例如选定1组与2组。

(2)完全开启循环开关15,放气控制开关5,关闭其他开关。

（3）打开1组和2组氧气瓶开关；先检查这二组的氧气压力，如不相同，可先利用二者压差进行直流灌充，直到二组压力相等。

（4）确定灌充程序，例如确定从1组至2组灌充。

（5）完全开启1组供应阀1′，2组增压阀2，这时，压缩机从空车转入循环工作。

（6）缓慢关闭循环开关15，压缩机工作状况即由循环转入压缩，这时，应随时观察1，2组气瓶内的压力和压缩机进、排气压力、充气压力的变化情况，严格控制进气压力和排气压力比在任何时候都不大于3.4。工作过程随时注意并控制压缩机转速及冷却水温度在规定值之内。

①当压缩机排气压力与进气压力的比值达到3.4或2组氧气瓶压力达到20 MPa时，应当停止灌充。

②开启放空开关7，排除循环管路中的氧气，并迅速将油门调速手柄朝减速方向转动，以免压缩机超速运转。

③将油门调速手柄转到"—"方向的极限位置，踩下设备舱下方的发动机离合器踏板，拉回手柄以脱开取力器滑动轴套，此时压缩机停止工作。

④关闭1，2组氧气瓶开关，开启其增压开关，继而开启分离器，干燥器的吹除开关以放掉管内残留氧气，最后开启仪表板上所有开关。

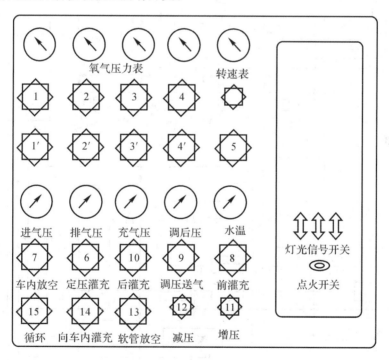

图7-23 CYC-1.25-20型充氧车操作面板示意图

2.车上氧气瓶向地面氧气瓶或飞机氧气瓶的灌充操作方法

（1）检查车上各组氧气瓶，必须有足够的氧气，充氧软管与地面氧气瓶或飞机充氧接头必须连接牢固。

（2）完全开启循环开关15，放气控制开关5，关闭其他开关。

（3）选定灌充组次，例如选用3组对外灌充，当该组氧气瓶内压力大于地面或飞机上氧气瓶内压力时,应先利用压差进行直流灌充,当用直流灌充仍不能满足被灌充氧气瓶的压力要求时,继而采用如下压缩灌充。

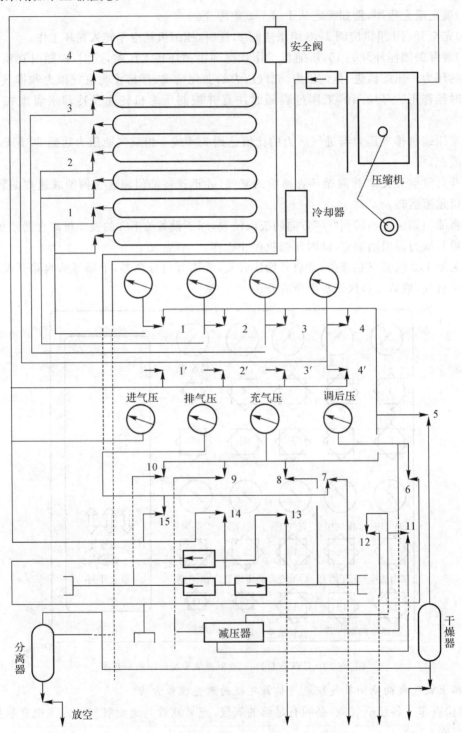

图 7 - 24　CYC - 1.25 - 20 型充氧车操作流程示意图

①关闭循环开关 15,压缩机转入压缩,将 3 组氧气压送入地面或飞机上氧气瓶内,直至被灌充氧气瓶内的压力满足要求为止。当灌充中途发现进、排气压力比达到 1:3.4 还不能满足压力要求时,应立即调换车上压力高的瓶组,继续灌充来完成。例如用 4 组取代 3 组,取代时无须停机。方法是:完全开启循环开关 15,关闭 3 组供应开关 3′,打开 4 组供应开关 4′,而后关闭循环开关 15 即可。

②关闭对外灌充开关,同时打开循环开关 15,关闭 3 组供应开关 3′,使压缩机转入循环状态工作。打开软管放空开关 13,放掉管内余气后卸下该充氧软管,又可转入对新换上的地面氧气瓶进行如上灌充或开往另一架飞机旁对其进行充氧。

③如不再继续充氧,应开启放空开关 7 排除循环管路内的氧气,卸下充氧软管,并按规定减速,压缩机停机。

④关闭车上各组氧气瓶开关及放气控制开关 5,开启各组增压开关及对外灌充开关 8(或 10),排除氧气瓶管路内的氧气(再次对外灌充时必须先开启放气控制开关)。

注意:如当天不再进行充氧,还应开启放气控制开关 5 及分离器,干燥器的吹除开关以排除增压管路内的氧气。

3.地面氧气瓶或氧气瓶组向车上氧气瓶组的灌充操作方法

(1)地面氧气瓶或氧气瓶组的氧气必须经检验合格,才能灌入车内氧气瓶。

(2)连接灌充用导管,如果是多个地面氧气瓶向车上充氧;可以采用运输气瓶灌充装置,一次可以分别连接 4 个氧气瓶。

(3)完全开启循环开关 15 和放气开关 5,关闭其他开关。

(4)将车内氧气瓶组氧气瓶分组逐一打开,检查各级氧气瓶内剩余压力,并进行登记,以便按压力从高到低确定灌充程序。

(5)检查各管路接头、开关等处的气密性。

(6)经检查后,即可向车上氧气瓶或氧气瓶组从高压到低压逐一进行灌充,其方法仍然是先利用压力差进行直流灌充而后再通过氧压机进行增压灌充。

(7)直流灌充的步骤是:开启对外灌充开关 10(或 8)和压力较高但又低于地面氧气瓶压力的一组氧气瓶增压开关(如 1 组),然后完全开启地面氧气瓶开关,车内灌充开关 14 在压力差的作用下,直流灌充直至二者压力平衡为止,此时便可关闭其增压开关,开启压力较低的另一组(如 2 组)增压开关继续直流灌充,如此顺序进行下去,当地面氧气瓶内压力与车内最低一级氧气瓶压力相等时,关闭该组增压开关后,并关闭对外灌充开关,直流灌充便告结束。

①当上述直流灌充结束后,即开启循环开关,启动压缩机进入循环工作。

②开启一个组(如 4 组)的增压开关,关闭循环开关 15,压缩机进入压缩状态工作,注意当排气压力与进气压力的比值达到 3.4 或者被灌充的瓶组内压力达到 20 MPa 时,灌充便结束,此时关闭增压开关同时迅速开启循环开关,根据进气压力的高低确定向车上另一组氧气瓶继续进行增压灌充,操作方法同上,直至地面氧气瓶内压力降到 1~1.5 MPa 为止。

③开启循环开关,关闭增压开关,车内灌充开关以及地面氧气瓶开关,更换地面氧气瓶,继续上述先直流灌充后通过压缩机增压灌充程序按操作方法进行下去,直至车上各氧气瓶内储存气量满足要求为止。

④灌充工作结束后,应先使压缩机转入循环工作,关闭车上氧气瓶开关,地面氧气瓶开关,开启放空开关 7,排除循环管路内的氧气。

⑤将油门手柄旋到"—"的极限位置,按程序停止压缩机工作。

⑥开启各组增压开关及分离器、干燥器放空开关,排除增压管路和氧气瓶连接管内的残留氧气。

4.车上氧气瓶向地面用气点恒压供气的操作方法

(1)将外接充氧软管分别与用气点接头和恒压灌充接口相连。

(2)开启车上各组的氧气瓶开关,检查每组的压力,择其中一组,此组的压力应高出用气点所需压力 3 MPa 以上。

①完全开启调压送气开关 9,开启并控制灌充组的增压开关,使该瓶组内氧气直流进入减压器,充气压力表指示压力即为减压前气源的压力。

②缓慢开启增压开关 11,向外供气压力即逐渐升高,达到或超过需要值时,立即关闭增压开关 11,若供气压力大于需要值时,可略开"减压"开关 12,使气体少量放空来减压;以达到要求为止。

③开启灌充开关 6,即可直接向用气点恒压供气。当灌充过程中所择氧气瓶压力不够时,应调换压力符合要求的其他瓶组来完成灌充。

④关闭送气开关 9 及各组氧气瓶开关,开启向外灌充开关 10 或 8,依次开启各组增压开关,排除灌充管路内残留的氧气。另外全开"减压"开关 11 放空,使减压器处于无负荷状态,打开放空开关 13,排除灌充管内及软管内的余压。

7.4.5 灌充工作中注意事项

(1)作为供给气源,氧气瓶内的氧气应经检验合格后,方可灌充。

(2)对空氧气瓶灌充氧气前,应先用无油氮气灌充 2~3 次,而后再用氧气灌充,当抽样分析氧气的纯度不低于 99.5% 时才能正式灌充,使用压缩机灌充时,每 15 min 对左右对分离器、干燥器各吹除一次。

(3)经常注意冷却水温升情况,不得超过 50 ℃,否则应部分或全部更换之,压缩机转速应随时控制在 680~800 r/min。

(4)随时注意进、排气压力的比值,任何时候都不应大于 3.4。

(5)开关要么全开,要么全闭,不得微开或半开。

(6)当夜航时应打开车顶四角信号灯,以标定充氧车停放地点。

7.4.6 充氧车的应急操作

(1)灌充工作中,当发现机械故障或万一操作失误而又无法挽回时,应当机立断迅速切断电源(关闭点火开关),并把油门调速手柄朝"—"方向旋到极限位置使发动机停止工作。

(2)灌充过程中如发现机身透气孔冒出"嚓嚓"漏气声时,应即停止灌充,检查并更换活塞顶部的皮碗。充氧车在航空器下起火或出现其他危及航空器安全的事故征兆时,应迅速驾驶车辆远离航空器。

(3)充氧车在航空器下工作,遇汽车底盘故障无法撤离时,应迅速通知机务人员,想办法将充氧车尽快推离或拖离航空器。

7.5　充氧车的日常维护和常见故障排除

7.5.1　充氧车的日常维护

(1)充氧车新车投入使用后 6 个月内无拆检任何零部件,超过 6 个月后,使用前应检查压缩机的气阀、汽缸与导向汽缸镜面有否锈斑,活塞有无铜锈,如有,采用细砂纸磨除并用金相砂纸打光,然后,使用四氯化碳溶液浸泡,用拧干的湿布仔细擦干净,待充分晾干再装复就位。如果超过 6 个月的保管期内,每半个月驱动压缩机空转 5～10 min,则在正式投入使用前可以免检查,如空车不能驱动压缩机,此时机内轴承可能锈蚀严重,应拆机检查或更换轴承。

(2)充氧车上的安全阀每使用半年应校验 1 次,校验合格的安全阀应铅封保存,不得去掉铅封或任意拆卸。

(3)充氧车所有氧气管道,接头的气密性在使用中因工作故障拆卸复装后,其部位应通过 20 MPa 氧气用无脂肥皂液检漏,无冒泡现象为合格。

(4)充氧车上的氧气瓶应每 3 年进行 1 次耐压试验。

(5)充氧车上的分离器、干燥器在正常使用情况下一般每年应进行一次内、外部宏观检查,每 3 年进行 1 次耐压试验。

(6)充氧车所有配套的氧气开关的阀芯、螺纹部位每年添加 1～2 次 FL‑10$^{\#}$ 氟氯油润滑脂。

(7)充氧车传动机构的保养,参照汽车变速箱和传动轴的保养期限与方法。

(8)充氧车停用时,除氧气瓶开关外,其余氧阀开关应全部开启,以免阀芯损坏。

(9)充氧车长期停用期间,每半个月应盘动压缩机空车运转 5～10 min,以免机车因用不同材料组成,在湿空气环境下引起电化学腐蚀而损坏机件。

(10)充氧车长期停用或冬季停用,当环境温度低于 5 ℃时应放尽汽车、压缩机冷却系统中的冷却水,以免冰冻而损坏机件。

7.5.2　充氧车的常见故障排除

充氧车常见故障现象、可能原因及排除方法见表 7‑2。

表 7‑2　充气车常见故障、可能原因及排除方法

故障现象	可能原因	排除方法
压缩机出现金属敲击声	活塞端部顶缸	重新调整活塞余隙为 0.8～1.2 mm
	进气阀盖松动	卸下组合气阀重新紧固
	活塞与十字头体交接处松动	重新调整其轴向间隙为 0.02～0.06 mm
	飞轮与曲轴连接键侧松动	重新配新键

续表

故障现象	可能原因	排除方法
压缩机发出吱吱叫声或异常闷声	活塞坏、导向环的径向与热间隙嫌紧，受热胀死	按标准修正间隙重新装配。标准间隙是：十字头导向环搭口热间隙为 1.4～1.6 mm，与上机身的导向缸套径向配合间隙为 0.13～0.22 mm；活塞环及活塞导向环搭口热间隙为 1.2 mm（冷态时），两种环轴向间隙均为 0.1～0.23 mm
压缩机发出敲破锣声	曲轴或连杆中轴承损坏	更换曲轴或连杆中轴承
	保持架断裂	更换保持架
生产效率低、充氧时间长、压力上升缓慢	组合气阀工作失效	应研磨修复或更新阀片，更新损坏的弹簧，拧紧工作失效的密封垫片等
	活塞顶部皮碗损坏	更换
	安全阀关闭不严	应调整检验安全阀
主轴和大头轴承发热温度超过 50 ℃	轴承内润滑脂过量或相对不足	检查清除过量润滑脂或添加润滑脂
	润滑脂变质	清洗换新润滑脂
	轴承本身破损	换新轴承
	主轴承与轴承端盖轴向间隙过小	调整间隙

复习思考题

1. 简述充氧车的功用与组成。
2. 简述充氧车的操作规程。
3. 简述充氧车的日常维护。
4. 简述充氧车常见故障排除。

第8章　飞机除冰车

8.1　飞机结冰的危害及对飞行性能的影响

8.1.1　飞机结冰的相关定义

(1)地面结冰条件:一般情况下地面结冰是指外界大气温度在5 ℃以下,存在可见的潮气(如雨、雪、雨夹雪、冰晶、有雾且能见度低于1.5 km等)或者在跑道上出现积水、雪水、冰或雪的气象条件,或者外界大气温度在10 ℃以下,外界温度达到或者低于露点的气象条件。

(2)污染物:污染物指附着在飞机关键表面上的霜、冰或雪。

(3)关键表面:航空器起飞前不得有冰、雪、半融雪或霜的飞机表面。关键表面由航空器制造厂家确定,通常包括机翼、操纵面、螺旋桨、发动机进气口、发动机装于后部的飞机的机身上表面、水平安定面、垂直安定面或飞机的任何其他稳定性表面。

(4)典型表面:在白天或夜间运行时能够被飞行机组容易并清楚地观察到,且适用于判断关键表面是否被污染的飞机表面。在对飞机除冰/防冰时,最后一次喷洒液体时必须首先处理典型表面。在不要求进行触摸检查时,对一个或多个典型表面的检查可用作起飞前污染物检查。

(5)污物检查:检查飞机表面是否有污物以确认除冰与否。

(6)触摸检查:由合格人员通过身体触摸所进行的检查,目的是检查透明冰的形成,或在除冰之后、防冰之前检查某一特定表面的完整性。

(7)除冰:是将冰、雪、半融雪或霜从飞机表面除去的过程。可以通过机械方法完成,也可以通过风力方法或通过使用经过加热的液体实现。在非常冷的条件下或确定冻结的污染物没有附着在飞机表面上时,机械方法可能是首选方法。在使用经过加热的液体并希望获得最佳的热量传递时,应按照经批准的运营人程序和液体制造厂家的建议,在距航空器表面一定距离处施用。

(8)防冰:防冰是一种预防性措施,可以在有限的时间内为清洁的飞机表面提供保护,防止冰和霜的形成以及雪和半融雪的积聚。

(9)除冰/防冰:是将除冰过程和防冰过程结合在一起的程序,可以通过一步或两步完成。

(10)一步除冰/防冰:本程序通过使用加热的除冰/防冰液完成。液体被用来除去飞机上的冰并保留在飞机表面以防止再结冰。

(11)二步法除冰和防冰:本程序包含两个分开的步骤。第二步(防冰)作为一次单独的液体施用在第一步(除冰)之后进行。除冰之后,单独喷洒一次防冰液以保护航空器的关键表面。

(12)局部除冰:允许营运人只对飞机受污染的部分除冰的经批准的除冰方法,不要求对整个表面喷洒液体。这种方法只有在特定的条件下才会被批准。

(13)保持时间:防冰液在被保护的(经处理的)航空器表面能够防止冰霜的形成以及雪的积聚的估计时间。持续效应时间的计算从最后一次喷洒防冰液开始时计起,至除冰防冰液不再起保护作用时结束。

(14)牛顿流体:黏度不随剪切应力和剪切速率的大小而改变,始终保持常数的流体。

(15)非牛顿流体:黏度随剪切应力和剪切速率的大小而改变,并非保持常数的流体。

8.1.2　飞机结冰的危害及对飞行性能的影响

当有冰、霜、雪冻结在飞机机体和操纵面表面时,这种现象叫飞机结冰,或者叫污染的机体表面。飞机结冰将对飞行安全产生严重的影响。

飞机的飞行是靠机翼在空气中相对运动形成的升力,升力的大小依机翼的形状而变化,附着在飞机表面的冰雪霜等污染物会直接导致飞机的空气动力特性的改变,使阻力增加,升力降低,这种改变也是造成空难的主要原因之一,所以飞机起飞时,机翼表面不能有任何附着物。此外,聚集在飞机表面的冰块在飞机起飞后容易脱落并吸入发动机,造成发动机损坏,而且机翼积冰有可能妨碍飞机的操纵系统,危及飞机的飞行安全。因此,一旦确认机翼表面有霜、积雪或者因低温导致的结冰就必须实施除雪除冰作业。

在结冰的气象条件下飞行的飞机,若无防冰措施,飞机的所有迎风面都可能结冰,飞机结冰后,不仅增加了飞机的质量,而且破坏了飞机的气动外形,使飞机操控性能下降。传感器的结冰则会导致信号失真和指示失常。

1.机翼及尾翼结冰的影响

机翼和尾翼是飞机产生升力的主要附件。结冰时,冰层主要聚集在翼面前缘部分。机翼和尾翼上结冰,将会引起翼型阻力增强,升力下降,临界迎角(失速迎角)减小,飞机的操纵性和稳定性恶化。

1)翼型阻力增加,升阻比降低。

摩擦阻力的产生是由于空气具有黏性,在空气流经机翼表面时,会形成附面层而产生摩擦阻力。摩擦阻力的大小,主要取决于附面层的性质,层流附面层的阻力远比紊流附面层的阻力小,机翼表面都设计成流线型截面,就是为了避免出现紊流附面层。

压差阻力是由物体前后压力差所引起的,因此,它的大小主要取决于物体的形状。为了减小翼型的压差阻力,机翼表面也必须具有良好的空气动力外形。

机翼和尾翼结冰后,表面出现不平并使翼型改变,破坏了原来的流线型,使气流产生局部分离,从而会使原来的层流附面层变成紊流附面层,与此相应的摩擦阻力和压差阻力都会增大。有资料表明,机翼表面结上槽状冰后,机翼阻力可增加5～10倍。根据飞行试验,机翼和尾翼结冰时,其增加的阻力占飞机因结冰引起阻力增加总量的70%～80%。由此可见,对机翼的前缘防冰是十分重要的。

正常情况下,飞机的升力系数是随迎角的增大而增大的,当然阻力系数也会增加,对于一个气动性能良好的翼型剖面,应该是升力系数比阻力系数增加得快一些,通常用升阻比(K)来衡量空气动力性能的优劣。显然,K值应越大越好。但是,机翼结冰后,阻力增加大得多,引起升阻比降低,使机翼空气动力品质变坏。

2)临界迎角减小。

当机翼为流线型时,流过机翼的气流将是一层一层的,这时的升力系数随迎角的增加而线型增长;当迎角增大到临界迎角时,如果再继续增加,则升力系数急剧下降,这个升力系数为最大值时的迎角称为临界迎角。

当翼面结冰后,气流的流线型分层遭到破坏,会使临界迎角下降。

3)飞机的操纵性能恶化。

机翼和尾翼结冰后,临界迎角下降,使飞机在低速飞行时,特别是在着陆时有失速的危险。因为飞机在着陆时,水平尾翼通常处于负迎角状态,对飞机起着配平作用,由于临界迎角的下降,使得尾翼在较小负迎角时就产生了气流分离,因而引起飞机的非操纵性低头,使操纵性能恶化。

机翼和尾翼严重结冰,还会引起飞机的机械抖动。操纵机构的缝隙结冰可能引起卡阻现象,这些都会影响飞机操纵和危及飞行安全。

2.发动机进气部件结冰的影响

飞机在结冰气象条件下飞行时,发动机的进气道前缘、发动机压气机前缘整流罩、第一级压气机前的导流叶片都可能结冰。

发动机进气道前缘通常具有与机翼类似的流线外形,故其结冰情况与机翼有类似之处,但又有它的特点,如结冰区域比机翼的大,另外由于气流在进气道内加速,使温度下降,所以在环境温度为 $5\sim10$ ℃的正温条件下也可能结冰。

发动机进气道及进气部件结冰,破坏了它们的气动外形,减小了进气道面积,同时也减小了压气机每相邻叶片空气流通面积,使进入发动机的空气流量减小,因而发动机功率下降。为了保障发动机的转速和推力,这时必须加大燃油流量,这样除增大燃油消耗外,还会使涡轮前燃气温度升高,若超过允许值则会烧坏涡轮叶片,导致发动机停车。

由于结冰的不对称性及压力机叶片上冰层的不均匀脱落,都会破坏转子的动平衡,它除造成动力装置及飞机的振动外,严重时还会导致发动机轴承的损坏;脱落的冰层随高速气流进入压气机,打在叶片上还可能造成压气机的损坏。

3.螺旋桨结冰的影响

螺旋桨式飞机产生升力的主要部件是高速旋转的螺旋桨。在结冰条件下飞行时,螺旋桨桨叶、整流罩均有可能结冰。因为螺旋桨桨叶的形状实际上是扭曲了的机翼,因此结冰情况与机翼相似,有时甚至比机翼还严重,在桨叶的整个长度上都有可能结冰,桨尖的冰在离心力作用下比较容易脱落。弦向从桨叶前缘开始,结冰范围可达 25% 左右。

螺旋桨结冰后破坏了它的气动外形,增加了翼型阻力,因而降低了螺旋桨的效率。螺旋桨结冰,由于其不对称性,还会引起振动,当冰层脱落时,可能危及飞机和发动机部件,甚至有击穿蒙皮和气密舱的危险。所以螺旋桨结冰也严重影响飞机的安全飞行。

4.风挡玻璃、测温和测压探头结冰的影响

飞机在结冰条件下飞行或当飞行高度忽然下降时,驾驶舱正面风挡玻璃可能结冰或出现雾气,这时会降低风挡的透明度,使目测飞行变得十分困难,对于飞机的起飞和着陆产生不利的影响。

飞机上装有空速管和多种测温、测压探头,它们也可能结冰。当测压口结冰使进气孔面积变小时,会使入口动压减小,使空速指示失真;测温探头结冰时由于冰的蒸发,会使温度值下降,由此引起的误差在10%以上。在现代大型飞机上,这些速度压力和温度信号要送到有关计算机,由于结冰引起的输入参数的误差或错误,将会使仪表显示失真,因而隐含着种种不安全因素。

8.2 飞机除冰/防冰的方法

8.2.1 飞机除冰/防冰的方法

通常飞机的除冰分为飞行中除冰和地面除冰。飞机在空中飞行时,由于空中飞行的高度越高其空气温度越低,机身结冰就越多,对飞机飞行的安全影响就越大,因此在飞行过程中有一套完整的除冰、防冰系统来进行除冰、防冰。

飞机上的主要防冰区域有机翼、尾翼、发动机进气道、螺旋桨、风挡玻璃和测温、测压探头。根据这些不同的部位和防冰所需能量的大小,对不同区域有不同的防冰方法。根据防冰所采用的能量形式的不同,可分成机械除冰、电脉冲除冰和液体除冰/防冰。

1. 机械除冰

机械除冰方法是利用气动力使冰破碎,然后借助高速气流将冰吹掉。一般采用膨胀管除冰装置,即在飞机的防冰表面设置许多可膨胀的胶管,当飞机表面结冰时胶管充气膨胀而使冰破碎,然后由气流将冰吹走。除冰后膨胀管收缩,以保持正常的气动力外形。

2. 电脉冲除冰

电脉冲除冰是一种高效节能的除冰方法,它由供电装置,即由变压整流器和电容式储能器组成的脉冲发生器,以及程序控制器、感应器等构成。脉冲发生器产生电脉冲,它作用在感应器上,使蒙皮产生作用时间很短的脉冲并产生小振幅高频率振动,使冰很快脱落而除冰。电脉冲除冰系统工作温度适应范围大而所需能量小。

3. 液体除冰/防冰

液体除冰/防冰是一种物理防冰方法,它的基本原理是借助某种液体减小冰与飞机表面附着力或降低水在飞机防冰表面的冻结温度。液体除冰/防冰系统可以连续地或周期地向防冰表面喷射工作液体。要求工作液体具有凝结温度低,与水混合性能好,与防冰表面附着力强,对防冰表面没有化学腐蚀作用,无毒,以及防火性能好等特点。液体除冰/防冰系统在风挡玻璃防冰及活塞式发动机的螺旋桨等部件的防冰上得到了应用,其主要问题是要配备足够的除冰/防冰液,并选取适当的方法将除冰/防冰喷射到防冰表面上。

除此以外还有热空气防冰系统,它利用飞机发动机的压气机引气对飞机各部位实施除冰和防冰。

目前在地面主要是采取液体除冰/防冰的方法对飞机实施除冰和防冰,且通常都是使用地面飞机除/防冰车来完成此任务的。当然清除飞机的冰或雪污染,也可以综合多种方法一起使用。比如清除发动机的冰或雪污染可以使用:

(1)用扫帚或拖把清扫;

(2)用热空气将冰融化并干燥;

(3)叶片吹风机;

(4)能提供高压空气的经改装的除冰车。

切记:除冰液不得进入发动机的任何开口。

8.2.2　飞机除冰/防冰液

目前,国际航空普遍采用的飞机除冰/防冰液是以乙二醇、丙二醇等多元醇等为主要原料,这些醇可使冰点下降数十摄氏度,起到溶解冰雪和防止结冰的效果,而除冰/防冰液中还有表面活性剂、缓蚀剂等成分,以满足提高飞机表面疏水性、增稠、提高除冰效率、抑制金属腐蚀等要求。

目前,国际上使用的除冰/防冰液主要有四种类型:Ⅰ型、Ⅱ型、Ⅲ型和Ⅳ型。Ⅰ型为液态牛顿流体,冰点较低,除冰能力较强,是目前应用最广泛的除冰液;但使用时必须加热后喷洒,并按照制造商的使用说明兑水进行稀释,其防冰时间较短。而含有增稠剂的Ⅱ、Ⅲ和Ⅳ型为非牛顿流体,黏度较高、防冰保持时间较长,使用时不经加热便可直接喷洒,但需要特殊的抽吸设备以防止降解。Ⅱ型和Ⅳ型防冰液通常用于飞行速度大于 600 km/h 的飞机,而Ⅲ型防冰液通常用于飞行速度较低的飞机,如螺旋桨推进的飞机。

1.除冰液

除冰液用于除去航空器表面的冰、雪、霜等污染物。除冰液在加热时具有较高的除冰效率,在除冰设备喷嘴处的温度应不低于 60 ℃,最高温度不能超过除冰液厂家或航空器制造厂家的规定。用于二步法除冰和防冰中的第一步的除冰液包括:

(1)热水;

(2)加热的Ⅰ型除冰液或加热的水与Ⅰ型除冰液的混合液;

(3)加热的Ⅱ型防冰液或加热的水与Ⅱ型防冰液的混合液;

(4)加热的Ⅳ型防冰液或加热的水与Ⅳ型防冰液的混合液。

注意:当使用热水除冰时,必须满足下述限制条件:

环境温度为 1 ℃并稳定或增高,而且不具备再次形成冰、雪、霜等污染物的条件,可用加热到最高 180~200 ℉(83~93 ℃)的热水从飞机表面除去冰冻污染物。

热水不具有保持时间。

警告:使用热水除冰后,为了防止再次结冰,必须立即在飞机表面喷洒防冰液。在不具备除/防冰能力的航站,使用热水除冰后,起飞前必须进行一次全面的起飞前污染物检查。

2.防冰液

防冰液能保持航空器表面在一定时间内不结冰、结霜和积雪,又能在航空器起飞时从航空器表面吹脱。用于一步法除冰和防冰,以及二步法除冰和防冰的第二步的防冰液包括:

(1)加热的Ⅰ型除冰液;

(2)加热的水与Ⅰ型除冰液的混合液;

(3)Ⅱ型防冰液或Ⅱ型防冰液与水的混合液;

(4)Ⅳ型防冰液或Ⅳ型防冰液与水的混合液。

3.选用除/防冰液的因素

在选择和使用除/防冰液时,应当考虑到以下几方面主要因素。

(1)降水(雪、冰、霜)量的大小和类型;

(2)除/防冰液作业时,气候条件如:风速、航空器蒙皮温度和外界大气温度;

(3)根据除/防冰液作业要求,对液体稀释程度的要求,即除冰液浓度、除冰液的型号、除冰液层的厚度等。

8.3 飞机除冰车的组成及功用

飞机除冰车是一种为航空器在冬季或在有冰雪天气时清除其机身、大翼、襟翼、尾翼、起落架等部位的霜、雪、冰的专用车辆,是地处北温带地区机场为保证飞行器飞行安全所必需的设备,如图 8-1 所示。它是通过车载的特殊设备对水和除冰液(或防冰液)进行储存、加温、混合,并以一定比例的混合液加压喷射到航空器表面,来融化冰雪,并在一定时间内保持这种水溶液不再凝结,保证航空器具有良好的升力。有些除冰车还设计有防冰液系统,以延长航空器再次结冰时间。

图 8-1 飞机除冰车外形

8.3.1 飞机除冰车的类型

飞机除冰车根据其所提供服务的机型、贮液箱容积的大小分为大型除冰车和小型除冰车;根据所配的底盘又分为通用底盘式和自制底盘式。根据除冰液加热方式分为即热型和预热型除冰车。

即热型和预热型除冰车是按照锅炉对除冰液的加热能力来说的。预热型除冰车所装备的锅炉加热功率相对较小,不能满足以正常除冰喷射的压力和流量连续喷射的同时,将除冰液由常温直接加热到80~85 ℃,而必须先将除冰液箱内的除冰液全部加热到喷射需要的温度或某一预先设定的温度。如果直接预热到除冰喷射温度,喷射时锅炉就不用工作了。如果预热到某一预先设定的温度,比如60 ℃,喷射时锅炉仍要工作,连续喷射出的除冰液才能达到正常的除冰温度。这样的除冰车在进行除冰作业以前,必须将除冰液箱内的除冰液预先加热到一定的温度。

即热型除冰车装备的锅炉加热功率足够大,能够满足以正常除冰喷射的压力和流量连续喷射的同时,将除冰液由常温直接加热到80~85 ℃,边加热边喷射。工作原理类似家庭装的燃气热水器。

由于以上加热功率的区别,因此,预热型除冰车的除冰液箱的容量一般也相对较小,否则预热时间非常长。目前市场上的主流除冰车多数是即热型的除冰车。显然,即热型的除冰车使用起来更方便。

8.3.2　飞机除冰车的组成及功用

飞机除冰车是集机、电、液于一体,是具有特殊功能的专用设备,又由于它采用了较为先进的技术,装备有液压系统和除冰液加热系统,紧靠航空器实施除冰作业,所以,它具有较完善的安全保护装置。因而,飞机除冰车是机场特种车辆中技术复杂、科技含量较高的一种专用设备。

飞机除冰车主要由汽车底盘、辅助发动机、储存除冰液箱、防冰液箱、加热系统、喷液系统、电气控制系统、液压系统、消防系统等组成。如 GLOBAL 2100TE 型除冰车的总体结构如图 8－2 所示。

1. 底盘

一般选用重型卡车的底盘,配有柴油发动机和自动变速箱,进行改装的重点是大梁加长、加固,发电机和变速箱加装取力装置(Power Take Off, PTO)。

2. 驾驶室

驾驶室在普通驾驶功能基础上,一般将除冰控制(监视)板(台)安装于驾驶室内。所有驾驶室都设有天窗,以利于观察大臂运动和除冰情况。

3. 车体

除液压升降臂外,所有部件都封闭在分隔的车体内,构成箱式外形。车体设有多扇门,可方便地进入任一部位进行部件维修和拆装,如图 8－3 所示。车体顶面能承受 150 kg 的质量(两人),并涂有防滑层。

4. 通信系统

在吊篮与驾驶室之间安装有对讲系统,可使除冰人员与驾驶室人员进行通讯联系。

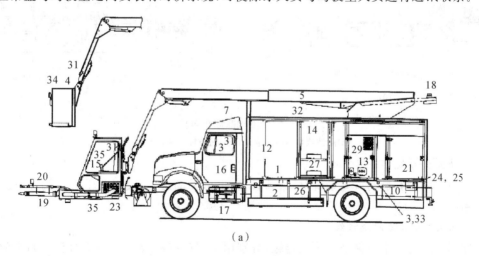

（a）

图 8－2　飞机除冰车组成

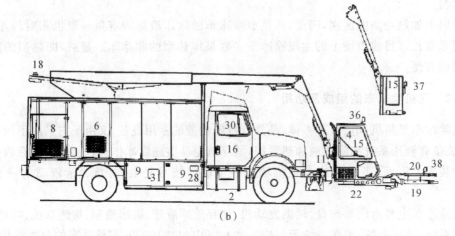

续图 8-2　飞机除冰车组成

1-除冰液罐排放和填充液位置；2-燃油箱；3-地面控制紧急制动；4-封闭吊篮的紧急制动；5-吊臂；

6-油冷却器；7-顶窗；8-液体加热器；9-除和(或)防冰液泵送舱；10-液压油槽；11-电线软管和卷轴；

12-罐液面观测器；13-紧急吊臂控制；14-储液罐；15-喷嘴和吊臂操纵杆；16-车底盘；

17-电池箱；18-闪光灯；19-气动喷嘴；20-液体喷嘴；21-辅助发动机；22-Air Plus；23-Air Plus 油槽；

24-冻凝排出口；25-冻凝警告灯；26-防冰排出或底端填充；27-罐顶部接近梯；28-防火；

29-液压测试口；30-舱控制面板；31-通信联络；32-顶部填充接近；33-辅助液压泵；34-吊篮操纵杆；

35-Air Plus 空气传送管路；36-舱工作灯；37-吊篮工作灯；38-喷嘴工作灯

(a)附件分布 1；(b)附件分布 2

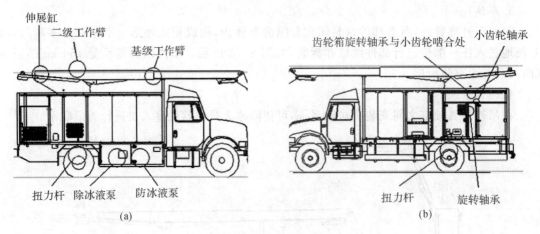

图 8-3　飞机除冰车车体

(a)除冰液泵与防冰液泵；(b)扭力杆与旋转轴承

5.自动灭火系统

车厢箱体内设有自动灭火系统,可自动触发,也可手动触发,喷射化学灭火剂并可自动关断加热系统。

6.除冰液/防冰液贮藏系统

除冰车一般有二个或多个液体储存箱,分别用于储存清水、除冰液或防冰液。每个储存箱都有加液口和通气口,箱体内部设置隔板(防波板)用于消除除冰车在行驶过程中,除冰液体晃动而产生的冲击,储存箱外部设有液位计及关闭阀。整个箱体均由不锈钢制造,将其固定在底盘大梁上。

7. 液体输送喷射系统

加水系统和除冰液系统分别装有两个独立的液压泵,如图 8-4 和图 8-5 所示。除冰时,为实现较高的喷射压力和扬程,使用叶轮式离心泵或柱塞泵作为液体的动力。而实施向飞机表面喷洒防冰液时,因无须高的压力,所以防冰液系统一般采用低压膜片泵。

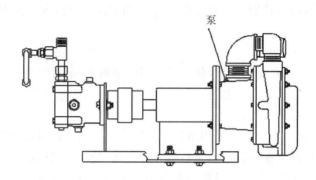

图 8-4　除冰车除冰液泵

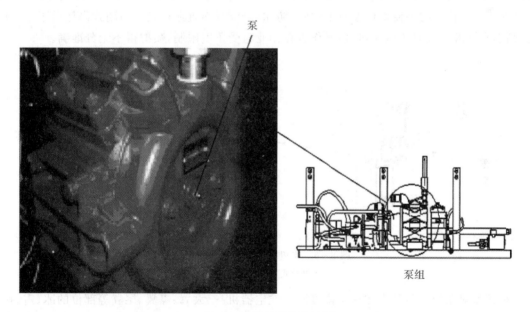

图 8-5　除冰车防冰液泵

8. 液体加热系统

除冰车的加热一般采用柴油直喷点火式全封闭加热器来对除冰液、防冰液进行加热,分为单级和多级点火,可在 3～5 min 内使除冰液出口温度迅速达到 80 ℃。它分为内、外筒加热器,外筒由不锈钢制造,内部装有多组换热器(均为盘管),液体以一定的流量,安全通过它,并将液体加热。内外筒中装有隔热防火的保温材料,既可使温度保温不散热,又可防止由于高温引起火灾。加热系统均设有以下基本的安全检测功能:

(1)火焰监测:实时对加热过程中燃烧加热器的火焰进行监测,判断是否按照设定的燃烧要求点燃。

(2)空气流量监测:燃烧加热时需要大量空气,如果空气量不足,将影响燃烧热量。

(3)液体流量监测:液体量不足会将加热器烧坏,而流量过多则达不到加热设定的温度,影响除冰效果(装有流量传感器)。

(4)液体进/出口温度监测:为了准确使液体加热到理想的温度,对其进/出加热器的温度进行控制(装有温度传感器)。

(5)超温监测:当温度(特别是出口温度)超过设定的温度时,将会报警并延时一段时间关闭加热系统。

9.液体喷射系统

根据对飞机进行除冰作业的要求,使用了不同的喷射系统,可分为车上的高空吊篮喷射和地面的喷射作业。

(1)高空吊篮喷射系统。

在车上高空喷射除冰作业通常采用吊篮式。吊篮又分为开式吊篮和全封闭式吊篮。开式吊篮,操作者手持喷枪站立在吊篮内向飞机机身进行除/防冰液喷射;全封闭式吊篮,操作者可坐在其内部的座椅上,手脚配合,通过控制电动手柄和液体阀门实施对飞机机身除/防冰液喷射,如图 8-6 所示。开式吊篮结构简单,操作者容易接近作业面,但开式天气影响比较大,特别是在下风口作业时易使操作者身上被除/防冰液淋湿(而且还比较冷);闭式吊篮由于是封闭的,则不会被淋湿且有暖风加热,但操作者在作业时受角度限制,喷射得不十分准确。

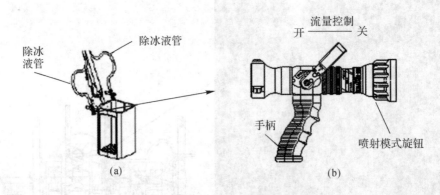

图 8-6 飞机除冰车吊篮和喷枪
(a) 开放式工作篮;(b)喷枪

吊篮喷射系统主要负责在一定高度除去航空器机身、大翼、襟翼、尾翼等部位的冰、雪、霜。它有两条独立的管路,一条管路用来喷洒除冰液,液体压力较高,通常压力在 1 MPa。另一条管路用来喷洒防冰液,液体压力较低,一般为 0.3 MPa。液体的喷射形式由喷枪来控制,喷枪可三维旋转,并可在 60°角范围内调节水柱形状(柱状或伞状)。

(2)地面喷射系统。

地面喷射系统主要是负责除去航空器较低部位的冰、雪、霜(如起落架、大翼前缘等部位),一般只设有一条除冰液管路,压力和流量与吊篮喷射系统相同。为使除冰作业的范围增大,地面喷射系统都配有 10 m 左右的软管,并配备了液压或电动收卷装置,如图 8-7 所示。

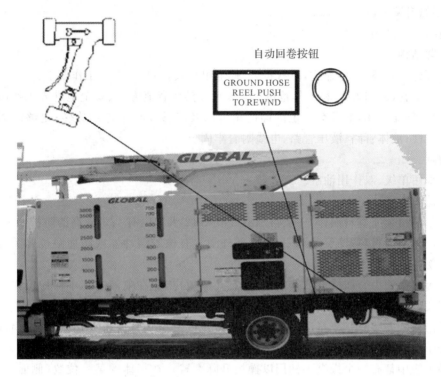

图 8-7　电动收卷装置

8.3.2　液压系统工作原理

　　液压系统是由多个独立的回路系统组成的,各自控制来完成不同的功能;但共用一个油箱,且各回路分别独自过滤,如图 8-8 所示。

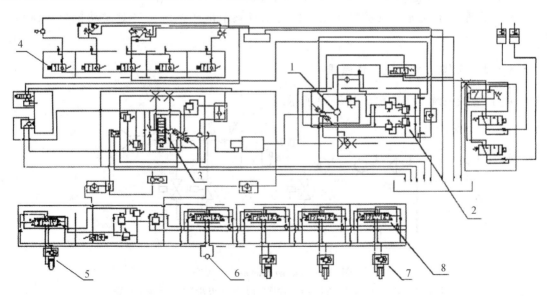

图 8-8　除冰车液压原理图

1-液压泵;2-压力阀组 3-液压泵;4-换向阀组;5-吊篮油缸;6-液压马达;

7-大臂油缸;8-换向阀组

(1)吊篮升降回路。

它包括以下结构：

1)大臂结构。

大臂可分为折叠式、伸缩式，也有折叠-伸缩组合式，满足如下其工作要求：

工作高度在(8～12 m)和工作范围(5～8 m)；操作者能方便、安全地进入工作吊篮，不妨碍驾驶视线；伸缩自如，前后有一定的仰俯角度以及能够360°不连续旋转；足够的强度，良好的运行稳定性；液体管路、液压管路、电缆附着牢固。

2)油缸。

普遍采用单级、双作用油缸。

3)吊篮。

开式吊篮由金属材料制作，一般可承载200 kg(2 人)，设有1.2 m高的防护栏并配有安全带。地板覆有防滑材料，确保踩踏安全：底部外围装有橡胶缓冲器或防撞限位开关，保护航空器不受损伤。

全封闭式吊篮由金属或玻璃钢制作，开有几扇窗户，能在喷液过程中保护操作者，并提供最大的视线。通常配有雨刷器和暖风机。

两种吊篮均安装有一个自动调平机构(机械式或液压式)，使得大臂在任何位置时都能保持吊篮处于水平状态。

两种吊篮中都有一个操纵手柄用以操控升降大臂。在车体的某一位置(侧面)，还设有另外一套地面液压操控装置，通过一个选择开关来选择由谁控制吊篮的升降。

(2)驱动水泵、除冰液(防冰液)泵回路，鼓风机马达回路，燃油泵回路。

(3)底盘液压行驶回路。

通常吊篮升降系统的液压泵是由底盘的内燃机驱动，而水泵、除冰液泵、加热器、燃油泵、鼓风机马达等由车载辅助发动机驱动。目前也有整个液压系统由底盘发动机全部驱动的方式。

8.3.3　除/防冰液系统工作原理

除/防冰液系统工作原理如图8-9所示。

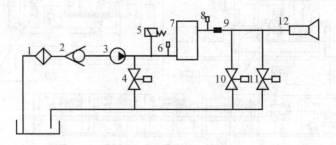

图8-9　除/防冰液系统原理图

1-过滤器；2-单向阀；3-离心泵；4-冷回液阀；5-压力开关；6,8-温度传感器；
7-锅炉；9-压力传感器；10,11-热回液阀；12-喷枪

根据飞机除冰车作业时的要求，将除冰车的管路系统运行分为以下几种工作模式。

(1)加热模式。如果储液箱基础温度过低,则启动预加热功能,将除冰液通过锅炉加热,打开热回液阀 10 和 11,除冰液回到储液箱,将除冰液提升至基础温度(4 ℃),锅炉熄火,进入等待模式。

(2)喷射模式。在等待模式下,当启动除冰任务时,打开喷枪,当检测到管路系统的流量信号时,锅炉点火,关闭热回液阀门 10 和 11,进行除冰液的快速加热与喷射,喷射结束,关闭喷枪,锅炉熄火,打开热回液阀 10 和 11,进入等待模式。

(3)等待模式。当调整喷射位置或者除冰结束等待时,为了提高作业效率,水泵继续打开,锅炉停止点火,此时打开热回液阀,避免锅炉的过度升温而产生汽化现象,当调整结束时,继续打开喷枪,执行喷射工作模式。

当除冰液由除冰液泵吸入并泵到系统的加热器中,会迅速得到加热,经过流量计后,由操作人员操作喷枪射向航空器需要除冰的位置。在液体被加热过程中,该系统中的温度传感器,随时对加热的除冰液进行测量。当温度低于规定温度时,系统不能向外喷射液体,而需再循环加热,直至达到除冰需要的温度。若当除冰液温度加热超过上限温度时,其测量温度传感器发出信号,使加热装置降低加热温度(或停止部分加热),从而使除冰液体降温,达到除冰需要的温度。在系统中,若系统压力过大,则由安全阀控制溢流,不会造成系统超压。

除冰液/防冰液系统中为了防止液体冲击,使用了蓄能器。由于喷枪向航空器喷射过程中,频繁开启和关闭,会导致液体的冲击,将对系统管路和其他元件造成冲击危害,所以由蓄能器来吸收液体的冲击能量。

8.4 飞机除冰车除冰/防冰程序

8.4.1 成立除冰/防冰小组

对飞机进行除冰/防冰工作,必须成立除冰/防冰小组。除冰/防冰小组管理职责如下:

1.飞机机长

在决定是否要对飞机进行除冰时要求该飞机机长的参与,并且机长有权最终决定是否接受该飞机。机长在初始检查及合格的地勤人员建议的基础上做出决定。在一个或多个关键表面上附着有污染物时,机长应要求对飞机进行除冰。机长可以选择通过与维修人员或其代表进行联合检查的方式来验证是否有污染物附着,对关键表面可能需要进行触摸检查。

2.飞行机组

(1)执行地面除冰/防冰程序(机组操作部分)。

(2)负责对飞机的除冰/防冰程序的检查。

(3)负责确保飞机关键操纵面和机体表面没有冰、雪、霜或融化雪浆。

(4)机长做出起飞的最后决定。

3.停机坪除冰/防冰协调员(机务部生产调度员或指定代表)

除冰待命启动后,除冰/防冰协调员(机务部生产调度员或指定代表)负责其区域除冰/防冰工作的直接控制并与航站委托除冰/防冰作业单位共同确定除冰车辆、人员、时间、地点等;负责与委托除冰/防冰作业单位联络、协调除冰/防冰事宜。

4. 地面除冰/防冰实施负责人(1号人员)

(1)地面除冰/防冰实施负责人(1号人员)负责协调、组织飞机地面除冰/防冰实施工作。在维修基地,由负责航线维修的现场值班领导或放行人员担任地面除冰/防冰实施负责人;在外站,由除冰/防冰协议单位现场值班领导担任地面除冰/防冰实施负责人。

(2)在飞行前,当飞行机组未到达之前,1号人员应根据天气实况,负责组织对飞机进行检查并主动作出是否对飞机进行地面除冰/防冰的决定,如对是否需要除冰难以决定,应与飞机机长协商确定。

(3)1号人员负责组织地面除冰/防冰后的检查和操作,确保飞机地面除冰/防冰工作正确和完全地实施,并对除冰/防冰处理效果与检查结果负责。

(4)1号人员负责向机长报告。

1)除冰/防冰工作的准备情况和开始操作前请示。

2)是否完全完成除冰/防冰的处理。

3)使用的除冰/防冰液代码、浓度。

4)除冰/防冰操作的实际开始时间。

5)当除冰/防冰的工作完成后,所有操作地面人员和相关设备已经撤离到安全地带,用事先商定的通讯和手势发出安全信号。

(5)1号人员负责组织检查除冰/防冰后的记录。

5. 机务维护人员

(1)负责飞机除冰/防冰外部检查。

(2)负责实施除冰/防冰程序(机务操作部分)。

(3)按照除冰/防冰负责人的安排,与空勤机组通讯联络。

(4)按规定在飞行记录本上记录地面除冰/防冰情况(防冰液型号、浓度、最后一次使用防冰液的开始时刻、地点和日期),并签署。

6. 地面支持设备负责人

地面支持设备管理部门负责人保证所有必需的设备都是可用的。包括对储存设施的季节前技术检查。在操作期间还必须安排机械员到位,以便对设备的故障及时进行修理。

7. 除冰单元操作员

除冰单元操作员包括吊篮操作员、除冰单元司机,是除冰操作的核心。除冰时,他们必须考虑风的影响以便尽可能地沿着顺风方向喷洒。吊篮操作员在除冰单元操作中处于控制地位,但他必须清楚本单元的操作限制以便指挥司机到达本除冰单元的最大效率位置。

除冰单元司机负责下列事项:

(1)收集必需的防护服和通信设备。

(2)建立并保持与吊篮操作员的通话联络并按指示到达相应位置。

(3)根据吊篮操作员的指示,通知地面除冰/防冰实施负责人或机坪除冰/防冰协调员飞机已检查完成以及检查完成的时间。

8. 除冰吊篮操作员

当吊篮在升起位置或靠近飞机时,确保车辆驾驶员的位置受到关注。吊篮操作员负责下列事项:

(1)收集必需的防护服和通信设备。

（2）操作吊篮操纵装置并按照预先制定的喷洒模式对飞机实施喷洒。

（3）指挥单元驾驶员何时使单元到达何处。

（4）除冰后检查飞机并通知除冰单元驾驶员除冰完成。

8.4.2　除冰/防冰前的准备

飞机虽然在设计时考虑了在飞行过程中遇到一定程度结冰条件下的运行,但在地面起飞前都要求其关键表面不能带冰、雪、霜(称为"冰冻污染物")起飞,即通常所称的"清洁飞机"。因为对于在特定的飞机表面,即使存在很少的污染,也可能降低飞机的性能和飞行品质。因此,在结冰条件下运行时,必须对飞机进行检查以确定飞机表面是否附着有污染物。飞机的任何部分都不得附着有雪或冰,而且所有升力面或操纵面上不得有霜。

当飞机上可能有霜、雪或冰存在时,飞机放行前必须对下列区域进行检查:

（1）机身(只检查是否附着有雪和冰)。

（2）机翼。

（3）操纵面。

（4）可动封圈。

（5）铰接点。

（6）发动机进气罩(发动机启动前)(污染物已除去)。

（7）进气门(发动机启动前)(污染物已除去)。

（8）第一级压气机(发动机启动前)(污染物已除去)。

（9）起落架组件。

（10）在吹雪/大风时,襟翼/缝翼区域。

注意:如果到达时是雾雨天气,必须对发动机及进气区域进行检查以确保没有污染物积聚。如果任何表面上附着有雪或冰,起飞前必须将其除去。此外,如果发现升力面的上、下表面或操纵面上有霜,必须将其除去。

在可能产生透明冰的温度和降水条件下,应特别注意检查机翼上表面是否有冰形成。如果升力面的上面有疏松的雪粒但并没有附着在表面上,询问该飞机的机长确定是否需要进行除冰。在咨询机长之前应检查机翼上表面以保证油箱上面没有结冰。如果上表面有冰积聚,起飞前必须除去。如果上表面附着有雪,起飞前必须除去。如果机身上部有冰积聚,起飞前必须除去。"附着"在机身上的雪在飞行前也必须除去。

在可能需要除冰的天气条件下,飞行前维修人员实施航线维修任务时,应当检查机翼、螺旋桨、舵面、发动机进气道及飞机制造厂家手册中规定的其他关键表面是否附着冰冻污染物,发现或者怀疑有冰冻污染物的情况时,必须报告经理及时通知联系除冰。并要通报机长,以让飞行机组确信即将起飞前还要进行详细的检查并采取适当的措施。飞机过站时如果正是或出现吹雪/大风天气,可能存在在襟翼/缝翼入口处积聚污染物的危险。如果怀疑有污染物存在,必须放下襟翼/缝翼以确保放行飞机前对有关区域进行了检查。如果经过详细检查后决定不需要为飞机除冰,通知飞行机组飞机已检查无须除冰。

8.4.3　除冰/防冰

1.除冰/防冰的开始

飞机在准备离岗阶段,可以在下列时间内开始地面除冰/防冰。

(1)飞机停场过夜。

(2)飞行机组到达之前。

(3)在停机位,驾驶舱机组人员检查/核实之后,要求除冰。

(4)在正常的飞行前检查以后和全体机组人员登机后。

(5)在任何一种情况下,除冰/防冰的决定都应基于对天气条件和易于积累冰雪的飞机主要区域的考虑。

2.除冰/防冰的通信联系

在除冰处,飞机必须按次序就位。在推或拖飞机时,应建立并保持三方通讯。必须通过通话确认"刹车就位"和发动机关闭(适用时)、除冰液类型、除冰开始时间以及液体浓度。在通常情况下,一个持有合格证的除冰人员和飞行成员应能完成一个整体的除冰/防冰工作,如图8-10所示。除冰人员有责任和机长建立直接联系,可以通过对讲机或无线电通报。在检查前,液体使用情况和检查完毕后要进行直接联系。为了防止航空器受损伤,应在任何除冰/防冰过程中保持通信联系。

(a)　　　　　　　　　　　　　(b)

图8-10　飞机除冰工作

(a)工作场景1;(b)工作场景2

在发动机关闭的喷洒操作期间,通话联系可以中断。在发动机工作状态下除冰时必须保持持续的通话联系。如果飞行机组要求重新建立通话联系,将着陆灯(或转弯灯)闪3下。在紧急情况下或发生事故时,或飞机可能发生事故时,应立即把所处的状态通知飞行机组,以便立即协调所必须采取的措施。在圆满完成除冰检查之后,应通过耳机通知飞行机组除冰工作已完成。然后按照正常的发动机启动和离港程序签派该飞机(按适用情况)。

3.车辆发动机操作

(1)启动。

1)进入车辆,需小心地登上驾驶室,检查自动变速器位在空挡和驻车制动。

2)启动发动机,当吊舱内有人时,车辆速度不超过4 km/h。载荷时在机场地面最大行驶速度为25 km/h,有载荷的车辆不允许在公路上行驶。

(2)停车。

停车时,变速器在空挡,拉上驻车制动,发动机熄火等。

4.辅助发动机操作

(1)检查液压油泵的动力输出轴与离合器是否脱开。

(2)在地面控制箱,将点火开关转到"ON"通位。发动机低油压灯和发动机低燃油灯亮起。约10 s,发动机低燃油灯应熄灭,指示燃油系统已准备加油。当发动机启动和低燃油灯熄灭时,松开启动开关。如果在试图启动辅助发动机时,喇叭发出响声,要复位紧急停止按钮,这种按钮有 3 个:一个在地面控制箱上,一个在驾驶控制箱上,还有一个在吊舱内仪表盘旁。扭转和拉动旋钮来复位,并重复第二步工作。

(3)检查油压,如果泵在 1 min 内没有得到启动,则切断离合器。检查油位,如果油位不足,则加油。如果油位达到正常油位,则关掉设备,做调整或修理。除非压力表显示所需压力,否则不能继续操作。

(4)将节流开关放在"ON"位。此时必须按住节流超越保护,直到流量灯熄灭以及节流自动切断。这样将使辅助发动机达到规定速度。在地面控制箱观察发动机转速表,确认辅助发动机的速度。

(5)警报灯指示不安全情况。

1)红——发动机低油压。

2)红——辅助发动机冷却水温高。

3)红——辅助发动机燃油压力低。

4)红——泵无流量。

(6)灯指示安全情况。

1)绿——泵啮合。

2)绿——挺杆在位。

3)琥珀色——油箱高温。

(7)辅助发动机置仪表应有以下读数。

1)电压表 13.5+1.0 V。

2)辅助发动机油压 40～60 lb/in^2。

3)辅助发动机温度不高于 220 ℉。

(8)辅助发动机安全系统。当系统出现切断情况时,是由于冷却水温高或油压低,使加热器和辅助发动机立即关闭。若没有装自动灭火器时,系统将立即停止辅助发动机工作。

5.一步除冰/防冰和二步除冰/防冰

在实施航空器除冰/防冰过程中,地勤服务人员和飞行机组人员都应熟知两种基本实施过程:即一步除冰/防冰和二步除冰/防冰,请不要把它们和使用Ⅰ,Ⅱ号除冰液相混淆。

(1)一步除冰/防冰:通常它适用于不严重的条件下,主要目的是为航空器除冰,而非提供长时期的防冰保护。一般在航空器上喷洒加热过的Ⅰ类除冰液,达到去除污染物和提供短时期防冰保护的目的。在某些情况下,也可使用加热过和稀释过的Ⅱ类除冰液。

(2)二步除冰/防冰:该除冰/防冰程序有两个不同的步骤。第一步:使用热除冰液完成除冰工作,应当根据外界大气温度正确选择除冰液,主要采用稀释的加热型液体和水的混合物,清除飞机表面和部件上所冻结的污染物;第二步:使用防冰液完成防冰工作,根据防冰液的保持时间、外界大气温度和气象条件正确选择防冰液,在第一步使用的除冰液冻结失效之前喷洒防冰液,这可以提供尽可能大的防冰效用,分两步执行的程序,其方法如下。

1)加热Ⅰ类除冰液,然后再次喷洒此类液体。

2)加热Ⅰ类除冰液,然后使用冷的Ⅱ类除冰液。

第一步的除冰液结冰前应当完成第二步的防冰工作(一般应当在 3 min 以内),必要时可以逐个部位地操作。如果发现飞机重要部位又发生结冰,必须重复完成第一步的除冰工作。如果发现结成冰层,可使用加热的液体破坏冰层,即在近距离直接将热的除冰液喷射到一点,直至暴露裸露飞机表面为止,通过裸露点向所有方向传递热量,破坏冰层;然后,通过上述方法的多次重复,破坏附着在飞机表面的大面积冻雪或者光滑的冰层;最后,根据冰的堆积量使用高速或低速喷射液体将附着物清除干净。严禁使用工具敲击、刮铲的方法除冰。如果出于任何原因中断除冰程序,应当从头开始本程序。

飞机除冰的最有效的方法是使用热的除冰液从上方尽可能近地靠近要除冰的区域。执行除冰操作的人员必须经过培训并按公司的标准审定合格。除冰车驾驶员与吊篮操作员必须保持联系以保证除冰车处于最佳位置。除冰操作期间把下悬臂升至完全竖起将提供吊篮的最佳效率位置。根据需要移动或摆放除冰车,保证除冰操作效率最佳。图 8 - 11 和图 8 - 12 分别为一台除冰车和两台除冰车时移动或摆放除冰车的路线。

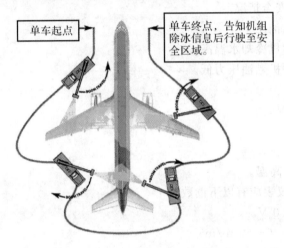

图 8 - 11 一台除冰车除冰路线图

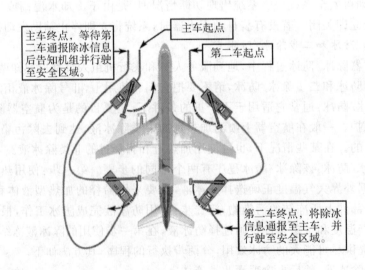

图 8 - 12 两台除冰车除冰路线

作为一般原则,在强降水期间,通常至少使用 3 辆除冰车,而且如果可能的话最好使用 4 辆,以使除冰效率最佳,如图 8 - 13 和图 8 - 14 所示。对每种飞机类型,如图所示摆放除冰车。为了能够充分使用上悬臂,下悬臂应完全竖起。

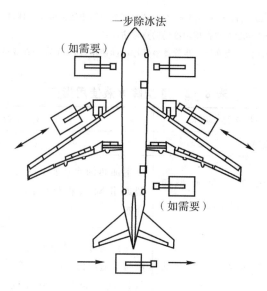

图 8-13　三台除冰车的一步除冰法

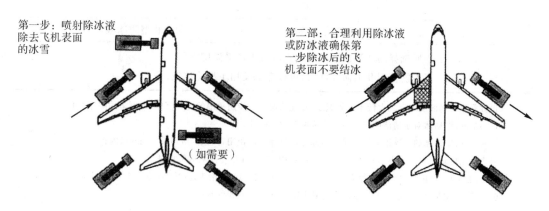

图 8-14　四台除冰车的二步除冰法

6.除冰和防冰液的使用

Ⅰ型除冰液和Ⅱ型防冰液需按照使用指南进行,但当飞机制造厂家或者除冰/防冰液制造厂家另有规定时,应当按照其有关规定执行。表 8-1 和表 8-2 分别为Ⅰ型除冰液和Ⅱ型防冰液的使用指南。

表 8-1　Ⅰ型除冰液使用指南

环境温度/℃	一步除冰/防冰	两步除冰/防冰	
	第一步:除冰	第二步:防冰	
≥-3	除冰液与水的混合液应加热至喷嘴处溶液温度大于 60 ℃,混合液的冰点至少应低于环境温度 10 ℃	用加热的水或除冰液与水的混合液,喷嘴处溶液温度应大于 60 ℃	混合液的冰点至少低于外界实际温度 10 ℃
<-3	除冰液与水的混合液的冰点不应高于环境温度 3 ℃		

注：(1)机翼蒙皮的温度可以大大低于外界温度,在此情况下应使用更浓的混合液体(即更多的除冰液);

(2)一步除冰/防冰对于清洁的航空器使用冷的防冰液防冰;

(3)两步除冰/防冰的防冰液应当在第一步除冰液结冰以前使用,典型的应当在 3 min 以内。

表 8-2　Ⅱ型除冰液使用指南

环境温度/℃	一步除冰/防冰	两步除冰/防冰	
	第一步:除冰		第二步:防冰
≥-3	加热的 50/50 Ⅱ型防冰液	用加热的水或加热的Ⅰ型或Ⅱ除冰液与水的混合液	Ⅱ型防冰液 50/50
-3~-14	加热的 75/25 Ⅱ型防冰液	加热的Ⅰ型或Ⅱ型防冰液与水适当比例的混合液,其冰点不超过环境温度 3 ℃	Ⅱ型防冰液 75/25
-14~-25(含)	加热的 100/0 Ⅱ型防冰液	100/0 Ⅱ型防冰液	
<-25	所选择的Ⅱ型防冰液的冰点应低于环境温度 7 ℃。当不能使用Ⅱ型防冰液时,可以考虑使用Ⅰ型除冰液。		

注：(1)机翼蒙皮的温度可以大大低于外界温度,在此情况下应使用更浓的混合液体(即更多的除冰液);

(2)一步除冰/防冰对于清洁的航空器使用冷的防冰液防冰;

(3)两步除冰/防冰的防冰液应当在第一步除冰液结冰以前使用,典型的应当在 3 min 以内;

(4)当油箱区域机翼下部显示有霜或冰时,不应使用 50/50 Ⅱ型防冰液对机翼进行防冰;

(5)使用 100%的Ⅱ型防冰液或者 75/25 混合液时,航空器的起飞抬头速(Vr)度应大于 85 nmi/h(158 km/h);

(6)50/50 Ⅱ型防水液:使用 50%容积的Ⅱ型除冰液与 50%容积的水混合。

7.除冰/防冰操作

(1)驾驶室内除冰操作。

1)接合液压泵,启动液压系统。

2)接合水泵,启动液体系统。水泵可由底盘车发动机通过传动轴驱动,也可能由辅助发动机通过同步皮带驱动。

3)按下加热器开关,启动加热系统。在加热循环过程中,"加热器工作"指示灯应始终亮。除冰液温度可在 2~3 min 内升至 82 ℃(180 ℉)。

4)戴上对讲耳机,按除冰操作员的指令驾驶车辆靠近航空器。

5)除冰工作结束,将车辆驶离航空器一定距离后停稳,待操作员完全收回升降臂并走出吊篮后,关闭加热开关。

6)在加热器控制开关关闭 2 min 后,方可关闭水泵开关,以使加热器得到充分的循环散热。以避免损坏加热器。

7)关闭辅助发动机,分离液压泵。

8)车辆停在停车位,变速器放人空挡,拉起手制动,检查所有开关、车灯,关闭车辆点火开关。

（2）吊篮内除冰操作。

1）打开吊篮门进入吊篮，扣好门闩。

2）系好安全带，戴上耳机。必要时打开照明灯。

3）谨慎操作操纵杆，使大臂平稳地升降、伸缩和旋转。注意保持吊篮与航空器的安全距离。

4）当吊篮到达预定位置后，停止大臂操作。

5）对于开式吊篮，操作者应手持喷枪，开启喷射控制阀门向航空器需要除冰面的位置喷洒除冰液，并调整喷射水柱形状以达到最佳的除冰效果。对于封闭式吊篮，用手柄来调整喷枪方向，用脚踏板来控制开启喷射控制阀门。水柱形状的调节是通过操作手柄顶部的一个摆动开关来实现的。

（3）飞机的除冰顺序。

飞机的除冰顺序为：从高到低；从翼尖到翼根、从前缘到后缘；从外到内的操作原则，如图 8-15 所示。

图 8-15　飞机的除冰顺序

（4）机翼和尾翼区域冰雪的清除。

1）从机翼和水平安定面的尖端喷向根部，从曲面最高点喷向最低点。

2）从垂直安定面和机身侧面的顶部开始向下进行喷洒。

3）清除冰雪时注意不要损坏机翼上的涡流发生器和天线。

4）除冰过程中不要将冰或雪推入操纵面的空腔或孔洞内

5）确保左右机翼或尾翼使用同样的除冰程序。

不要猛击航空器表面；不要用金属或塑料刮擦航空器表面；不要使用尖、硬的工具清除机身表面的冰雪；使用橡皮刮板时注意不要损坏航空器上的突出部分。不准在除冰车高压的情况下将除冰/防冰液直接喷向机翼上的涡流发生器防止损坏涡流发生器，如图 8-16 所示。人工除冰/除雪时人不得踩到飞机活动舵面，副翼、襟翼、扰流板，防止损坏舵面和伤人，如图 8-17 所示。不准在除冰车高压的情况下将除冰/防冰液直接喷向翼上的放电刷，防止损坏放电刷。确保左右机翼或尾翼使用同样的除冰程序，如图 8-18 所示。

图8-16 涡流发生器

图8-17 放电刷

图8-18 机翼

(5)缝翼/襟翼区域冰雪的清除。

1)在结冰天气或下雪时刻,飞机滑回停机位或桥位时,如襟翼未全部收上,应完成襟翼区域的检查确认无冰冻污染物后,方可收上襟翼,如图8-19所示。

2)缝翼/襟翼区域有冰冻污染物时,必须清除冰冻污染物后方可进行的操作。

3)如果怀疑襟翼/缝翼处有冰冻污染物时,必须放下襟翼和缝翼检查,消除疑虑。

4)如果襟翼/缝翼腔需要除冰,严禁在这一区域使用高速喷射模式。

图8-19 缝翼/襟翼区域

图8-20 空调冲压进气口

(6)机身区域冰雪的清除。

从机身顶部中心线喷洒然后向外,注意不要直接喷向旅客窗户和驾驶舱窗户。清除冰雪时注意不要损坏机身上的灯光和天线。不准将除冰/防冰液直接喷向空调冲压进气口,防止有害物质进入空调后进入驾驶舱和客舱,如图8-20所示。正常情况在除冰时应该关闭空调。

(7)窗户区域冰雪的清除。

1)禁止将热的除冰/防冰液或热水直接喷向驾驶舱风挡和客舱玻璃。可以对着玻璃上方喷洒直到有足够的液体自然流下。

2)放行前将驾驶舱玻璃窗上的除冰/防冰液除尽,尤其风挡雨刷位置。确认其前部区域机鼻处的冰、雪和除冰/防冰液也已除尽,防止在滑行或起飞时反流到风挡上。

3)不准将热的除冰/防冰液直接喷向客舱玻璃,如图8-21所示。不要将热的除冰/防冰液直接喷向挡风玻璃防止损坏玻璃,如图8-22所示。放行前将驾驶舱玻璃窗上的除冰/防冰液除尽,尤其挡风雨刷位置。确认其前部区域机鼻处的冰、雪和除冰/防冰液也已除尽,防止在滑行或起飞时反流到风挡上。不准将除冰/防冰液直接喷向或喷入皮托管探测口,如图8-23

所示。不准将除冰/防冰液直接喷向静压孔防止静压孔堵塞,如图 8-24 所示。

图 8-21　飞机客舱玻璃

图 8-22　飞机挡风玻璃

图 8-23　皮托管探测口

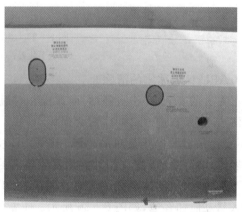

图 8-24　静压孔

(8)起落架区域冰雪的清除。

1)在这一区域喷洒除冰液时,应将除冰液量控制在最低程度,也可以采用诸如吹雪的方法进行机械除冰,对于附着在表面上的积冰,可采用热空气或者小心地喷洒除冰液来除冰,不提倡高压喷洒。

2)在使用除冰/防冰液时,确保不要将润滑脂去除或稀释。没有正确润滑的部件会卡滞,无法正常工作。

3)清除起落架周围地面的冰雪,可减少轮子被冻住的可能。同时可以减少因风或发动机操作引起的飞机意外移动。使用热空气或除冰/防冰液将轮胎从地面解冻或清除冻结物。

(9)刹车和机轮区域冰雪的清除。

1)当对飞机进行除冰/防冰时,采取措施防止刹车和轮子受到污染,如图 8-25 所示。如可能,使用合适的罩子盖住刹车和轮子,并施加停留刹车减少刹车毂摩擦面意外污染。

2)不准将除冰/防冰液直接喷向刹车和轮子。刹车组件的刹车片接触到除冰/防冰液将导致其性能下降,并腐蚀刹车片。

3)人工清除刹车和轮子上的冰雪,也可使用热气鼓风机。

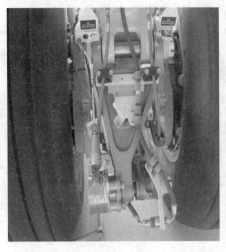

（a） （b）

图 8-25 刹车和轮子

(a)刹车装置；(b)飞机轮胎

（10）APU 区域冰雪的清除。

为了人员的安全,在进行除冰/防冰操作时最好不要启动 APU。APU 启动前要确认进气口区域清洁,积聚在进气口的冰雪会损坏 APU。特别注意不要将液体喷入 APU 进气口或排气口;不要让吊篮及操作员对准 APU 排气口。关闭 APU 供气活门和客舱空调组件,防止烟雾进入客舱;清除 APU 进气门处涡流发生器上的冰雪,必须在 APU 关车时进行。

1)不准将除冰/防冰液直接喷向 APU 进气口,防止有害物质通过 APU 引气系统进入空调后进入驾驶舱和客舱,如图 8-26 所示。正常情况在除冰时应该关闭 APU。

2)不准将除冰/防冰液直接喷向外流活门口,防止损坏内部部件。

图 8-26 APU 进气口和活门 图 8-27 发动机区域

（11）发动机区域冰雪的清除。

应在启动发动机前,用机械方法将发动机进气口的冰雪清除:

1)可用扫帚或拖把清扫。

2)可用热空气将冰融化并干燥。

3)可用鼓风机或高压空气进行清除。

4)采用发动机生产厂家推荐的其他方法将黏附在进气口下表面或风扇叶片上的任何冰冻凝结物清除,如图 8-27 所示。

为了人员的安全,在进行除冰/防冰操作时最好不要启动发动机。但如需在发动机工作时进行除冰/防冰操作,人员必须离开发动机工作时的进、排气危险区域。

(12)结束除冰。

1)关闭喷射控制开关。

2)完全收回大臂,旋转大臂使之恰好处于支架的正上方。

3)将大臂降落在支架上。

4)关闭照明灯,摘下耳机,解下安全带,走出吊篮。

(13)地面除冰操作。

1)在水泵、加热器运转的情况下,开启液体球阀。

2)操作者将软管拉至所需长度。

3)打开喷枪阀门,向需要除冰的部位喷洒除冰液。

4)除冰结束后,按下自动收回盘卷按钮收回软管。

8. 除冰和防冰后的检查

(1)重要检查部位。

必须亲自用眼睛检查飞机的以下部位。

1)机翼表面(包括前缘)。

2)水平尾翼的上下表面。

3)垂直安定面和方向舵。

4)机身。

5)大气数据传感器。

6)静压孔。

7)迎角传感器。

8)操纵舵面的铰链空腔。

9)发动机进/出气口。

10)空调进/出口。

11)起落架和轮舱门。

12)在吹雪/大风时,检查襟翼/缝翼区域。

(2)检查标准。

1)机翼——前缘和上表面不允许有冰雪和霜(用手触摸),应该是清洁的;当周围环境温度高于 5 ℃时,下表面的油箱区域只允许有 3 mm 霜(燃油是冷的)。

2)垂尾和平尾——前缘和外表面不允许有冰雪霜,应是清洁的。

3)机身——不允许有冰和雪。机身上表面允许有薄的白霜;薄的白霜是一种典型的白色结晶沉积物,在寒冷无云的夜晚均匀形成在外露的表面上,它很薄,其下面的画线或漆的记号清晰可辨。

4)皮托管口及静压口——无冰雪霜及液态残渍,而应是清洁的(应用清水清洁)。

5)发动机进/排气口——无冰雪霜,应是清洁的,叶片可自由旋动。

6)空调组件进/出气口——无冰雪霜,应该是清洁的,外流活门应该是清洁和不堵塞的。

7)起落架和轮舱门——无冰雪霜,应该是清洁不堵塞的(不许用除/防冰液直接涂,而要用刷子,以免腐蚀或影响橡胶和导线类)。

8)飞行操纵检查——在对飞机完成除冰/防冰工作后,根据机型及相关手册,机上人员和外部观察员应对飞机进行飞行操纵检查,这种检查对于被冰雪覆盖的飞机是非常重要的。

(3)检查方法。

检查方法主要通过详细目视检查。

1)目视难以判定时,用触摸法判断(使用梯子或升降车)。

2)一经发现全面检查。

(4)检查路线。

如图 8-28 所示,检查时从机头 A 处开始,沿逆时针方向绕飞机一周,依次检查至 T 处。

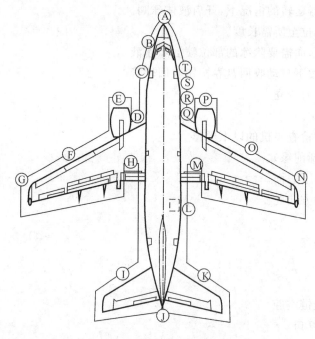

图 8-28　检查路线

9.起飞前检查

(1)起飞前检查是指在保持时间之内通过检查,确认机翼、操纵面和其他关键表面没有霜、冰或雪等冰冻污染物。这种检查应当在开始起飞之前 5 min 之内进行。该检查应当在飞机外部完成。

(2)当起飞前飞机外部检查是由经过培训并具有检查资格的地面人员完成时,在起飞前机长应当确认其完成了检查,并确定飞机的状态是否适合安全飞行或者需要执行除冰/防冰程序,必要时还应当进行补充检查确认。

(3)起飞前检查发现机翼、操纵面和其他关键表面有霜、冰或雪等冰冻污染物时,机长有权要求再次进行除冰/防冰。

(4)启动发动机前应当检查发动机进气道区域和探头是否聚集有雪或者冰,在冰雾的情况下还应当检查风扇叶片的背面有无结冰。

8.4.4　飞机除冰车的应急操作

1. 液压泵故障

(1)启动应急液压泵。该液压泵用电动机驱动,由蓄电池来提供电源。

(2)操作升降杆,使大臂降回支架。

(3)使所有液压控制件恢复原位。

注意:操作时不应使电机长时间连续转动,应间歇使用,避免电机过热。

2. 其他紧急情况——水管破裂、大臂失控、着火等

(1)按下紧急停止开关。全车一般设有三个,一个在吊篮内,一个在驾驶室内,一个在地面控制装置上。任何一个开关被按下,将终止所有大臂运动、喷射液体及辅助发动机。

(2)将车驶离航空器。

(3)对故障部位进行维修。拔出紧急停止开关即可恢复待启动状态。

3. 关闭辅助发动机

(1)关闭加热器(如在使用时)。

(2)关闭节流阀。

(3)断开动力输出轴(离合器)。

(4)让辅助发动机空转约 2 min,作为冷却时间,关闭点火开关。

8.5　飞机除冰车的检修

8.5.1　检修准备

(1)技术资料准备:深入现场,全面了解飞机除冰车的运行状况,收集相关资料,编制详尽的检修方案并报审批。

(2)材料准备:将除冰车在检修、拆除和安装过程中所需的各种材料准备好,包括汽油、密封胶、纱布等;对准备更换的备品配件进行检验,并做好记录。

(3)工机具准备:检修所需各种机械(包括叉车等)及工器具准备到位。

(4)作业现场准备:根据任务,认真察看作业现场,确定备品备件、工器具及材料摆放点。

(5)人员组织准备:依据审核方案将所需的人员安排组织好,对施工人员进行安全技术交底,并做好记录。

8.5.2　除冰车除冰液泵检修内容

1. 小修

(1)更换填料密封或检查修理机械密封。

(2)检查清洗轴承、轴承箱、挡油环、挡水环、油标等,调整轴承间隙。

(3)检查联轴器及驱动机与泵的对中情况。

(4)检查冷却水、封油和润滑等系统的供油情况。

2. 大修

(1)解体检查各零部件的磨损、腐蚀和冲蚀情况。

(2)检查测量转子的各部圆跳动和间隙,必要时做动平衡校检。

(3)检查并校正轴的直线度。

(4)测量并调整转子的轴向窜动量。

(5)检查泵体、基础、地脚螺栓及进出口法兰的错位情况,防止附加应力施加于泵体,必要时重新配管。

3.拆卸与检修

检修除冰液泵时,抓好三个环节。一是正确的拆卸;二是零件的清洗、检查、修理或更换;三是按技术要求精心地组装,除冰液泵结构如图 8-29 所示。

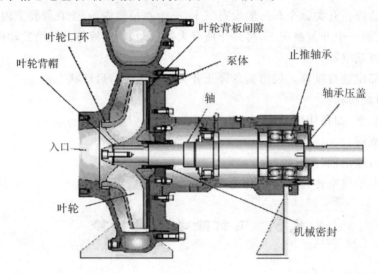

图 8-29 除冰液泵结构

(1)联轴器。

1)泵联轴器与轴配合情况。

2)联轴器两端面轴向间隙一般为 2~6 mm。

3)安装齿式联轴器应保证外齿在内齿宽的中间部位。

4)安装弹性圈柱销联轴器时,其弹性圈与柱销应为过盈配合,并有一定紧力。

5)联轴器的对中要求值应符合要求。

6)联轴器对中检查时,调整垫片每组不得超过 4 块。

7)泵预热升温正常后,应校核联轴器对中。

8)叠片联轴器做宏观检查。

(2)轴承。

1)轴承与轴承压盖的过盈量为 0~0.04 mm,下轴承衬与轴承座接触应均匀,接触面积达 60% 以上,轴承衬不许加垫片。

2)更换轴承时,轴颈与下轴承接触角为 60~90°,接触面积应均匀,接触点不少于 2~3 点/cm²。

3)轴承合金层与轴承衬应结合牢固,合金层表面不得有气孔、夹渣、裂纹、剥离等缺陷。

4)轴承顶部间隙值应符合要求。

5)轴承侧间隙在水平中分面上的数值为顶部间隙的一半。

6)滚动轴承拆装时,采用热装的温度不超过 100 ℃,严禁直接用火焰加热。

7)滚动轴承的滚动体与滚道表面应无腐蚀、坑疤与斑点,接触平滑无杂音。

(3)密封。

1)压盖与轴套的直径间隙为 0.75～1.00 mm,压盖与密封腔间的垫片厚度为 1～2 mm。

2)安装机械密封部位的轴或轴套,表面不得有锈斑、裂纹等缺陷。

3)机械密封圈弹簧的旋向应与泵轴的旋转方向相反。

4)压盖螺栓应均匀上紧,防止压盖端面偏斜。

(4)转子。

1)转子的圆跳动应符合要求。

2)轴套与轴配合应符合要求。

3)根据运行情况,必要时转子应进行动平衡校验,其要求应符合相关技术要求。

(5)叶轮。

1)叶轮与轴的配合应符合要求。

2)更换的叶轮应做静平衡,外径上允许剩余不平衡量不得大于相应要求。组装后转子应做动平衡校验。

3)叶轮与轴装配时,键顶部应留有 0.10～0.40 mm 间隙,叶轮与前后隔板的轴向间隙不小于 1～2 mm。

(6)主轴。

1)主轴颈圆柱度为轴径的 1/4 000,最大值不超过 0.025 mm,且表面应无伤痕。

2)以两轴径为基准,找联轴节和轴中段的径向圆跳动公差值为 0.04 mm。

3)键与键槽应配合紧密,不允许加垫片,键与键槽的过盈量应符合要求。

(7)壳体口环与叶轮口环、中间托瓦与中间轴套的直径间隙值应符合要求。

(8)转子与泵体组装后,测定转子总轴向窜量,转子定中心时应取总窜量的一半。

4.试车与验收

(1)润滑油,封油、冷却水等系统正常,零附件齐全好用。

(2)运转平稳、无杂音,封油、冷却水和润滑油系统工作正常,泵及附属管路无泄漏。

如图 8-30 所示,用水管钳卡在除冰液泵与除冰液马达连接处,然后前 5°后 5°旋转,直至觉得不是那么费劲为止,然后重新装上发动机、高速泵,看看除冰液泵是否旋转。

(a)   (b)

图 8-30 发动机区域

(a)除冰液泵与除冰液马达连接；(b)水管钳调整除冰液泵与马达连接松紧

(3)控制流量、压力和电流在规定范围内。

(4)密封介质泄漏不得超过相关要求。

8.5.3 大臂检修

1.拆卸检修

(1)将大臂升起,伸出 0.3~0.6 m,然后将大臂放下,如图 8-31 所示。

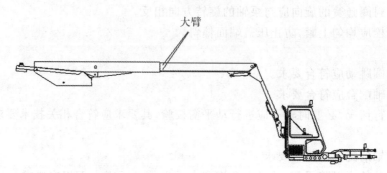

图 8-31 大臂

(2)登上除冰车顶部,使用 1/2 in 的套筒扳手将润滑盖上 4 个螺栓拆下,如图 8-32 所示。

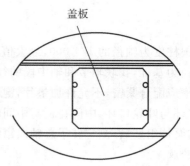

图 8-32 盖板

(3)打开盖后,检查洞口内表面边缘是否平滑。用手去感受一下其粗糙程度。检查区域是螺栓洞口到盖板洞口之间区域的内表面,如图 8-33 所示。

(4)如果在盖板洞口内表面周围发现有粗糙的地方,使用锉刀将其磨平,如图 8-34 所示。

图 8-33 盖板洞口

图 8-34 磨平盖板洞口

(5)检查修理完毕后,将大臂抬起,然后完全缩回,再放下大臂。

(6)这时可以从盖板洞口处看到两个芯盒,接着使用 3/16 in 六角扳手卸下上面的平头螺帽,如图 8 - 35 所示。

　　(7)使用 3 in 或 4 in 长的撬棒去卸下芯盒,如图 8 - 36 所示。

图 8 - 35　芯盒

图 8 - 36　卸下芯盒

　　注意:记住拆卸前每个芯盒和垫片的位置。

　　(8)清洗芯盒和薄垫片。

　　(9)检查薄垫片是否受损,如果有任何损坏,立刻更换。

　　(10)检查螺帽是否弯曲变形,如果有,立刻更换。

　　(11)检查芯盒。新的芯盒是 1/2 in 厚,如果芯盒磨损严重,立刻更换。

　　(12)检查大臂里的平头螺帽洞孔内螺纹是否有损伤或扭曲,洞孔直径是否磨损过度。如果损伤过度,进行修复。

　　2.安装

　　以下安装程序在检查完芯盒后执行。

　　(1)用棉布和脱油制品清洁四个螺帽安装洞孔内螺纹,如图 8 - 37 所示。

　　(2)如图 8 - 38 所示,安装薄垫片,这样不会挡着洞孔。

　　(3)使用撬棒从而给芯盒的放入创造充足的空间。芯盒宽的部分靠向大臂外侧,如图 8 - 39所示。

图 8 - 37　清洁内螺纹

图 8 - 38　安装薄垫片

图 8 - 39　芯盒宽部靠向大臂外侧

　　(4)用乐可泰 242 上胶,然后拧上螺帽,如图 8 - 40 所示。

　　(5)使用 3/16 in 套筒和扭力扳手将螺帽拧到 15 ft·lb①,如图 8 - 41 所示。

　　(6)装完后,在表面抹上防卡润滑脂,如图 8 - 42 所示。

---

　　①　1 ft·lb=1.356 N·m。

图 8-40　上胶　　　　　　图 8-41　拧螺帽　　　　　　图 8-42　抹润滑脂

（7）升起大臂,完全伸出然后再缩回,直到缩不动为止。

（8）检查芯盒上是否有擦伤的地方,如果有,找出突点,锉掉。然后重复第（7）步,直到没有擦伤。

（9）装好盖板。

8.6　飞机除冰车的日常维护

1.每日操作前检查

（1）打开发动机罩,检查所有液面。液面应不低于规定标记,所用液体的详细规格应遵照有关技术说明书。

（2）检查液压油位。

（3）检查仪表板上燃料油指示。

（4）检查驻车制动性能是否正常。拉起手刹,挂前进挡,车辆不应当行走。

（5）检查轮胎气压、胎壁损伤及螺栓紧固情况。

（6）目视各除冰液箱的液位,必要时添加。

（7）围绕车辆巡视,检查车身部分是否有物理损伤,并寻找是否有明显的液体或油的渗漏。部分除冰车还具有大臂未收到位限速装置,将车速限制在安全范围内。

（8）除冰液的加注

①顶部加注。使用液体泵,将水和除冰液通过车体顶部的加液口加到储液体箱内。

②外吸加注。用管子连接车体上的外吸加注点和储液桶,通过辅助发动机液体驱动泵,使液体注入液体箱内。在加注除冰液时,应注意观察液位计的指示。

（9）检查位于驾驶室、吊篮及地面的三个紧急停止按钮。在任意按钮按下后,车辆的所有动作都没有了。

（10）检查通信功能。

2.每周维护检查

（1）检查所有的灯是否运行良好。

（2）检查喷洗器及雨刮器的功能。

（3）检查水泵。

1)检查加热器出口压力表;

2)检查流量调节器的调节。

（4）检查加热器及控制面板。

3. 每月维护检查

（1）对所有润滑的元件，必要时进行润滑和添加。

（2）加热器检查。

1）检查燃烧器的点火电极间隙。

2）检查燃烧器的喷嘴。

（3）在大臂回旋的轴承油嘴处加注黄油。

（4）拆下盖板，添加齿轮黄油到齿轮表面。注意齿轮磨损是否过度。

（5）检查大臂所有外部螺钉，如有松动旋紧之。应保证没有一个螺钉缺少。

（6）检查所有大臂销子上的紧固件是否丢失。检查大臂远端的管路护链，勘油管以及电线的紧固部分是否有过早磨损的迹象或有松动的紧固件，必要时修理。

（7）目视检查所有大臂伸展，是否有物理损坏，焊缝有否开裂、变形。

（8）检查吊篮及所有的相关结构有否物理损坏或磨损的迹象。

（9）检查Ⅰ类除冰液体泵。

（10）检查Ⅱ类防冻液体泵。

（11）目视检查所有液压管道的走向，是否有擦伤、开裂、泄漏等。

4. 季节维护检查

（1）检查电气系统。检查导线、灯光、底盘保险丝及检查松了的或熔蚀了的接线端子。

（2）检查焊处开裂、脱开或泛锈。

（3）检查并用正确的力矩加固所有的螺栓，包括旋转齿轮，安装螺栓及大臂旋转安装螺栓。

（4）检查液压系统：液压系统的压力。

①检查液压泵和水泵的固定：检查前泵、后泵及除冰液泵，是否零件、螺帽、螺栓、夹紧装置等有松动。需要时紧固，检查漏油。

②检查液位表：检查液位表中的液位是否清晰可见，必要时更换。

③检查液体温度表的精度：取下位于加热器出口端的探头，浸入水容器中。用加热板或合适的电加热器加热水，与正确的水银-玻璃温度计比较读数。读数误差应在 10 ℉（-12 ℃）之内。

④检查除冰液箱灌注口的快速接头有否漏水或损坏。

⑤检查清洁液喷射器和雨刮器：检查挡风玻璃和天窗的清洁液喷射器和雨刮器的功能。更换所有磨损或失效的部件。

⑥检查鼓风机转速。

⑦检查燃油流量：关掉发动机，在燃油泵前安装一个燃油流量表（运行加热器及燃烧器点火），检查燃油流量。顺时针流量增大，逆时针减小。

⑧检查燃油关闭阀：检查阀在压力下是否漏油。

⑨检查燃油系统漏油。

⑩检查吊篮的自调平功能。

⑪检查吊篮控制和灯光功能。

⑫检查吊篮的门和缓冲垫是否有丢失的或损坏的部件。

⑬检查大臂全范围控制：从吊篮及地面中操作大吊的各种功能达到极限位置。

⑭检查紧急液压控制:核查在车辆熄火时大臂能下降(从吊篮及地面控制)。

⑮检查紧急停止按钮:按下吊篮、驾驶室和地面的紧急停止按钮应确保能停止除了发动机以外的一切动作。

⑯检查通信设备功能备件和线路。

8.7 飞机除冰车的常见故障排除

飞机除冰车常见故障、原因及排除方法见表8-3。

表8-3 飞机除冰车常见故障、原因及排除方法

故障	原因	排除方法
发动机转动但不能启动	燃油滤清器堵塞	把燃油选择开关放在"备用油箱"位置。如果车能启动,检查发动机启动油泵及油滤
	燃油泵故障	把直流电加到燃油泵正极以核查泵的功能
	其他车启动故障	参阅有关车辆手册查找解决方法
	蓄电池没电或损坏	充电或更换
发动机不能转动	变速箱手柄不在空挡	把手柄放在空挡,重新启动
	启动马达电磁线圈故障	把启动马达的启动电线(红/蓝)卸下,另用一根电线从蓄电池连至启动马达端子。如果用此线能启动,更换电磁线圈
	启动马达故障	用电直接接至启动马达仍不能启动,更换启动马达
除冰驾驶开关无动作	燃油选择开关不在主油箱位置	把燃油选择开关转到主油箱位置
不能进入除冰驾驶	"紧急停止"指示灯亮	检查所有3个"紧急停止"按钮是否按下,以及变速杆在空挡
除冰驾驶有作用,但发动机转速没增加	"紧急停止"没亮,发动机转速无变化	检查电线有否电压
无除冰驾驶或大臂动作	取力器(PTO)驱动轴故障	在除冰驾驶状态目测检查驱动轴。用光电转速表检查,应保证驱动轴转速在1 500 r/min,否则更换PTO组件
	油门没有增加	轻踩油门踏板,帮助油门增速
	发动机速度控制或继电器故障	检查电压
	液压油液位低,添加指示灯亮	添加液压油

续表

故　障	原　因	排除方法
大臂功能好,但无除冰驾驶	除冰驾驶泵/控制阀故障	合上手刹,移动比例控制阀上的人工代用装置来检验手动控制。当向后推时,卡车会有一种向前移动的趋势。如果没有动作或没有液压负载声音的改变,检查伺服补充泵压力
大臂动作可从地面操作。但不能从吊篮内操作	脚控制器故障	检查传动箱上的转换油缸处于完全伸出的位置。检查脚控制器的正常功能。如不正常,更换脚控制器
	地面优先开关被合上	分离地面优先开关(红保护盖向下)
	大臂运动电路板电源故障	检查电气是否有电压。如有,检查 PQ 极的＋,－端应有电压。如无,则根据技术要求更换
不能从除冰驾驶返回正常驾驶	变速杆在空挡	把变速杆扳至 D 或 R 位置
	脚刹车踏板上有压力	撤除脚对刹车踏板上的压力
	变速杆互锁(红灯亮)	把变速杆扳至除冰驾驶位置,慢慢移动卡车,当卡车还在慢慢移动时,将重新排列齿轮及顺利返回正常驾驶。挂挡前卡车应是完全不运动的,并是处于怠速
	连杆机构咬死或松脱	使所有的连杆机构不松弛且运动自如
	传动箱转换压力	最大压力是 210 psi 检查前泵的补充压力
	传动箱有内部故障	更换传动箱
水泵/发动机高速(开关扳上/水泵合上位置时运行不正常)	无液压油	添加液压油
	开关没合上	开关合上
在发动机高速时,无水泵功能,加液红灯亮	液位传感器或继电器故障	除冰液水箱液位可能过低。检查液位,必要时添加。检查液位继电器功能,检查位于靠副驾驶一边的水箱上的液位传感器
无水泵功能或无发动机高速,并且红灯没亮	发动机高速水泵继电器故障	检查继电器功能
	发动机高速继电器故障	检查继电器的功能。检查调速器电缆的电路。检查调速器至油门连杆装置之间的控制杆

续表

故障	原因	解决方法
有高速油门,但无Ⅰ类水泵功能	联轴器故障或圆锥锁定器磨损	检查水泵与液压马达之间的联轴器
	Ⅱ类防冻液泵及鼓风机功能不正常	检查前泵电磁阀电压。检查压力检查1类除冰液泵液压压力
	电磁溢流阀故障	检查电磁电磁阀
加热器功能不正常	加热器电气开关处于手动位置	把开关扳下(自动位置)
	电源故障或加热器紧急停止开关按下了	检查加热器紧急停止开关处于拔出状态。检查接线板是否有电压。
	加热器紧急停止开关按下了	检查继电器
加热器无流量警告灯亮	加热器紧急停止开关按下了	拔出开关,如灯不灭继续排故。
	流量开关故障,如流量表上无读数,参阅水泵部分	检查流量表读数。如不正常,则拆下表盖,检查开关公共端上的电压,检查开关常开端。必要时调整开关
加热器无空气警告灯亮	鼓风机液压阀故障空气开关故障	检查鼓风机是否运行在正常转速范围内。检查第1、第2级空气开关常开触点的12 V。如OK,检查第3、第4级空气开关中公共及常开触点间的12 V。如OK,检查回电气箱的线束。如以上检查都OK,更换坏的空气开关
加热器不能点火	燃油压力不正常或燃油滤堵塞	检查燃油压力,必要时调整。必要时,根据要求清洗燃油滤
	第一级燃油电磁线圈故障	当第1级加热器通电以及黄灯亮后,燃油压力表应下跌5psi,如不是,检查电磁线圈的正常功能
加热器超温灯亮	电极间隙不对	用火花定位工具检查火花间隙。如正确,检查电极陶瓷外套故障,如有故障,更换电极
	励磁线圈故障	把第1、2级燃烧器取出并接地,励磁器插头插上,不供给燃油,直接供12 V电,以检查火花。如无火花,需要时检查或修理导线。如导线无故障,更换线圈
	加热器超温开关已动作。(位于燃烧器舱的加热器控制面板上)	使开关复位。扳下加热器超温开关前至少给它2 min的冷却时间
发动机停止运转并不能重新启动,但车辆必须马上离开	参阅排故表	扳动位于后轮处的左右2个刹车助动器上的带销钉的螺母,逆时针旋转(直到旋不动为止)。将松开刹车以便卡车被拖走或推走

续表

故　障	原　因	解决方法
喷枪处于Ⅱ类防冻液模式并且流量控制脚踏没被完全踩下	Ⅱ类防冻液流出 Ⅱ类液泵在运转	脚踏板不能处于关闭位置或Ⅱ类液泵运行的线路故障,以便Ⅱ类液泵开动
	Ⅰ类液溢出喷枪	Ⅰ类液阀没有调整好或泄漏 应保证Ⅱ类液泵轴没有转动
发动机不能启动	电瓶无电 燃油管线松动或泄漏 燃油滤清器堵塞	检查电瓶,重新充电 修理或更换 清洗或更换
发动机运转抖动	发动机同水泵轮皮带不在一条线上	调整水泵底座
大臂不能上升 大臂不能下降 转台不能旋转	大臂底脚卡住,轴承碎裂、轴销磨损等 大臂下有支撑物体 齿轮箱固定螺栓松动 主动齿轮与轴承间隙过小 转动轴承无润滑油 齿轮箱磨损严重 旋转马达螺栓松动	修理或更换损坏零件 拆下支撑物体 紧固螺栓 调整间隙 加注润滑油 修理或替换 紧固螺栓
水压及流量太低	水泵皮带打滑 截止阀没全打开 滤网堵塞 管线接头漏气 调压阀调整不正确	调整张紧度 打开截止阀 清洗滤网 紧固接头 调整调压阀
防冰液泵压力及流量太低	泵传动皮带打滑 截止阀没全打开 滤网堵塞 管线渗漏 调压阀调整不正确	调整张紧度 打开截止阀 清洗滤网 紧固管线 调整调压阀
液压系统无压力	液压泵有故障 PTO 没结合 截止阀没打开 油面太低 调压阀压力太低 滤清器堵塞	修理或更换 结合 PTO 打开截止阀 加注液压油 清洗滤清器 清洗滤清器

续表

故　障	原　因	解决方法
大臂不能工作	弹簧锁没有结合 PTO 没结合 液压无压力	结合弹簧锁 结合 PTO 参阅上部分
大臂工作速度慢	液压无压力 液压油标号不合适 调压阀压力太低 发动机速度低 控制阀有故障	参阅上部分 更换标准液压油 调整调压阀 增加发动机转速 修理或更换
吊篮操作正常,但地面不能操作	平台过载阀位置错误 控制阀有故障	调整过载阀 修理
转台转速正常,但油缸工作过慢	控制阀有故障 油缸内泄 调压阀压力低	修理或更换 修理或更换 调整调压阀
大臂能升也能降但不能旋转	旋转马达有故障 齿轮箱有故障 机械故障	修理或更换旋转马达 修理
燃油不能到辅助柴油机	截止阀关闭 发动机燃油滤清器堵塞 燃油泵有故障	打开截止阀 保养燃油滤清器

复习思考题

1.飞机结冰有哪些危害?

2.对飞机除冰、防冰的方法有哪些?

3.简述飞机除冰液和防冰液的类型及选用。

4.简述飞机除冰车的组成及工作原理。

5.简述飞机一步除冰/防冰和二步除冰/防冰的方法。

参 考 文 献

[1] 高俊启,徐皓.机场工程概论[M].北京:国防工业出版社,2014.

[2] 吴社强,杜愎刚.通用特种车辆与装卸机械使用维修[M].北京:国防工业出版社,2006.

[3] 张积洪.民航特种车辆操作工[M].北京:中国民航出版社,2005.

[4] 仇雅莉,钱锦武.汽车发动机构造与维修[M].北京:机械工业出版社,2008.

[5] 中国标准化委员会.GB/T 23419—2009 四轮驱动飞机牵引车设计性能要求[M].北京:中国质检出版社,2014.

[6] 刑子文.螺杆压缩机——理论、设计及应用[M].北京:机械工业出版社,2003.

[7] 林德.螺杆压缩机[M].北京:机械工业出版社,1986.

[8] 国家标准化委员会.JB/T 10598—2006 一般用干螺杆空气压缩机技术条件[M].北京:中国质检出版社,2014.

[9] 王宗明.压缩机[M].北京:中国石化出版社,2012.

[10] 田泽祥,肖曙光,万景川,等.飞机地面空调车的发展与展望[R].北京:空军第一研究所,2002.

[11] 中华人民共和国国家军用标准.GJB2643—96《飞机空调车航空通用规范》[S].北京:国防科工委军标出版社,1996.

[12] 杨贵恒,贺明智,金钊.发电机组维修技术[M].北京:化学工业出版社,2007.

[13] 中华人民共和国工业和信息化部.JB/T 11883—2014CNG 母站及子站加气用增压压缩机[M].北京:机械工业出版社,2014.